Complete Abacus Mind Math

Step by Step Guide to Mastering Mind Math with a Japanese Abacus

Author:
Abacus Training Foundation

First published 2017

Copyright @ 2017, Abacus Training Foundation. All rights reserved.

No part of this publication may be reproduced in any material form (including photocopying or storing in any medium by electronic means and whether or not transiently or incidentally to some other use of this publication) without the written permission of the copyright holder.

Published and printed in the USA.

ISBN-13: 978-1977830364
ISBN-10: 1977830366

Important

To complete the course in this book you will also need:

A 13 column (or more) Japanese abacus.

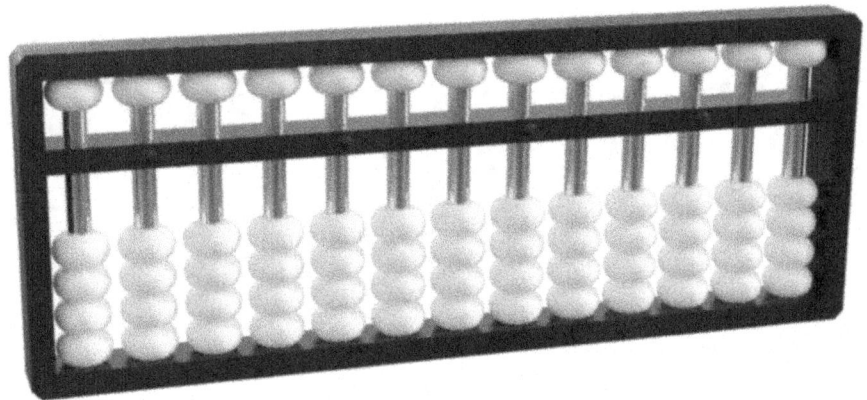

Preface

The Japanese abacus has been used as a calculation tool for generations and can still be seen in use in Japan today. Children are still taught to use this instrument in schools today. It is widely available, cheap to buy and fun to use.

This book will teach you the skills required to use the actual abacus effectively, then how to use an imaginary abacus (also known as a mental abacus).

Once learnt and practised these skills will stay with you throughout your life. A useful and impressive skill that would be an asset for anyone.

CONTENTS

How to follow this training course 6

Workbook format 7

Introduction 8

Parts of the Japanese abacus 9

Putting your numbers in the correct column 10

What amount is each column worth? 11

Abacus basics 12

Register a number with 2 digits on the abacus 26

Register multi-digit numbers on the abacus 28

Moving the beads 30

Addition 37

Imaginary abacus 48

Not enough beads in the column for the addition 51

Addition of 3 or more digit numbers 62

Skipped columns when adding 74

Addition of 3 or more numbers 76

Subtraction 86

Subtracting numbers that have different amounts of digits 87

Not enough beads in the column for the subtraction 100

Skipped columns when subtracting 110

Subtraction of 3 or more numbers 116

Addition and Subtraction together 119

Reusable workbook work 125

Answers 141

Answers to the reusable pages 171

Blank sheets for reusable workbook page answers 193

How to follow this training course

THE BEST WAY TO PROCEED

1. Read through the instructions in this book, at your own pace, until you see this note:

> Time to do **workbook work 1**

2. Follow the workbook work given. Then check your answers. If your answers aren't correct, review the instruction work again until you get the correct answers. Then you will see this note.

> Time to continue with the **instruction work!**

3. Continue to the next instruction work of the book.

Workbook format

Part 1

THE WORKBOOK SECTIONS WILL HAVE THREE TYPES OF WORK

1 Work to test the use of the actual abacus:

Find the addition of the following, use your abacus:

1	10 + 19		2	13 + 22		Abacus
3	15 + 35		4	25 + 28		
5	48 + 68		6	65 + 99		

2 Work for skill building, use a pencil. Example, drawing the beads on the abacus:

Draw the beads on the empty abacus drawings:

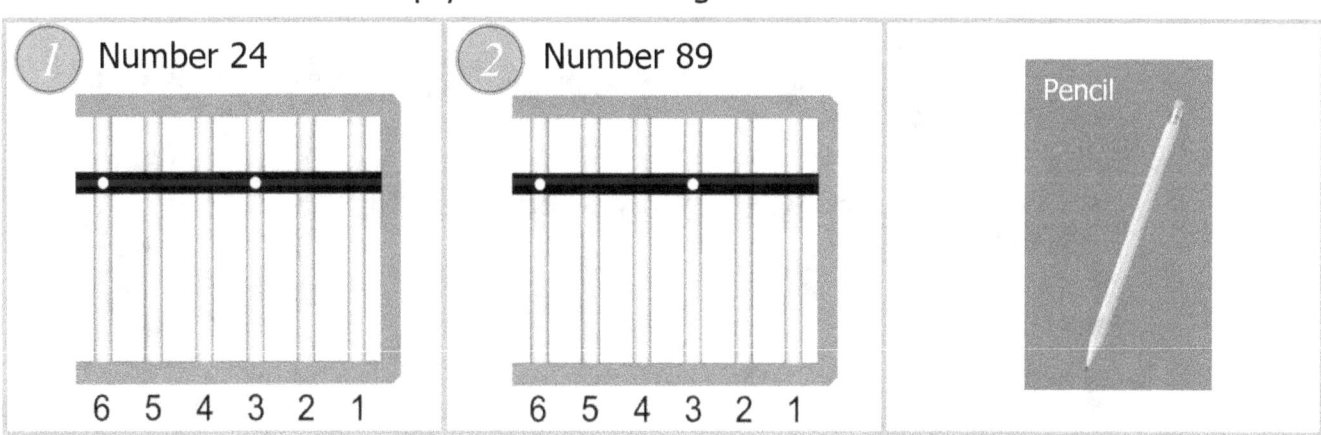

3 Work for using an imaginary abacus:

Find the addition of the following, use an imaginary abacus:

1	10 + 21		2	14 + 23		Imagine
3	17 + 19		4	13 + 22		
5	78 + 87		6	85 + 99		

Introduction

Nice to know

▷ The Japanese abacus is also called the Soroban.

▷ This is abacus written in Japanese そろばん

▷ The Japanese abacus is mostly used for adding and subtracting numbers.

▷ The Japanese abacus has a wooden frame and five beads per column, one bead above and four beads below.

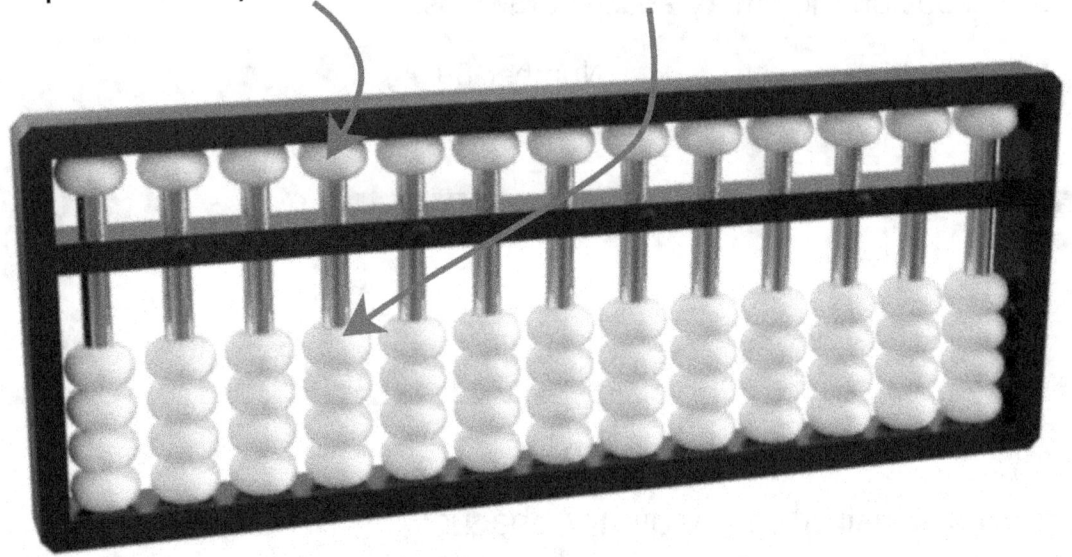

Parts of the Japanese abacus

① A wooden frame.

② A beam, to push the beads up against and away from.

③ Dots on the beam.

④ Rods, to slide the beads up and down on.

⑤ 1 bead above the beam.

⑥ 4 beads below the beam.

⑦ A Column is one rod and the 5 beads on that rod. There are 13 columns on this abacus.

⑧ Lower deck. All beads that are below the beam are in the lower deck.

⑨ Upper deck. All beads that are above the beam are in the upper deck.

Tip Abaci have different amounts of rods. Usually 13 rods but some have less and some have more.

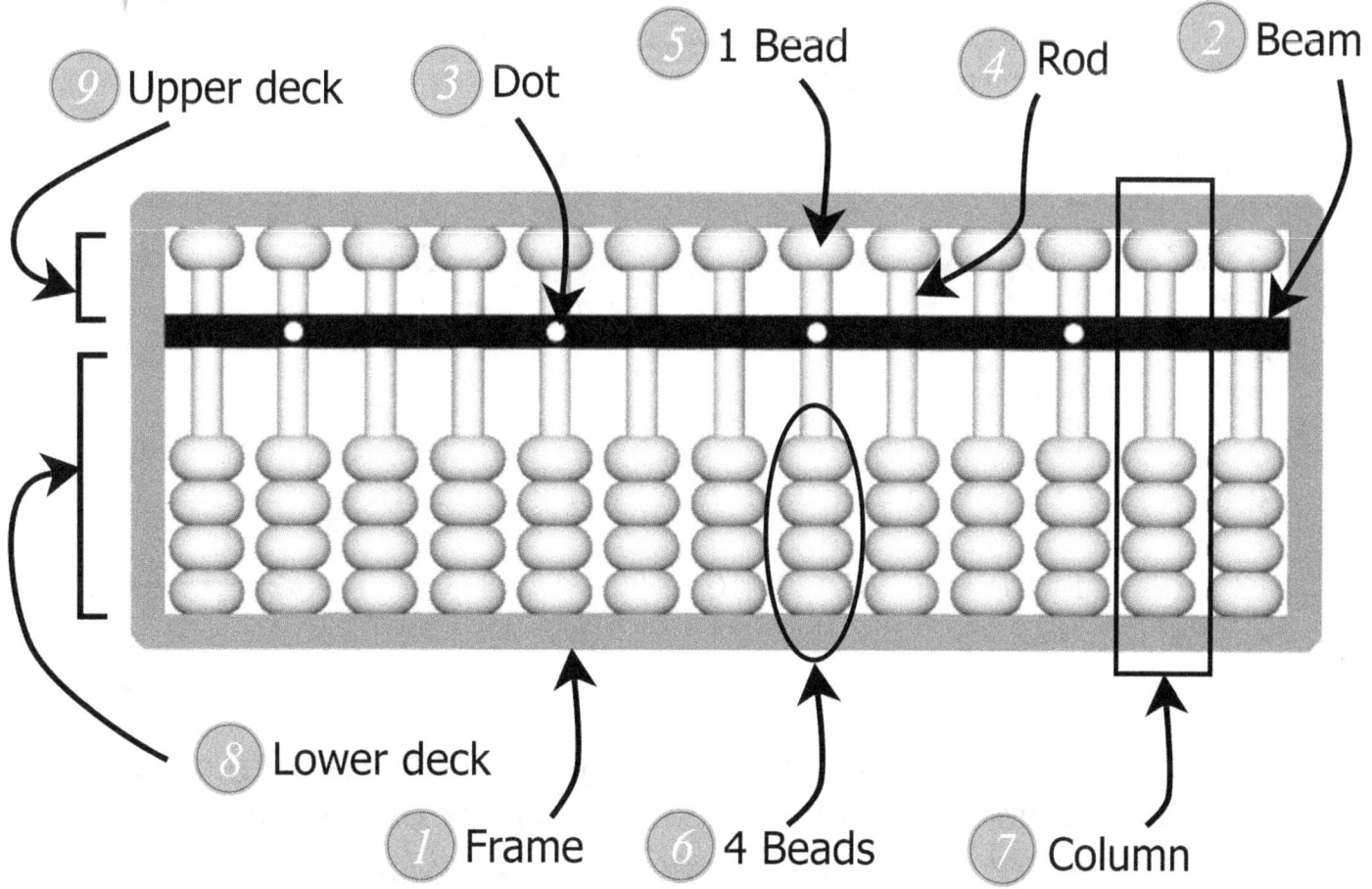

Putting your numbers in the correct column

We need to know which abacus column to use to place each digit.

Let's look at the following 4 digit number 4213

- The number 3 is on the 'Ones' column
- The number 1 is on the 'Tens' column
- The number 2 is on the 'Hundreds' column
- The number 4 is on the 'Thousands' column

This is how it would look on the abacus.

4213

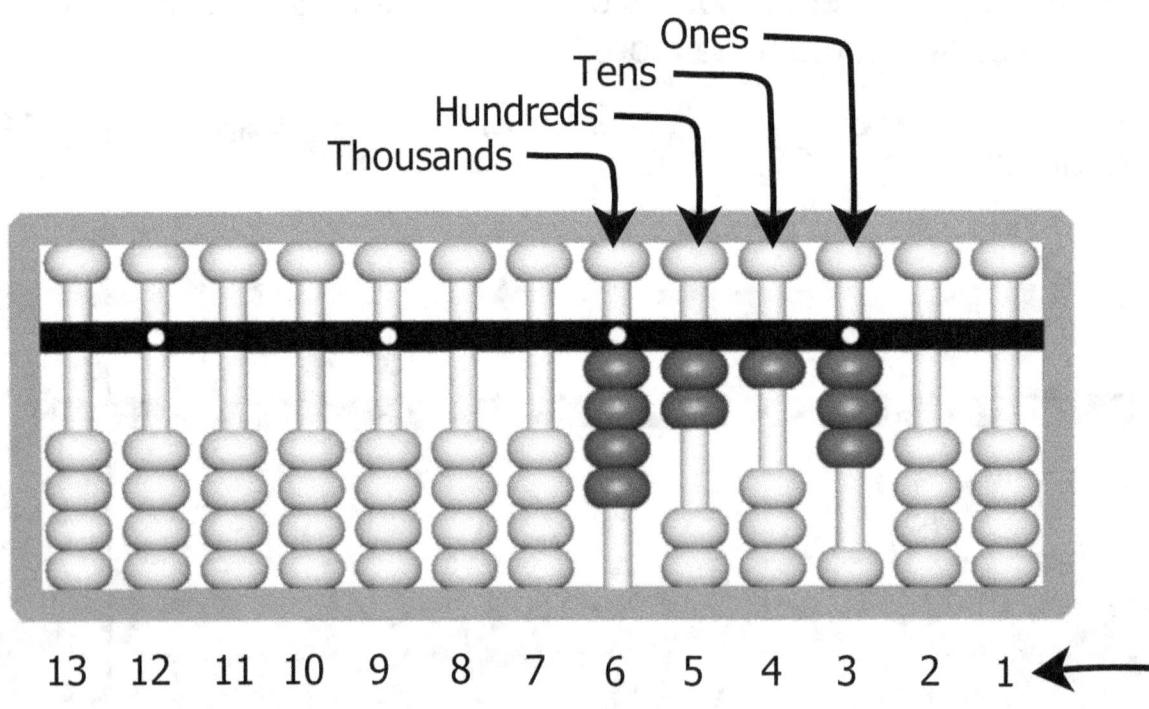

 Look how we start with the 'Ones' digit (3 in this example) on column 3 (where the first dot on the beam is) and not on columns 1 and 2. *Don't worry about this, we will learn why later.*

What amount is each column worth?

The picture below shows the values of each column on the abacus.

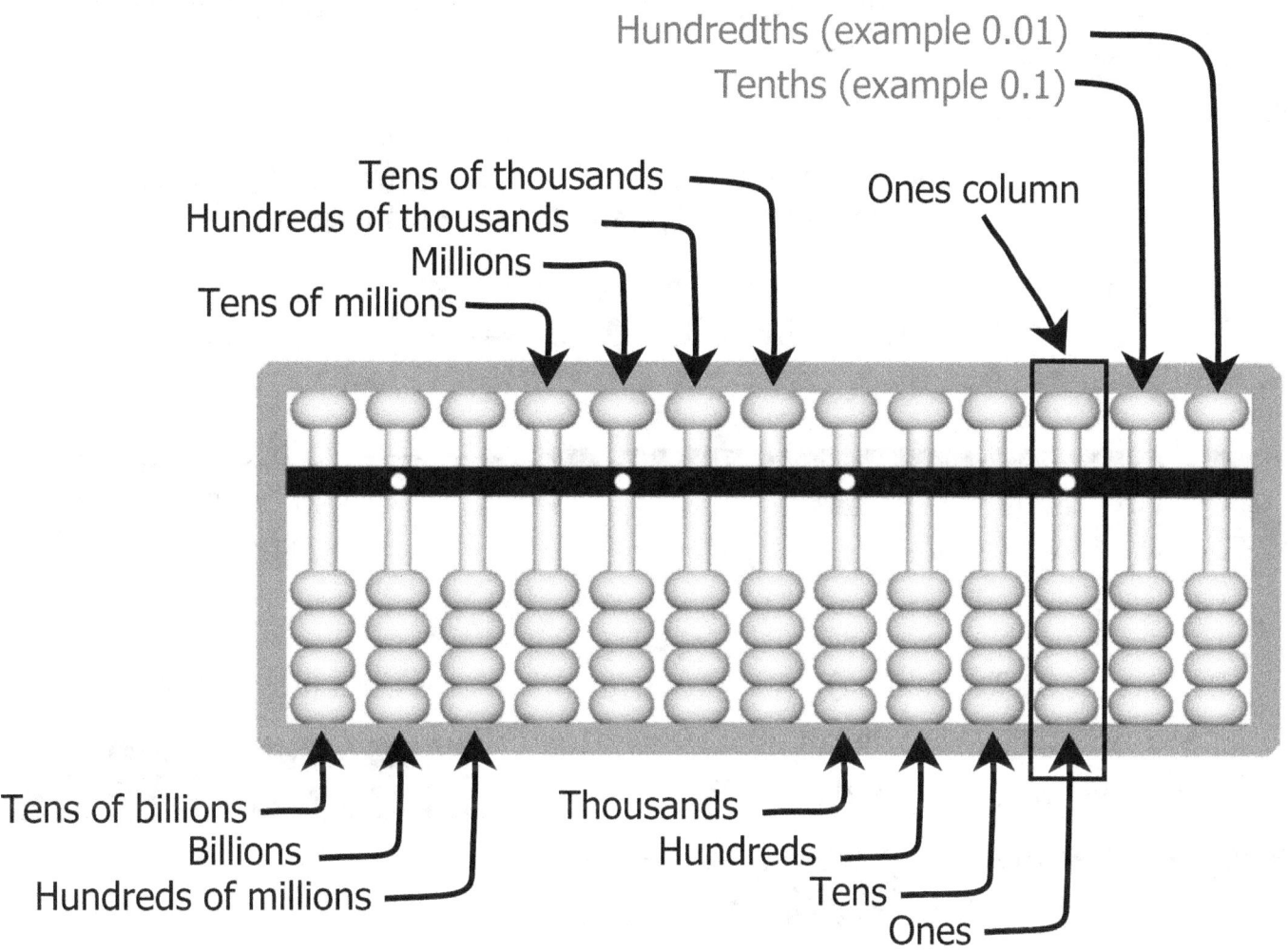

Tip: Notice how each column value keeps getting TEN times BIGGER on the left of the ones column and keeps getting TEN times smaller on the right of the ones column.

You don't need to remember all this to use the abacus.
Just remember where the ones column is to get started.

Abacus basics

HOW TO MOVE BEADS TO MAKE A NUMBER ON THE ABACUS

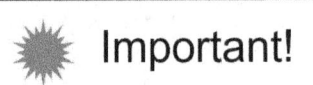
Important!

- When we move a bead towards the beam this is called '**Register a bead**'.
- When we move a bead away from the beam this is called '**Unregister a bead**'.
- The bead above the beam is worth **5**.
- The beads below the beam are worth **1**.
- We read the result on the abacus by looking only at the beads that are **pushed against the beam.**

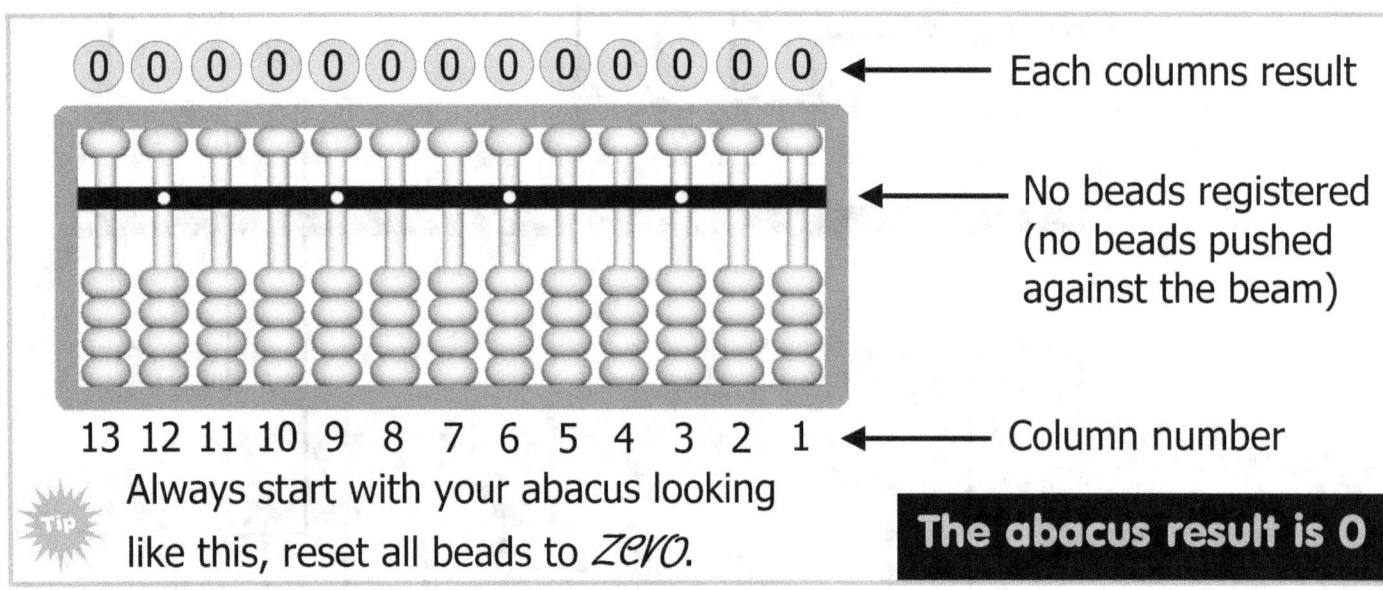

Always start with your abacus looking like this, reset all beads to *zero*.

The abacus result is 0

Let's put the number 1 on the abacus

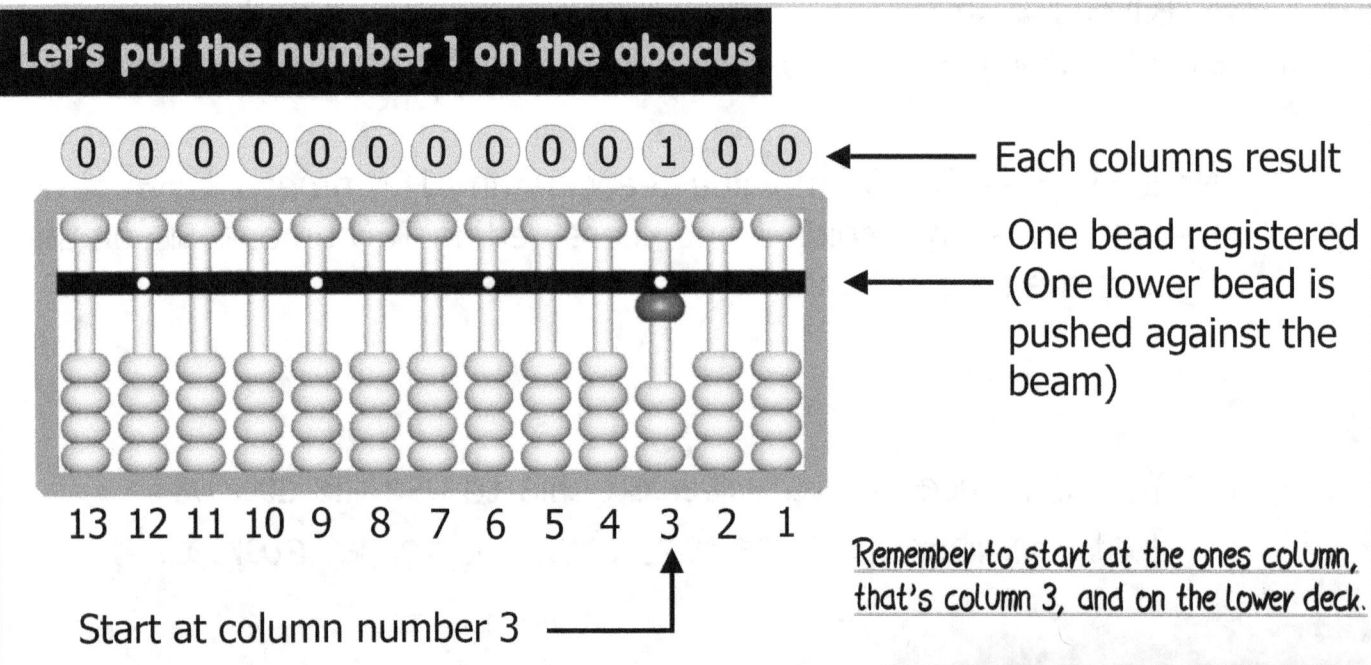

Start at column number 3

Remember to start at the ones column, that's column 3, and on the lower deck.

The abacus result is 1

Let's put the number 5 on the abacus

Remember the upper bead is worth 5.

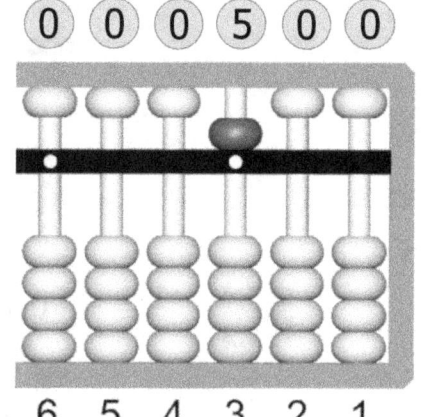

← Each columns result

← One bead registered (One upper bead is pushed against the beam)

The abacus result is 5

Let's put the number 6 on the abacus

The upper bead is worth 5, the lower bead is worth 1.

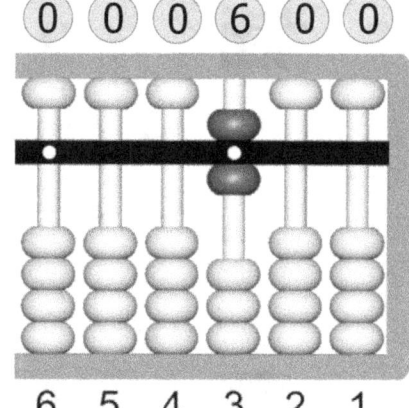

← Each columns result

← Two beads registered (One upper bead and one lower bead are pushed against the beam)

The abacus result is 6

Let's put the number 8 on the abacus

The upper bead is worth 5 plus 3 lower beads worth 1 each. This gives a total of 8.

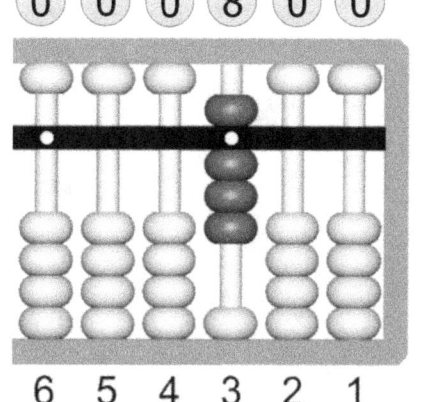

← Each columns result

← Four beads registered (One upper bead and three lower beads are pushed against the beam)

The abacus result is 8

Here are the single digit numbers on the abacus

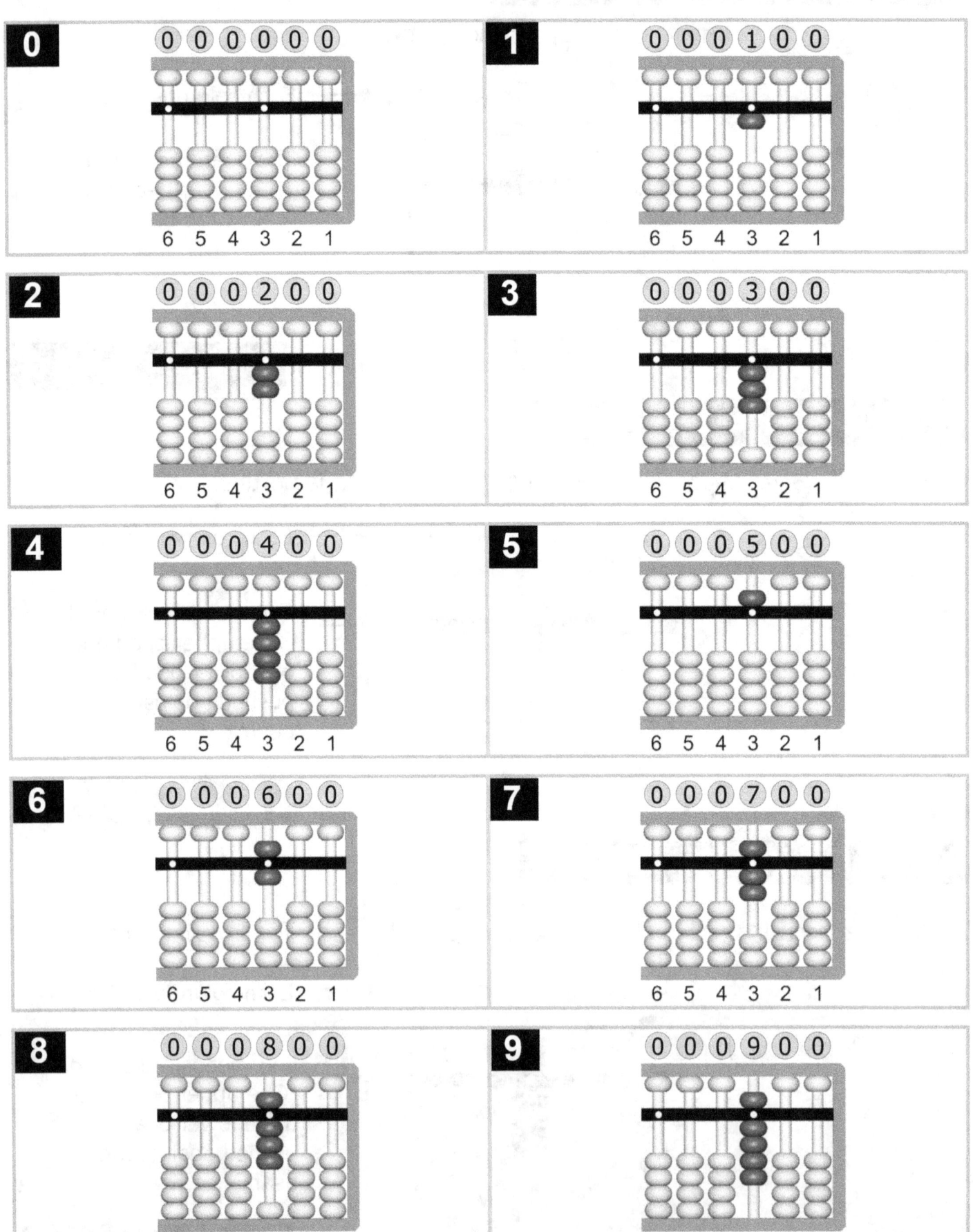

Here are the double digit numbers on the abacus

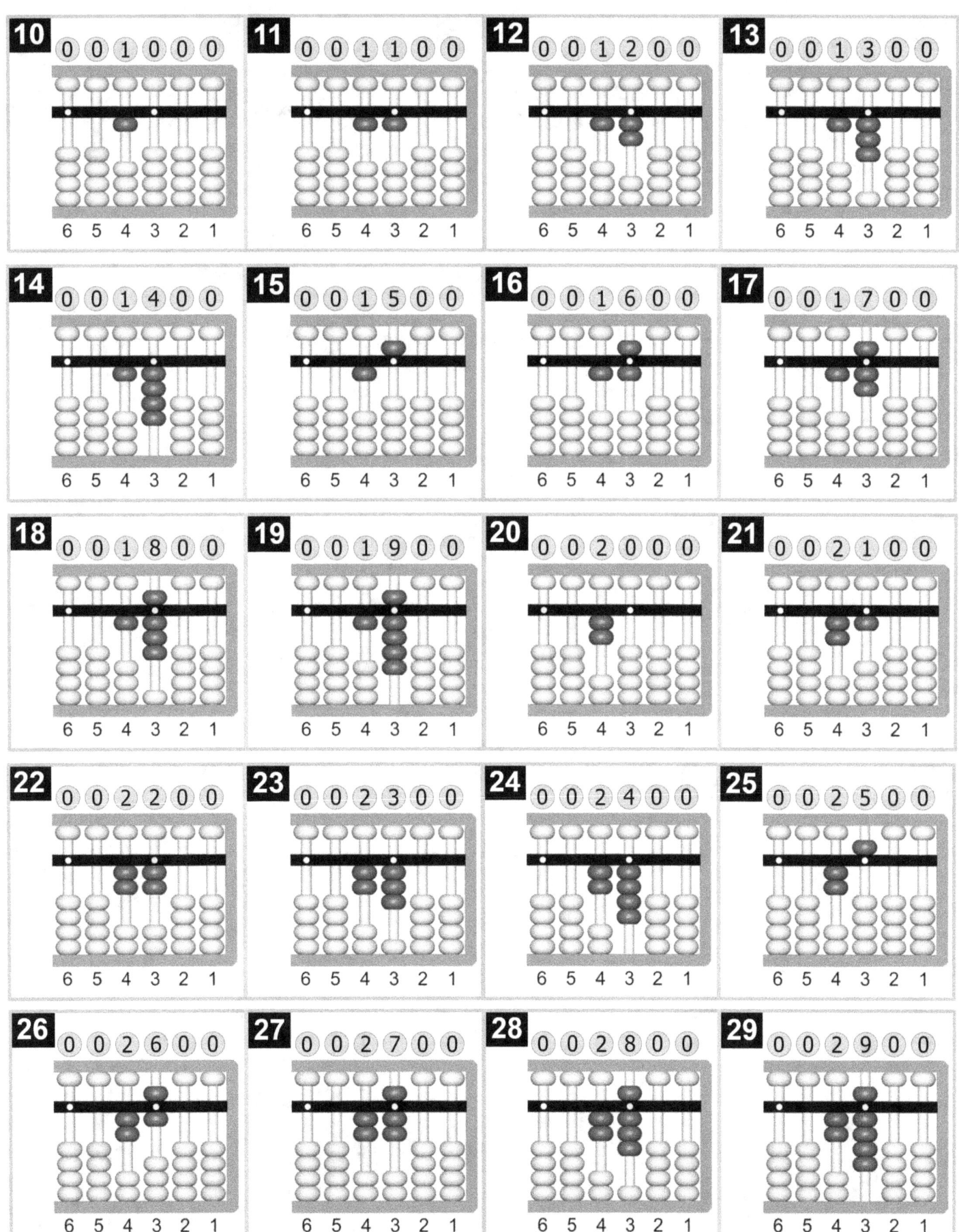

Here are the double digit numbers on the abacus

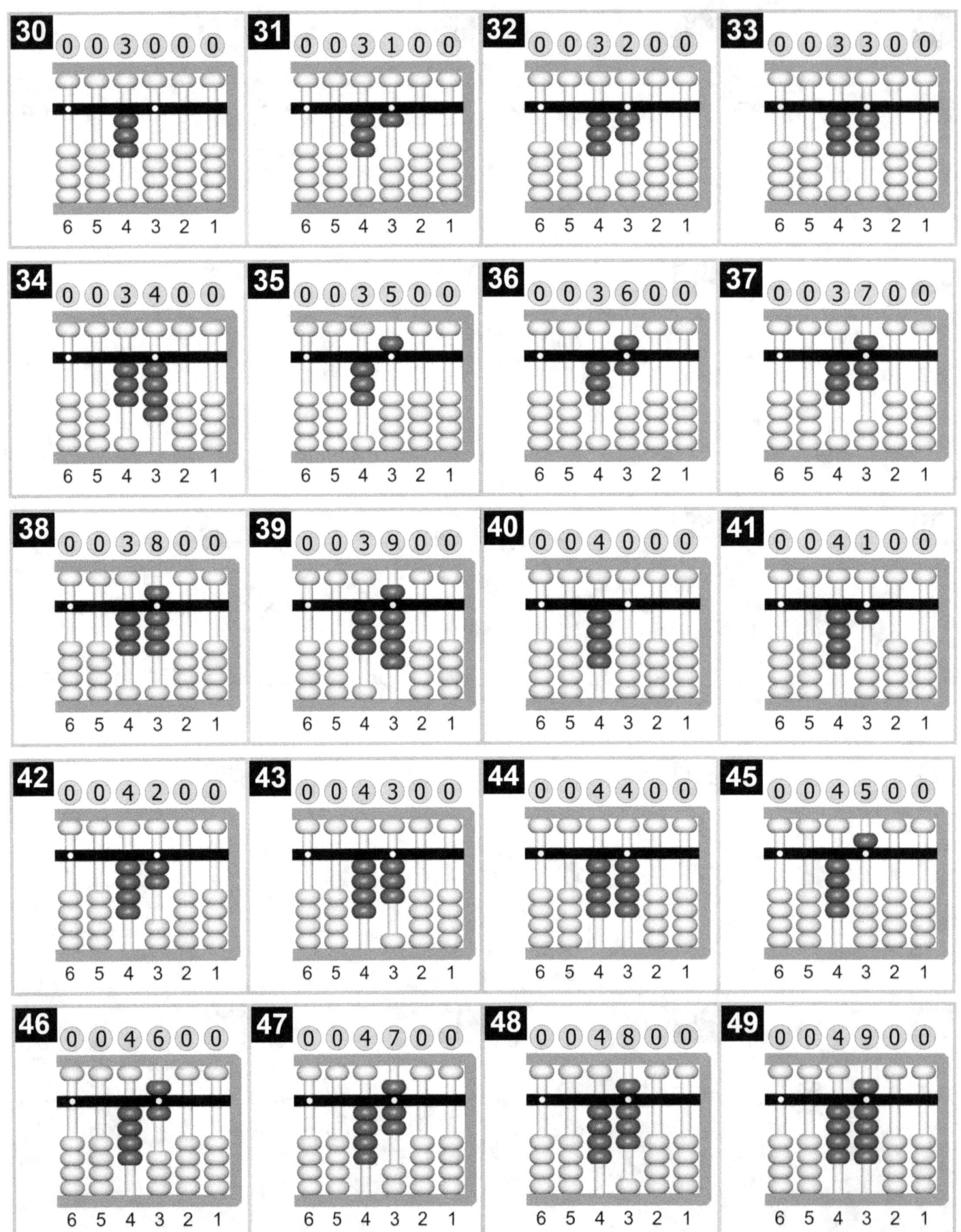

Here are the double digit numbers on the abacus

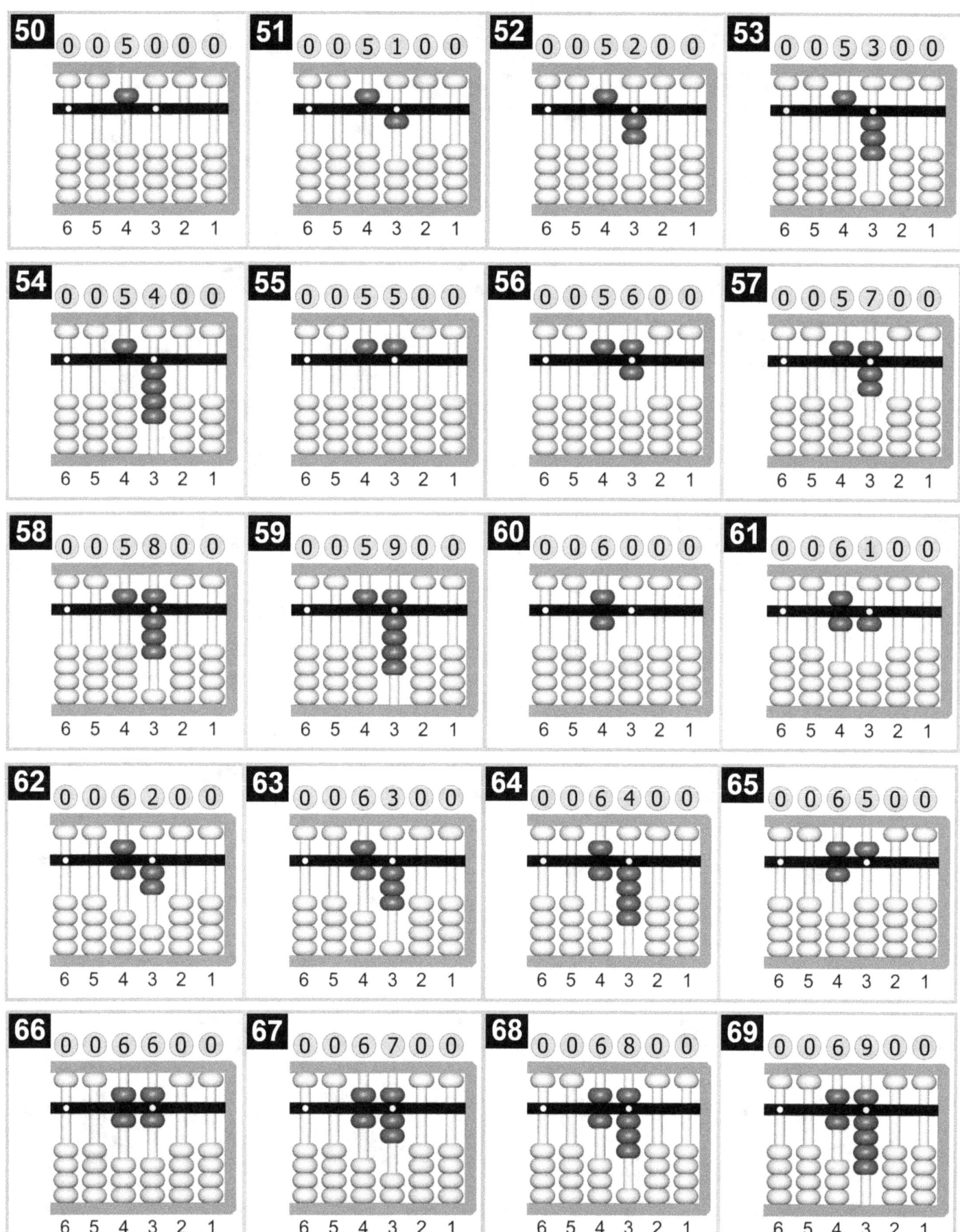

Here are the double digit numbers on the abacus

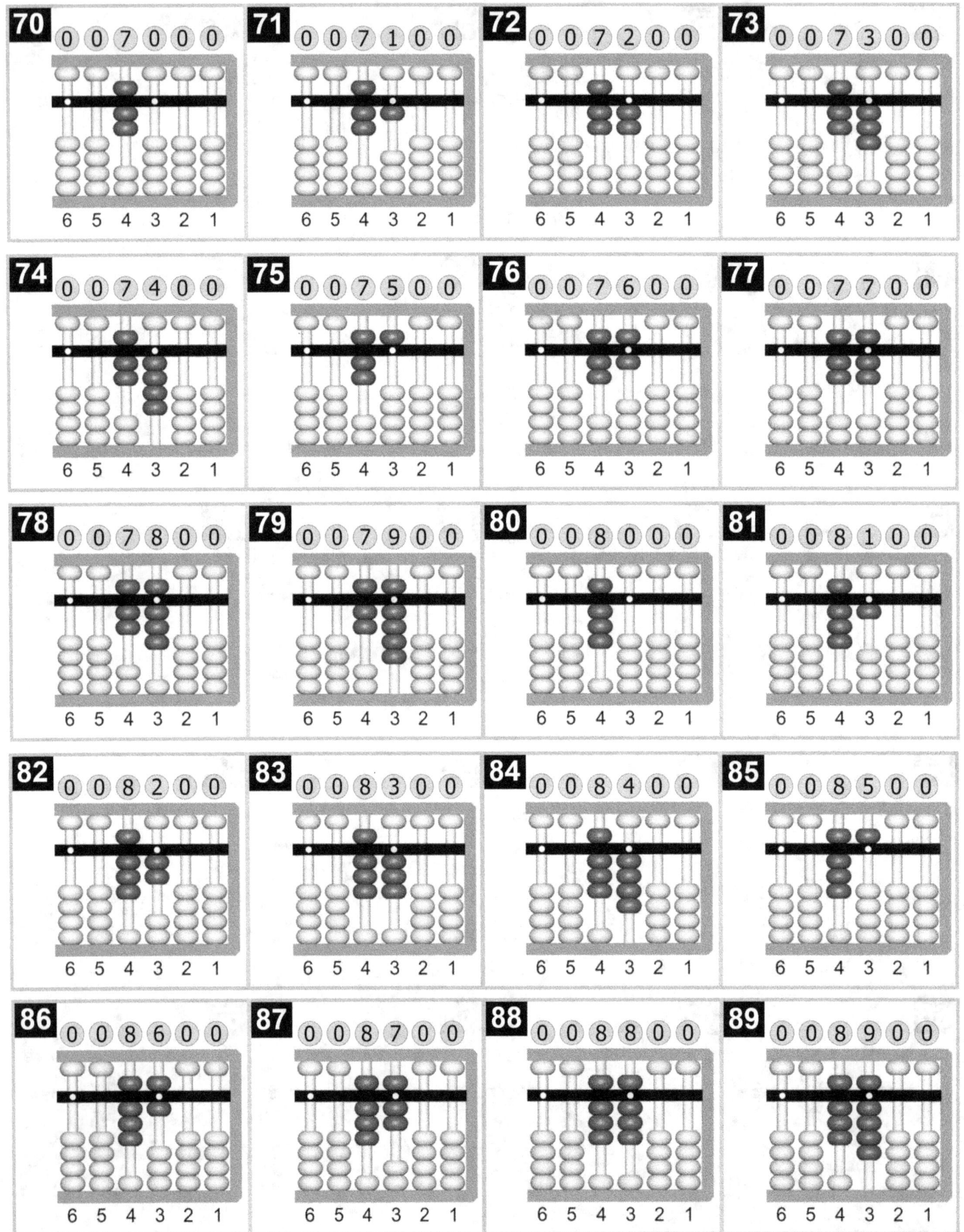

Here are the double digit numbers on the abacus

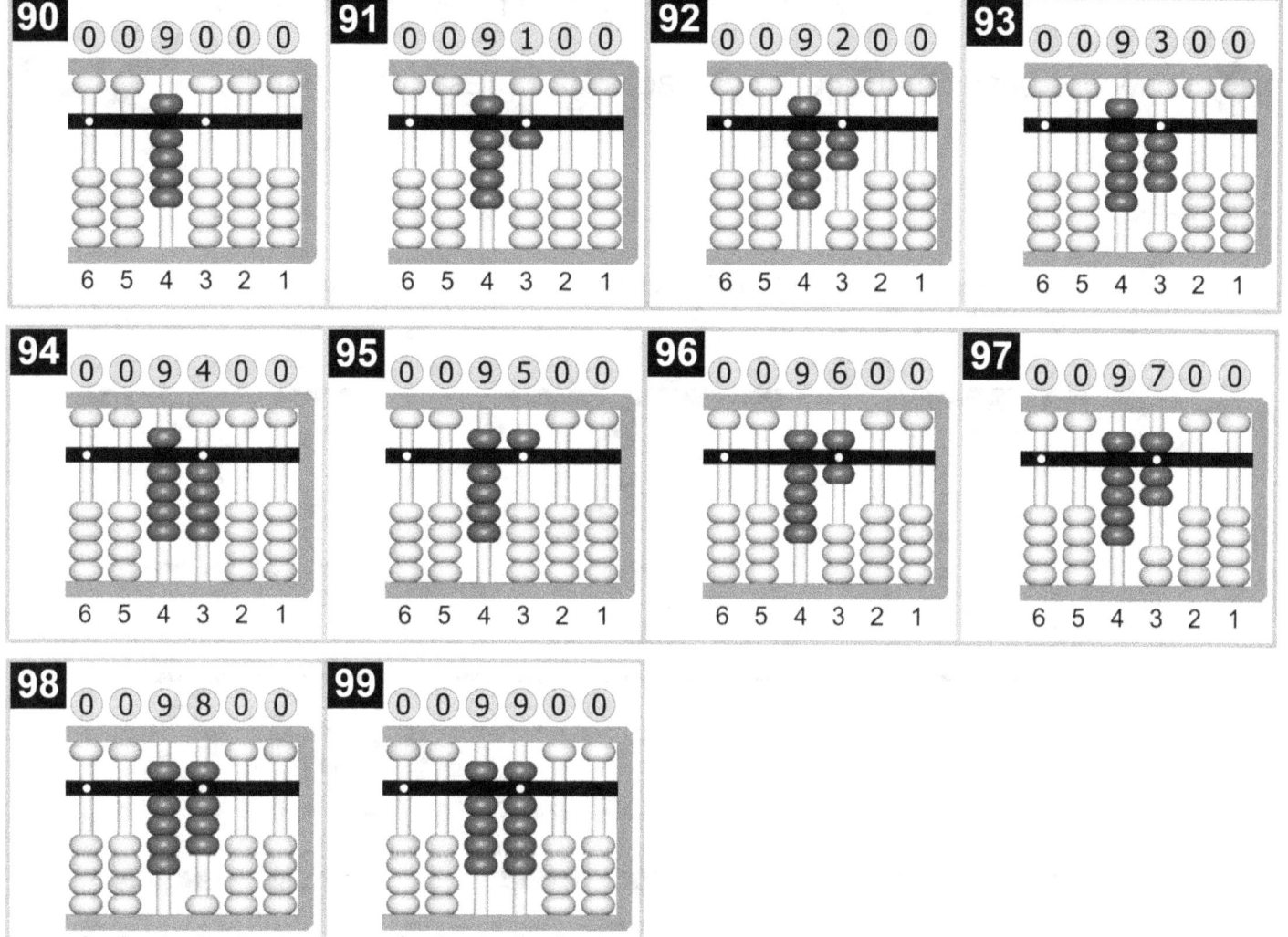

Time to do workbook work 1

WORKBOOK WORK – 1

(Answers to workbook work 1 are on pages 142 to 144)

1 Draw the beads on the empty abacus to represent the number given.

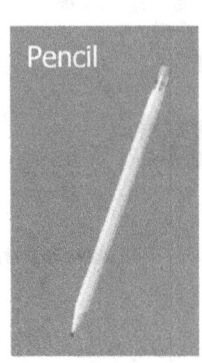
Pencil

Examples:

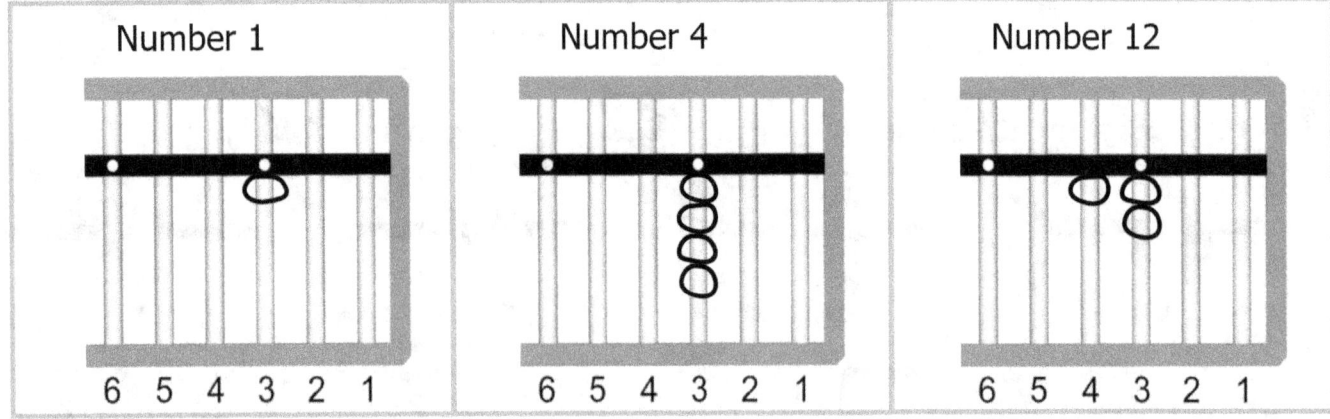

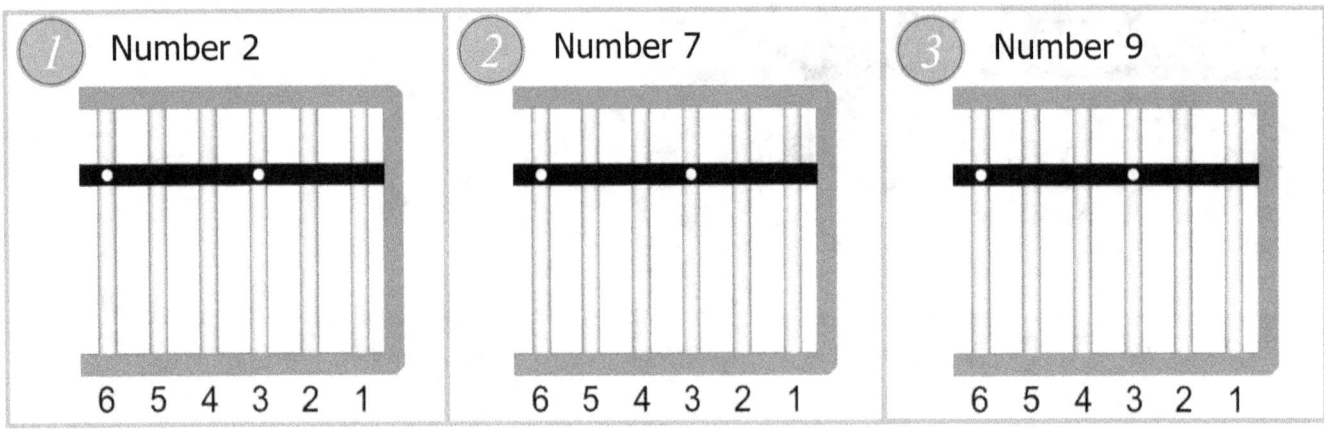

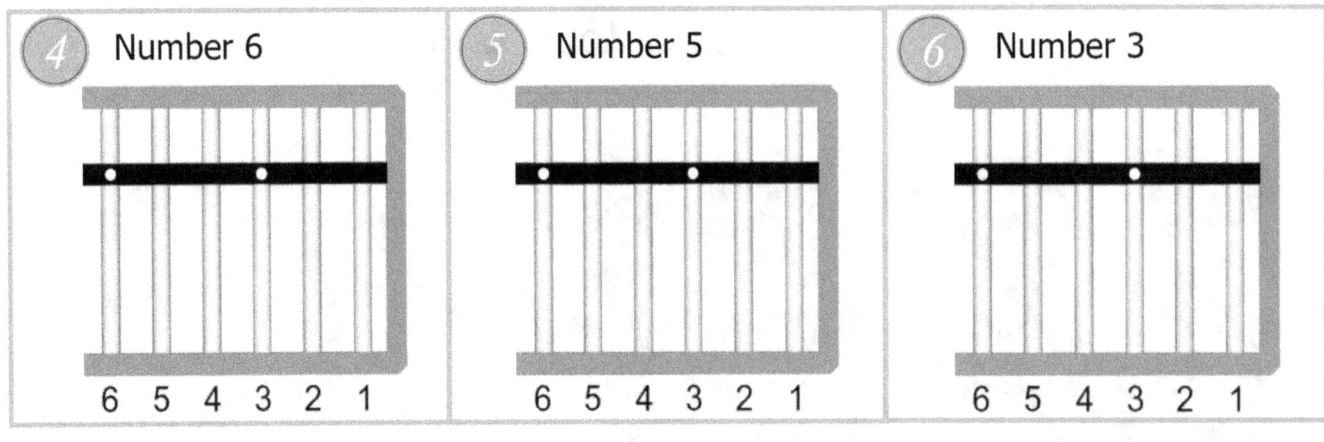

WORKBOOK WORK - 1

⑦ Number 8

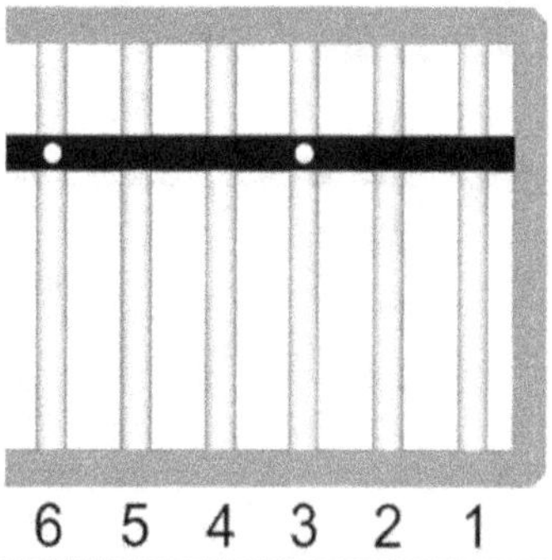

6 5 4 3 2 1

⑧ Number 18

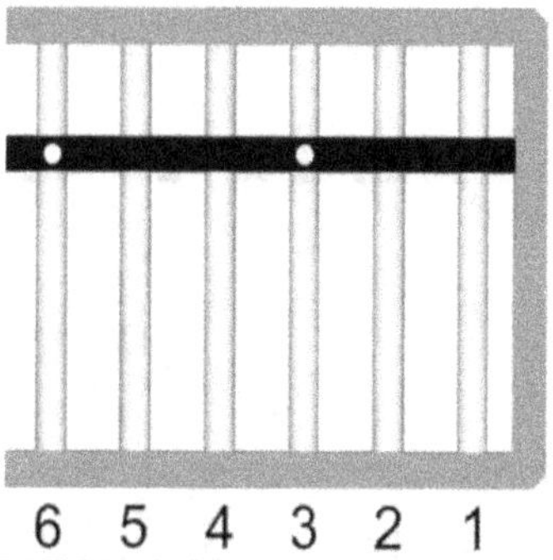

6 5 4 3 2 1

⑨ Number 16

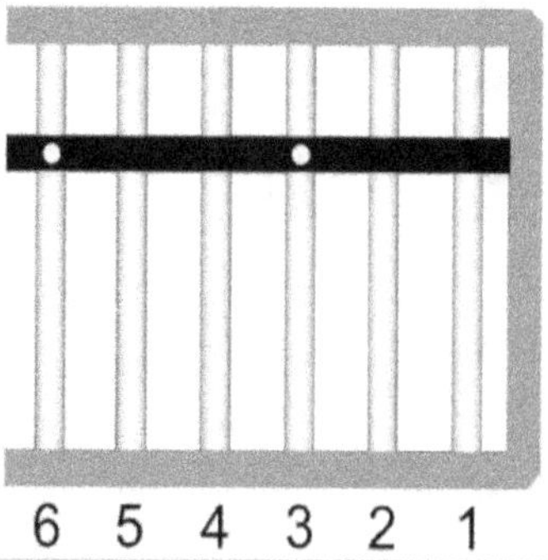

6 5 4 3 2 1

⑩ Number 14

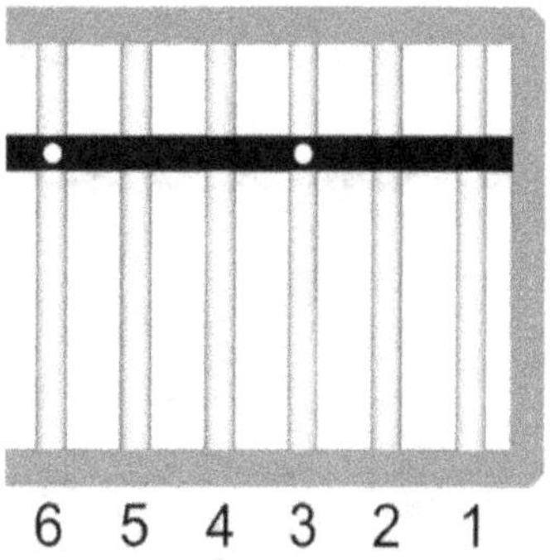

6 5 4 3 2 1

⑪ Number 13

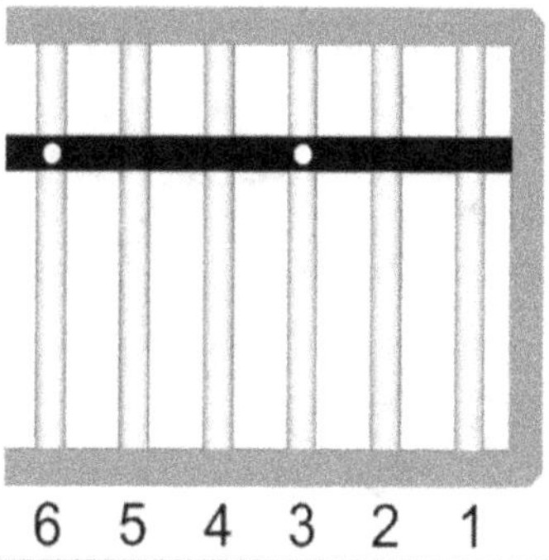

6 5 4 3 2 1

⑫ Number 11

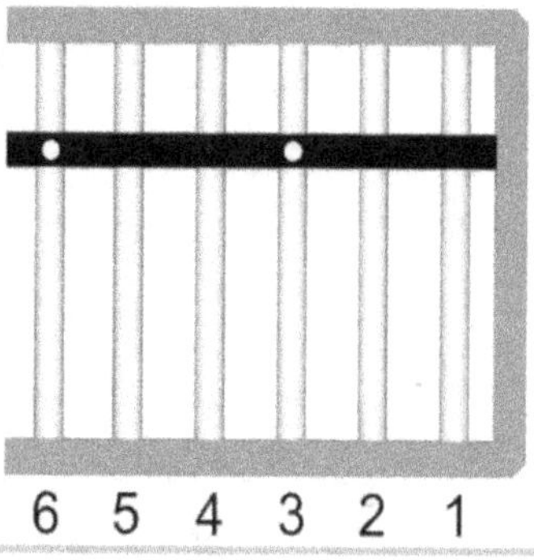

6 5 4 3 2 1

⑬ Number 19

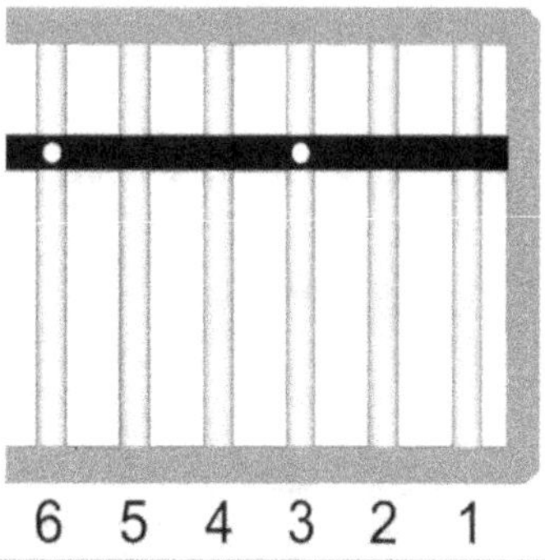

6 5 4 3 2 1

⑭ Number 15

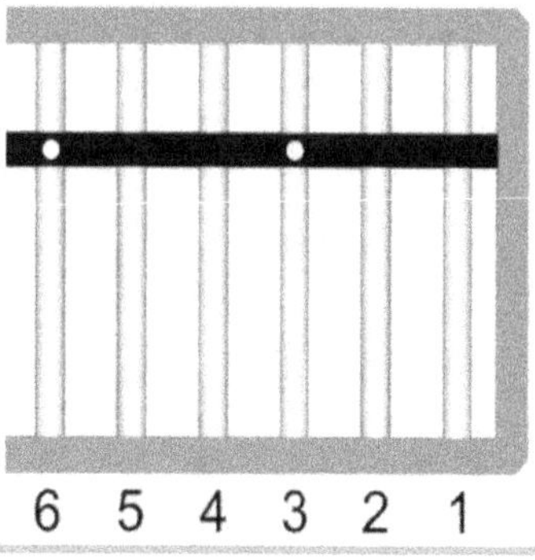

6 5 4 3 2 1

⑮ Number 10

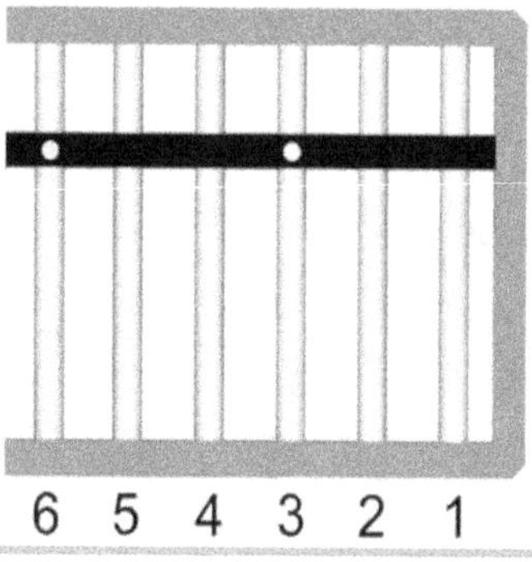

6 5 4 3 2 1

⑯ Number 17

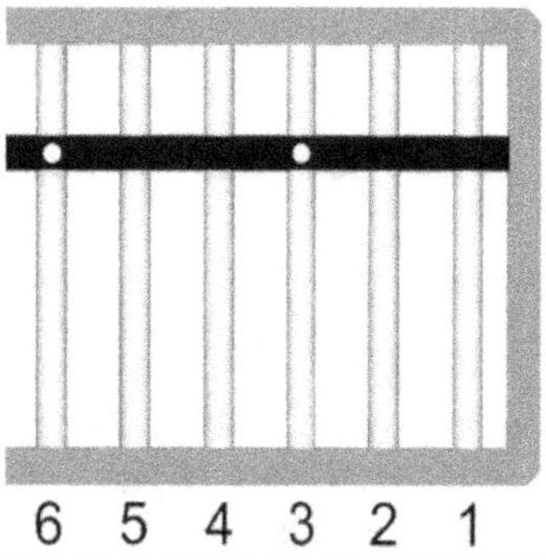

6 5 4 3 2 1

⑰ Number 20

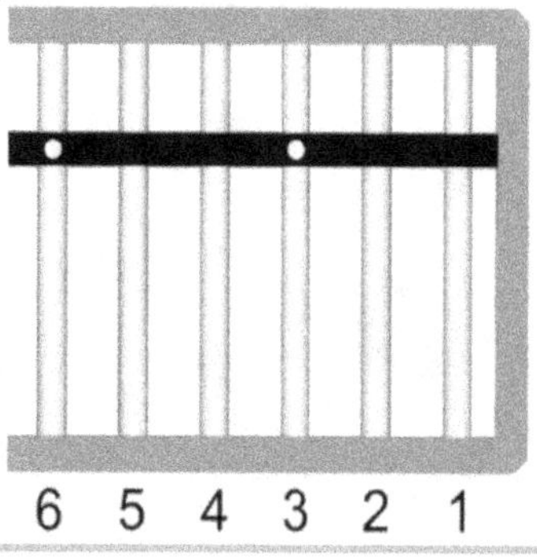

6 5 4 3 2 1

⑱ Number 29

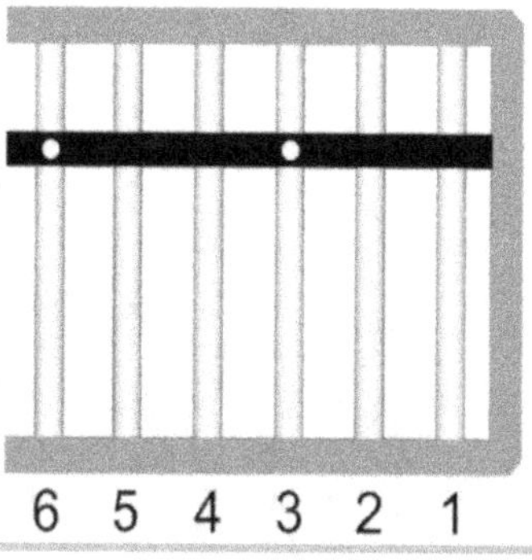

6 5 4 3 2 1

WORKBOOK WORK - 1

19) Number 26

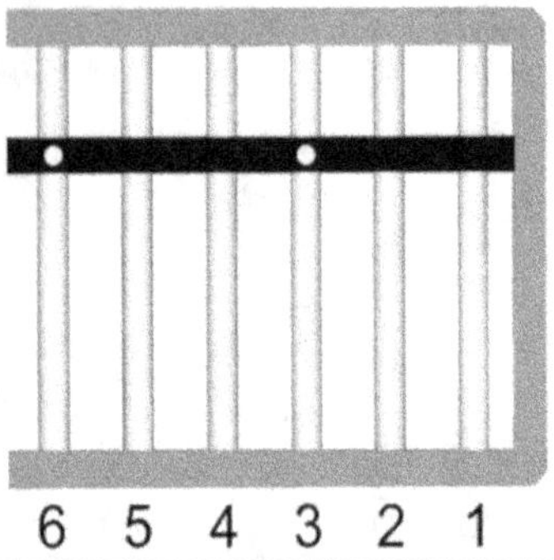

20) Number 38

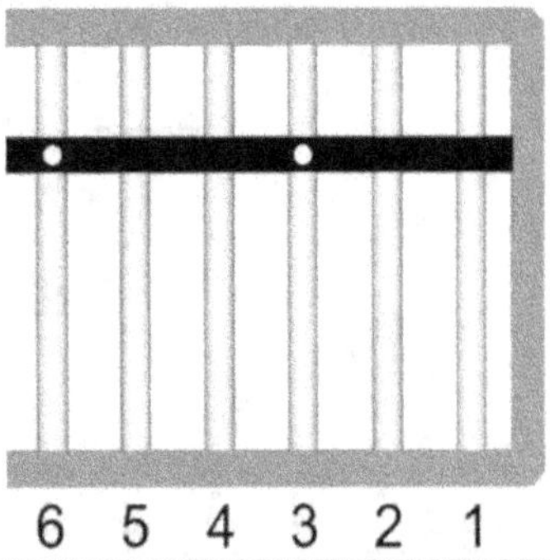

21) Number 30

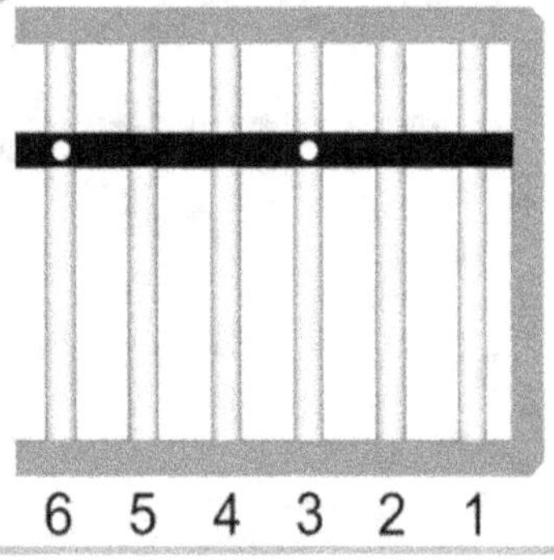

22) Number 41

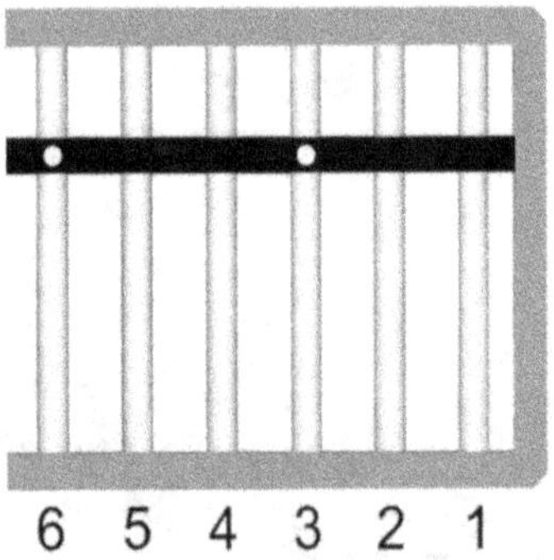

23) Number 21

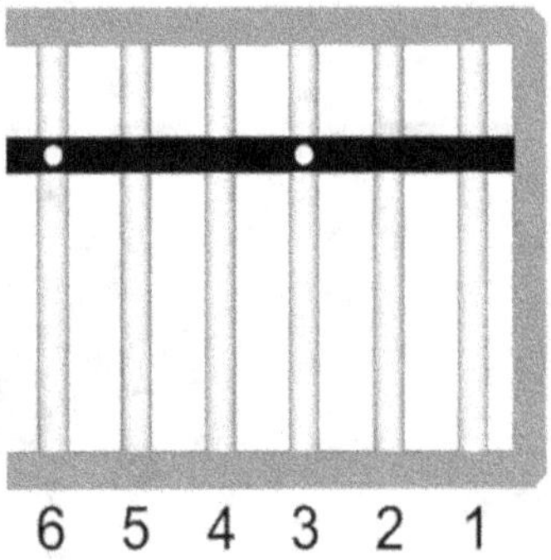

24) Number 11

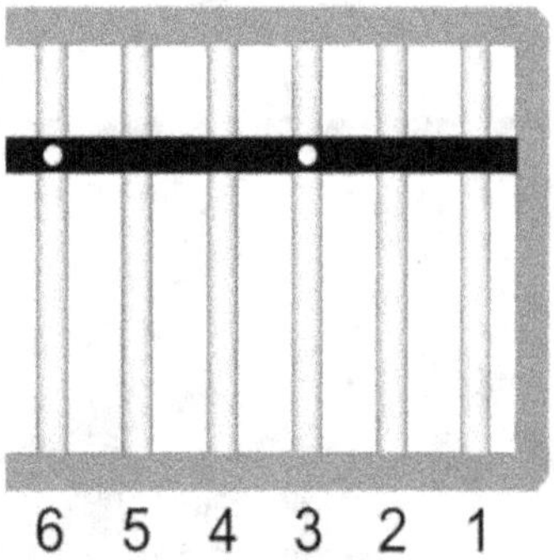

25) Number 43

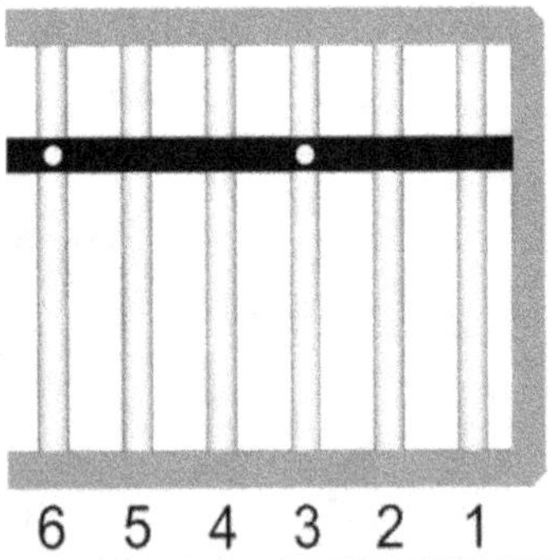

26) Number 50

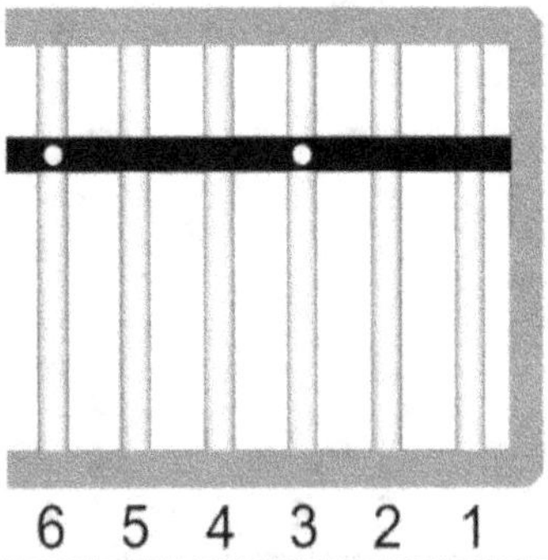

27) Number 48

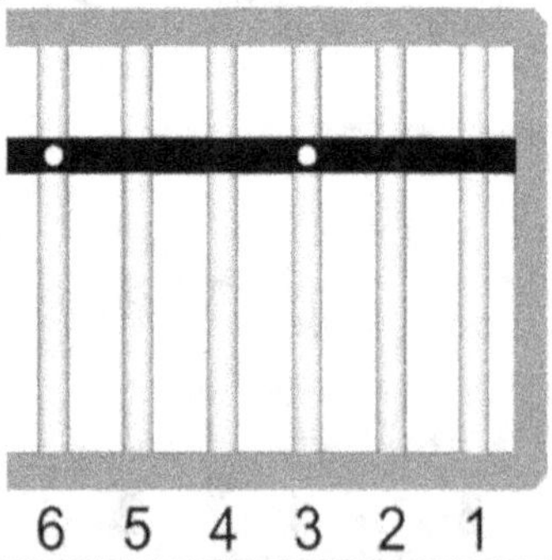

28) Number 64

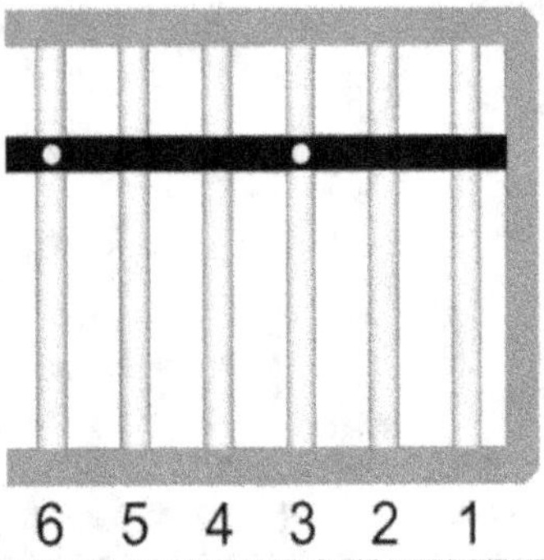

29) Number 55

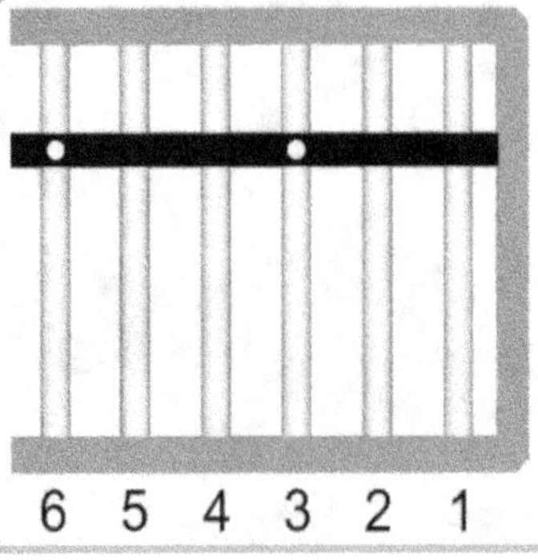

30) Number 62

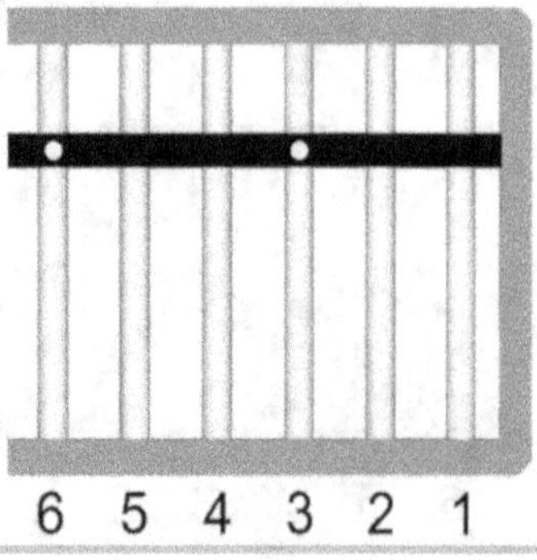

WORKBOOK WORK - 1

31) Number 73 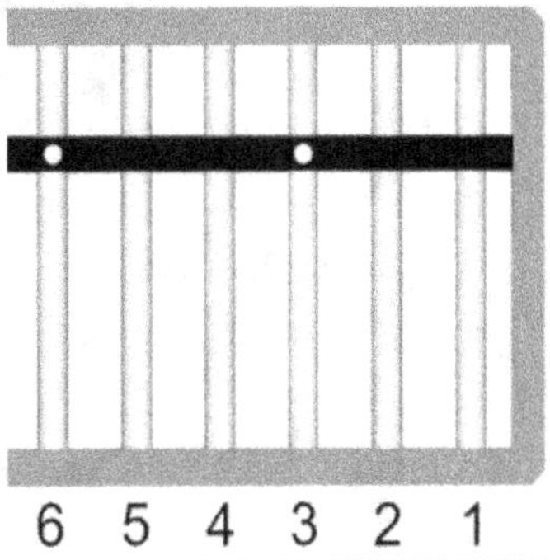
32) Number 66 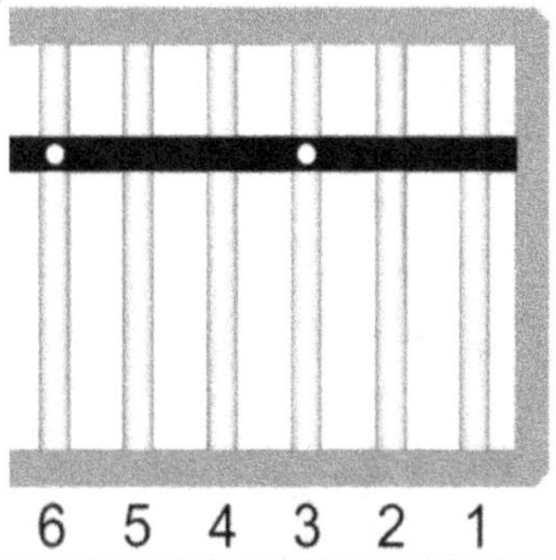
33) Number 87 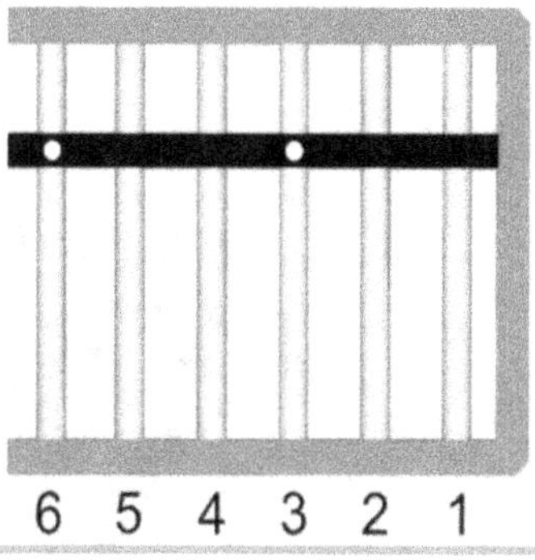
34) Number 41 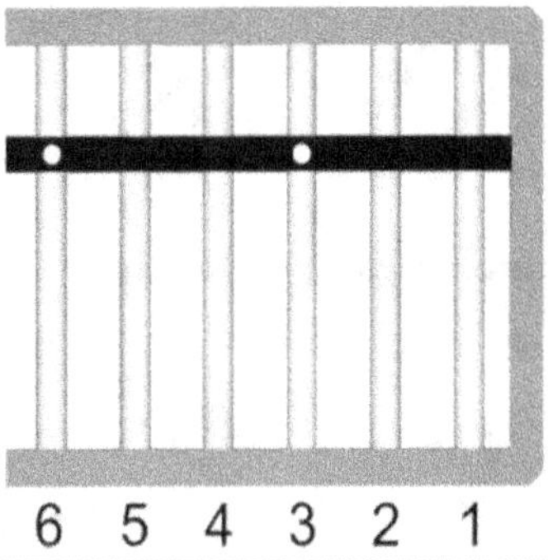
35) Number 76 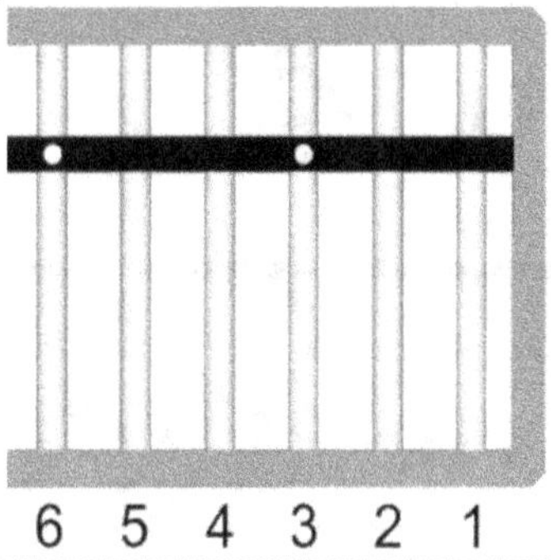
36) Number 37 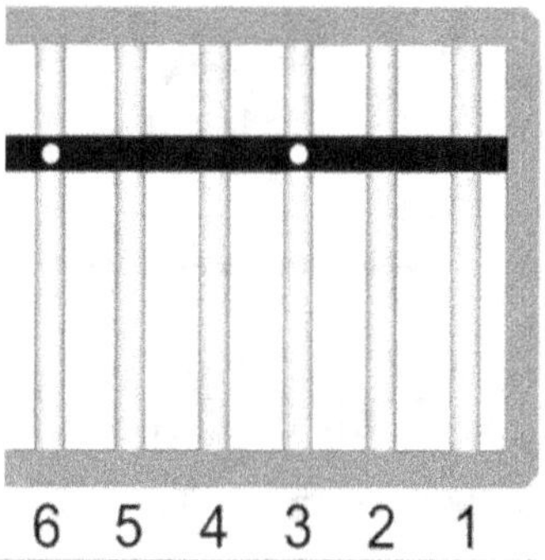
37) Number 69 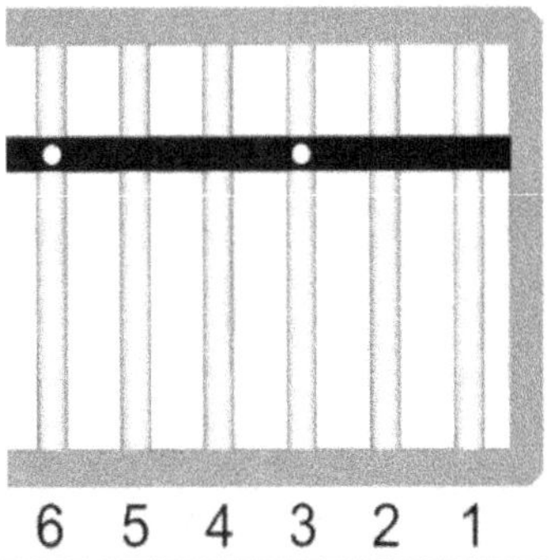
38) Number 85 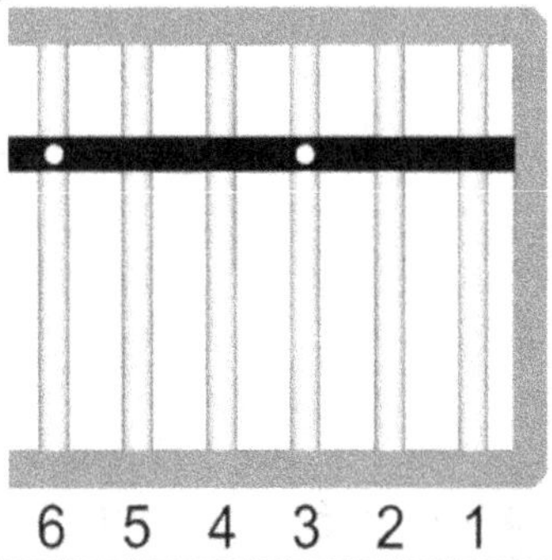
39) Number 92 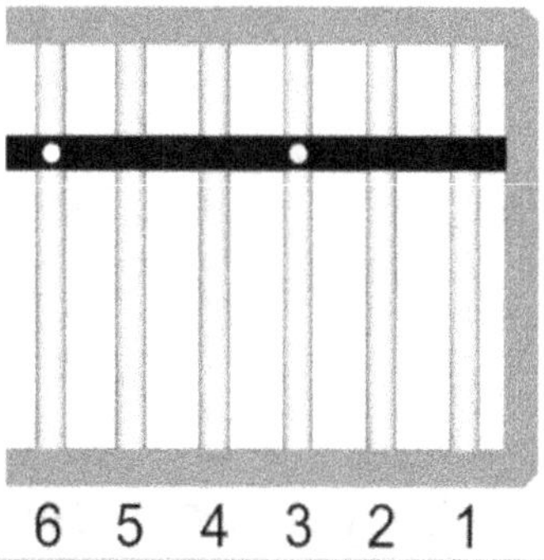
40) Number 64 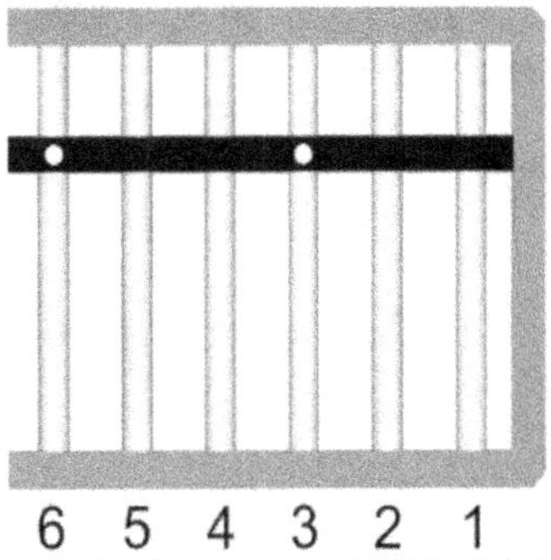
41) Number 95 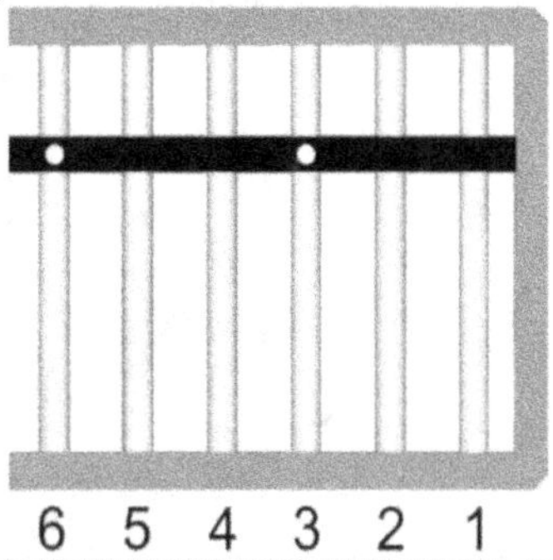
42) Number 99

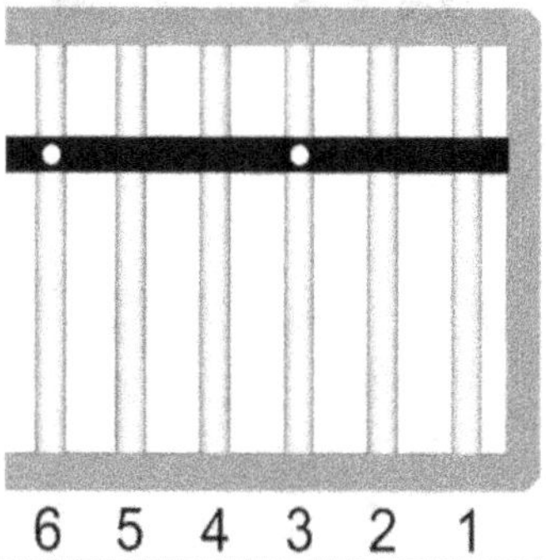

WORKBOOK WORK – 1

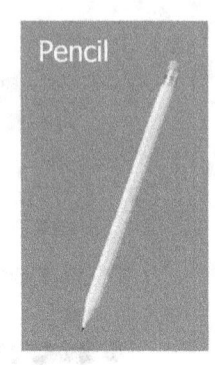

2 Find the correct column for the digit, by putting a circle around the column number.

Examples:

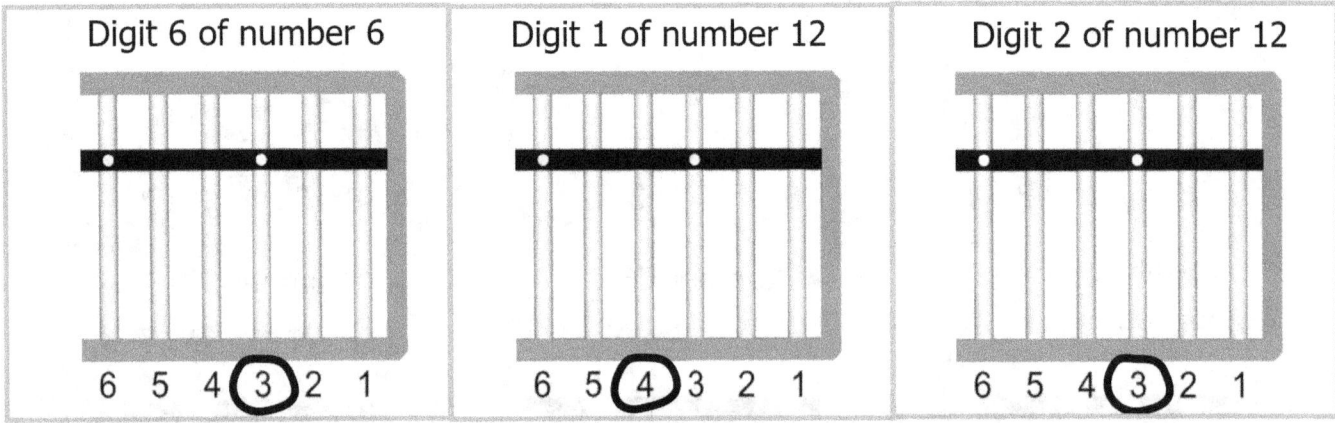

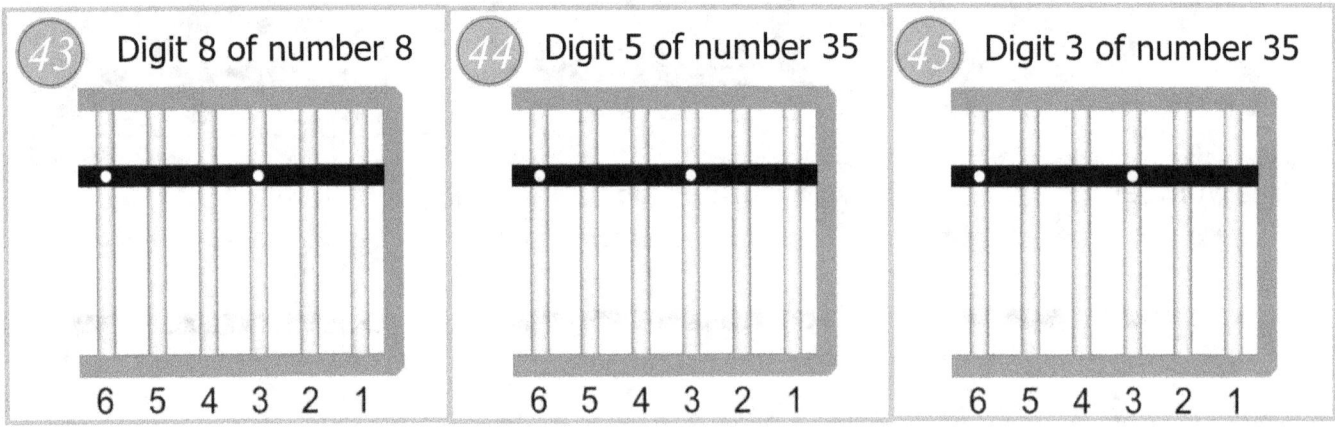

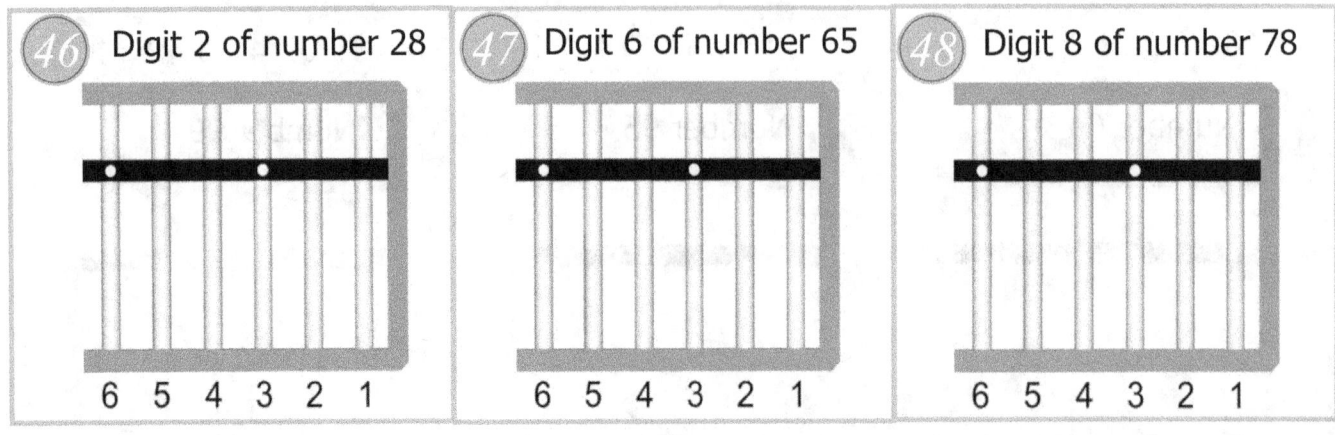

WORKBOOK WORK - 1

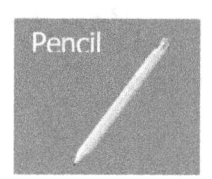

49 Digit 7 of number 27

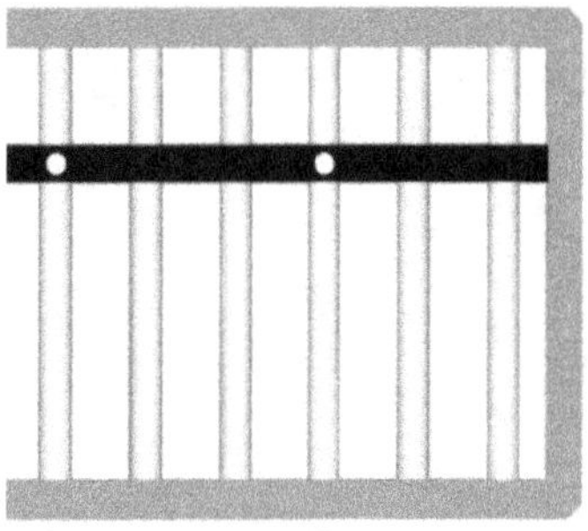

6 5 4 3 2 1

50 Digit 8 of number 48

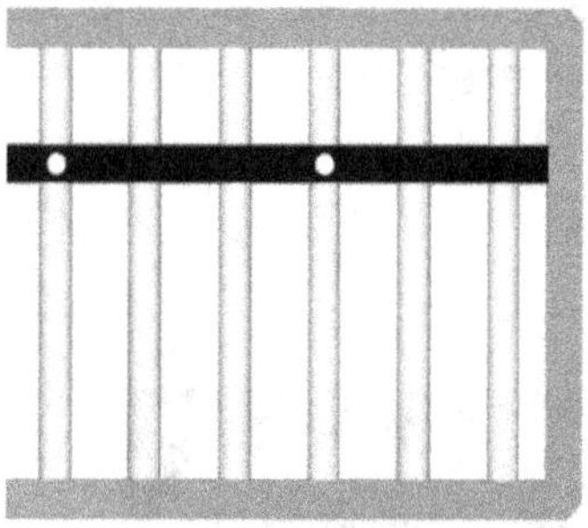

6 5 4 3 2 1

51 Digit 5 of number 56

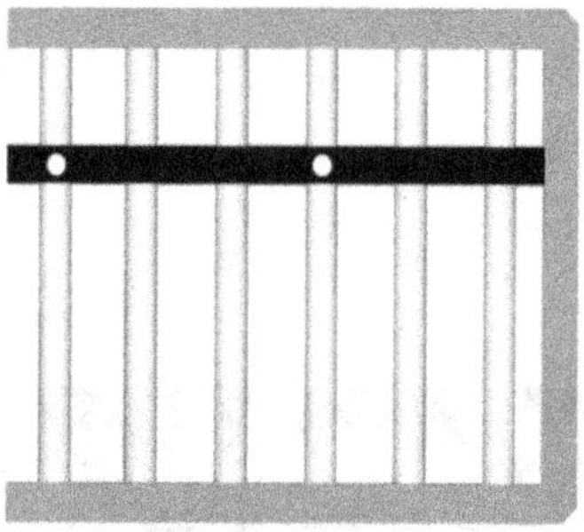

6 5 4 3 2 1

52 Digit 6 of number 61

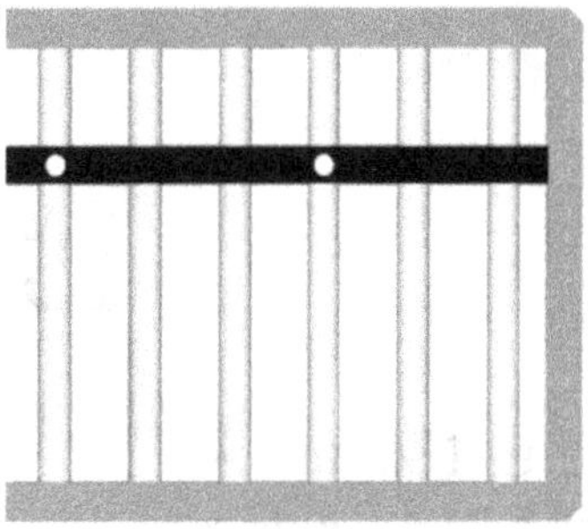

6 5 4 3 2 1

53 Digit 3 of number 83

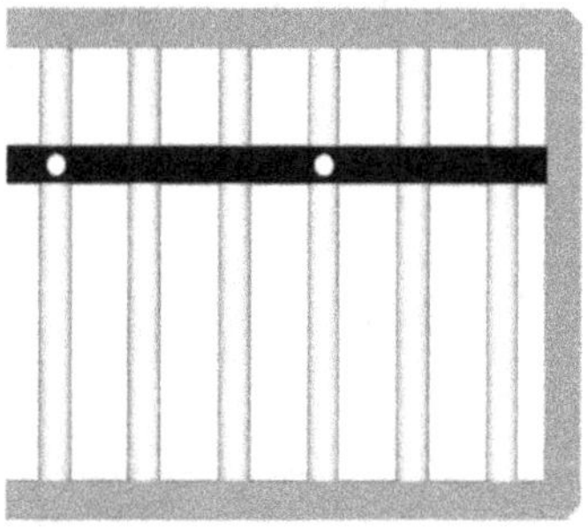

6 5 4 3 2 1

54 Digit 4 of number 42

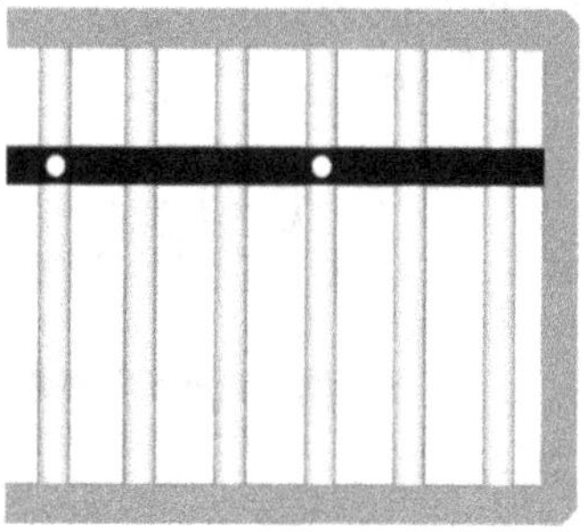

6 5 4 3 2 1

55 Digit 1 of number 21

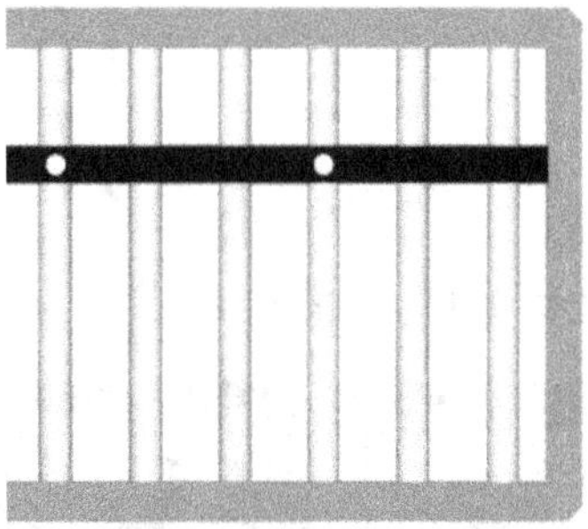

6 5 4 3 2 1

56 Digit 1 of number 15

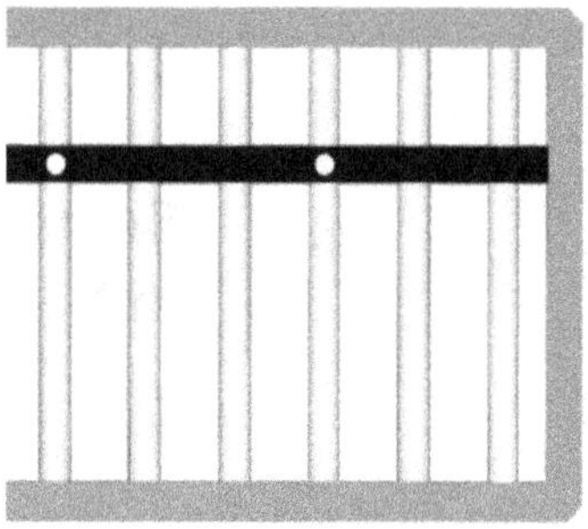

6 5 4 3 2 1

57 Digit 9 of number 94

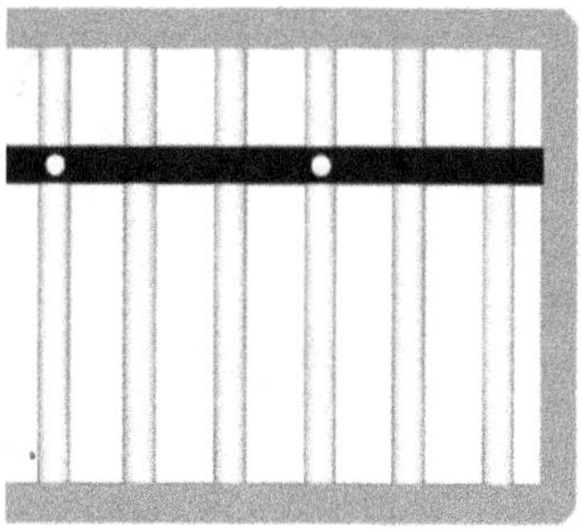

6 5 4 3 2 1

Time to continue with the **instruction work!**

Register a number with 2 digits on the abacus — Part 2

Important!

- A **digit** is a symbol used to show a number. Example, **6** is one digit and is made up of one number.
- A digit is any number from **0** to **9**.
- The number **78** has two digits, **7** and **8**. There are two digits that make up the number 78.
- There are two places in the number 78, the ones place holds the number 8 and the tens place holds the number 7.

Let's put the number 15 on the abacus

When we put a number on the abacus or '**register**' a number by pushing the beads towards the beam, we start with the leftmost digit first (in this example the 1 of the 15) then move to the right to register the other numbers.

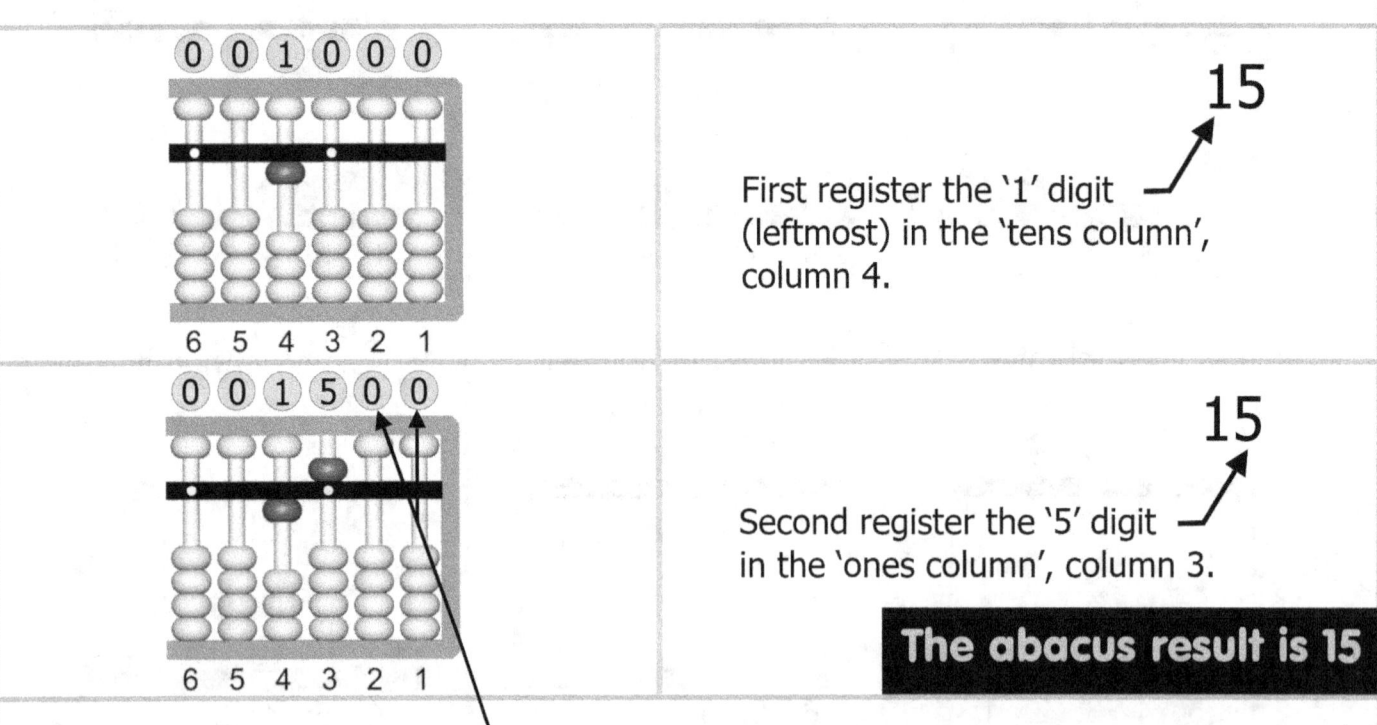

First register the '1' digit (leftmost) in the 'tens column', column 4. → 15

Second register the '5' digit in the 'ones column', column 3. → 15

The abacus result is 15

The two zeros after the number 15 are for decimal numbers, tenths (example the digit 3 in 0.3) for column 2 and hundredths in column 1 (example the digit 6 in 0.46).

Here are some two digit numbers on the abacus

27

45

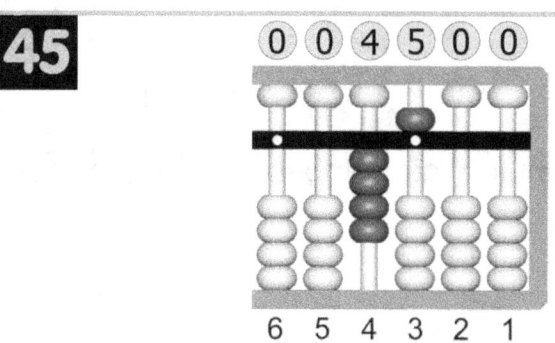

- We will put 45 on the abacus
- 45 has 2 digits, so use 2 columns
- Column 4, register 4 lower beads (this is for the 4 of the 45)
- Column 3, register 1 upper bead (this is for the 5 of the 45)

The abacus result is 45

14

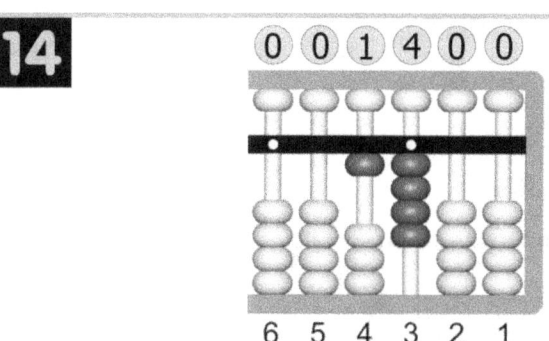

- We will put 14 on the abacus
- 14 has 2 digits, so use 2 columns
- Column 4, register 1 lower bead (this is for the 1 of the 14)
- Column 3, register 4 lower beads (this is for the 4 of the 14)

The abacus result is 14

95

- We will put 95 on the abacus
- 95 has 2 digits, so use 2 columns
- Column 4, register 1 upper bead and 4 lower beads (this is for the 9 of the 95) Total on this column is 5+4=9
- Column 3, register 1 upper bead (this is for the 5 of the 95)

The abacus result is 95

56

- We will put 56 on the abacus
- 56 has 2 digits, so use 2 columns
- Column 4, register 1 upper bead (this is for the 5 of the 56)
- Column 3, register 1 upper bead and 1 lower bead (this is for the 6 of the 56) Total on this column is 5+1=6

The abacus result is 56

87

- We will put 87 on the abacus
- 87 has 2 digits, so use 2 columns
- Column 4, register 1 upper bead and 3 lower beads (this is for the 8 of the 87). Total on this column is 5+3=8
- Column 3, register 1 upper bead and 2 lower beads (this is for the 7 of the 87). Total on this column is 5+2=7

The abacus result is 87

Register multi-digit numbers on the abacus

A multi-digit number is any number that has more than one digit.

We have already looked at some multi-digit numbers on the previous page (two digit numbers).

Now we will look at larger numbers. Let's start with a 5 digit number.

23456

First register the '2' digit (leftmost) in the 7th column.

Why the 7th column? Because the number has 5 digits and we are not using the first 2 columns.

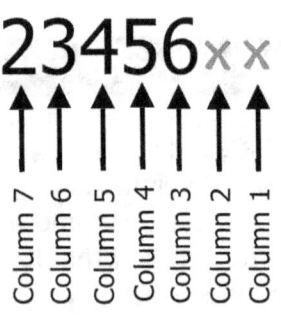

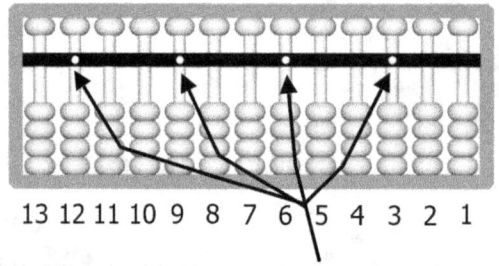

Tip: To find the column number quickly, look at the dots. The dots are every 3rd column, 3, 6, 9, and 12.

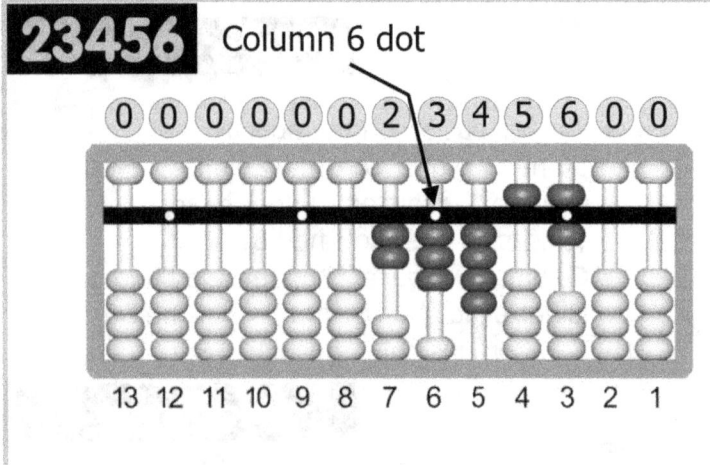

- We will put 23456 on the abacus
- 23456 has 5 digits, so use 5 columns (start on column 7)

- Column 7, register 2 lower beads
- Column 6, register 3 lower beads
- Column 5, register 4 lower beads
- Column 4, register 1 upper bead
- Column 3, register 1 upper bead and 1 lower bead
  (total on this column is 5+1=6)

The abacus result is 23456

Things to remember before we move on:
- Don't use columns 1 and 2 (keep those for decimal numbers)
- The total digits of the number plus 2 = the column where we start to register our number
- The dots help us find the column number

Here are some multi-digit numbers on the abacus

29

556677

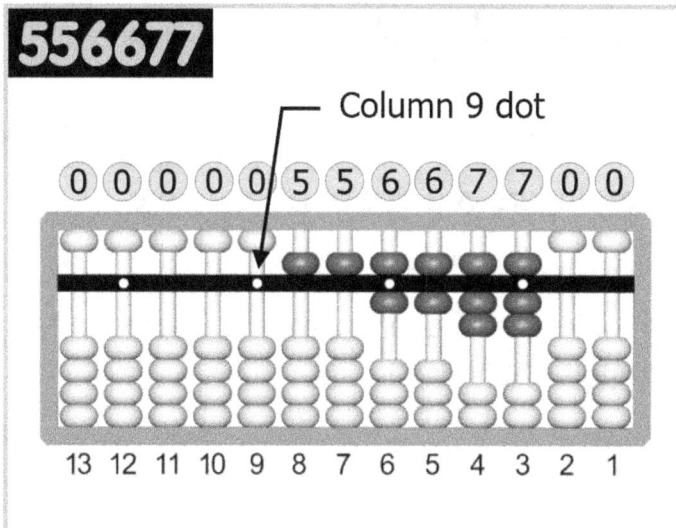

- We will put 556677 on the abacus
- 556677 has 6 digits, so use 6 columns (start on column 8)
- Column 8, register 1 upper bead
- Column 7, register 1 upper bead
- Column 6, register 1 upper bead and 1 lower bead
- Column 5, register 1 upper bead and 1 lower bead
- Column 4, register 1 upper bead and 2 lower beads
- Column 3, register 1 upper bead and 2 lower beads

The abacus result is 556677

316

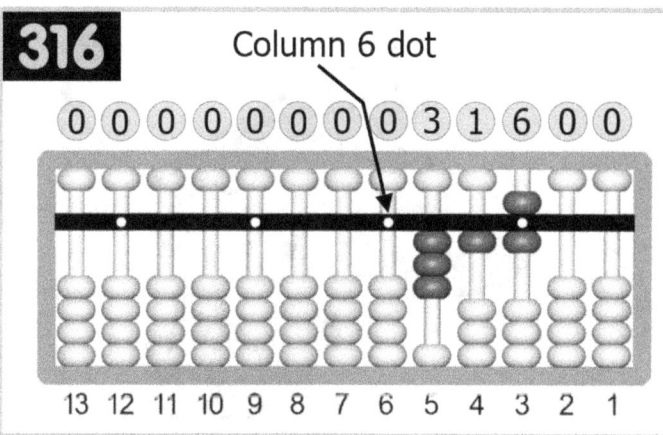

- We will put 316 on the abacus
- 316 has 3 digits, so use 3 columns (start on column 5)
- Column 5, register 3 lower beads
- Column 4, register 1 lower bead
- Column 3, register 1 upper bead and 1 lower bead

The abacus result is 316

920030598

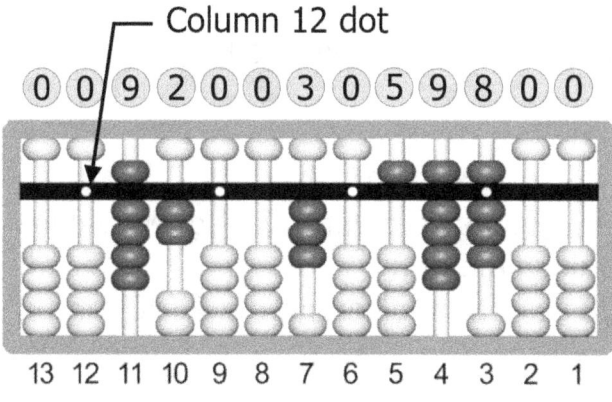

Use dot 12 to find column 11 quicker.

- We will put 920030598 on the abacus
- 920030598 has 9 digits, so use 9 columns (start on column 11)
- Column 11, register 1 upper bead and 4 lower beads
- Column 10, register 2 lower beads
- Column 9, do nothing
- Column 8, do nothing
- Column 7, register 3 lower beads
- Column 6, do nothing
- Column 5, register 1 upper bead
- Column 4, register 1 upper bead and 4 lower beads
- Column 3, register 1 upper bead and 3 lower beads

The abacus result is 920030598

Moving the beads
What fingers do you use to move the beads?

The pictures on pages 25 & 26 will show you what fingers you use to register and unregister the beads.

We will use the thumb and index finger. Some people like to use the thumb, index and middle finger but we will keep it simple for the imaginary abacus.

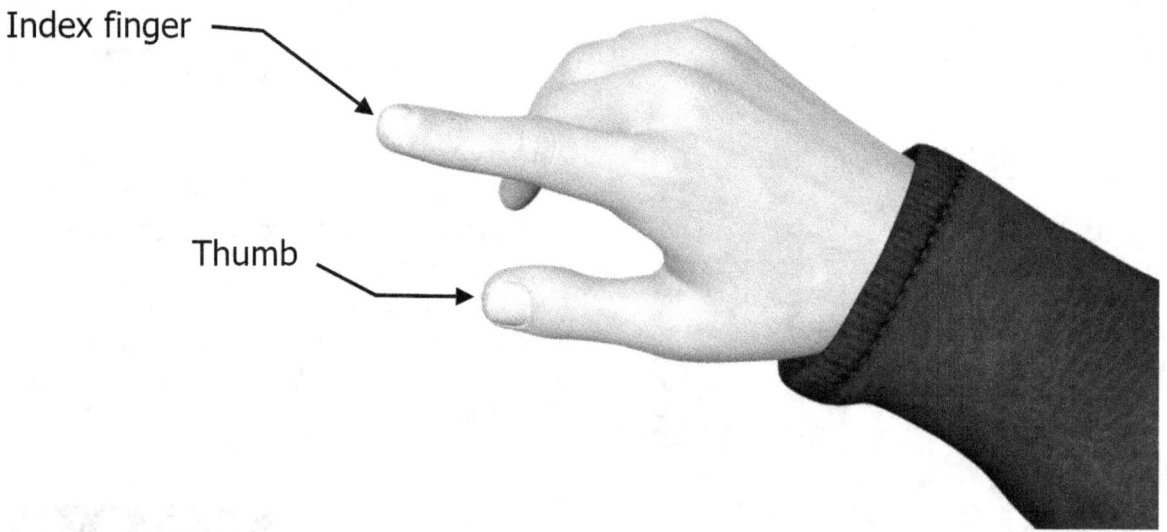

- **Thumb**
  Used to register the **LOWER** beads (to push them towards the beam).

- **Index finger**
  Used to register (towards the beam) and unregister (away from the beam) **ALL other** beads.

- **Bead order**
  When registering and unregistering a number, always start with the highest value column first, then work towards the lowest value column.
  For example, when registering the number 23 start by registering the 2 (20) and then the 3 (3).

On the next pages there are pictures which show the finger movements for registering and unregistering.

Using the thumb

Register 1 lower bead	Register 2 lower beads
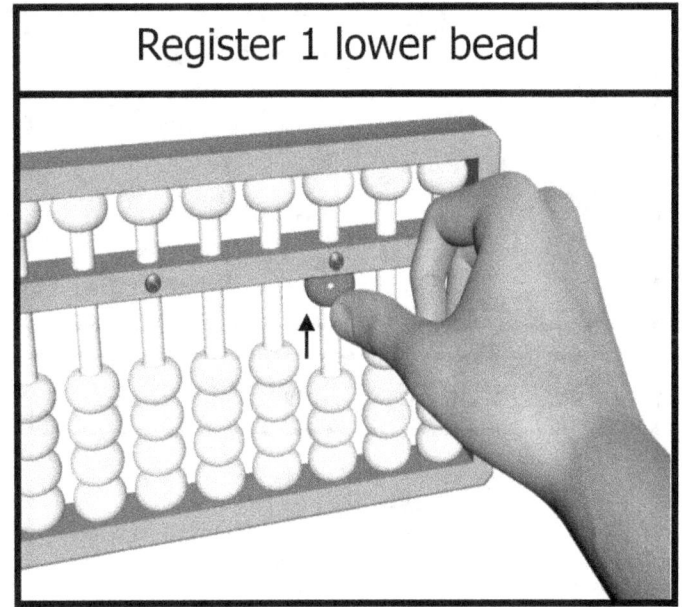	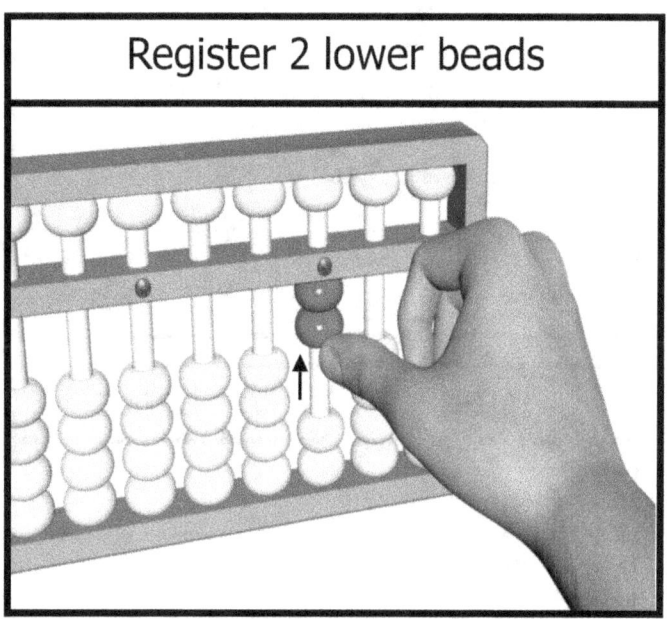
Register 3 lower beads	Register 4 lower beads
	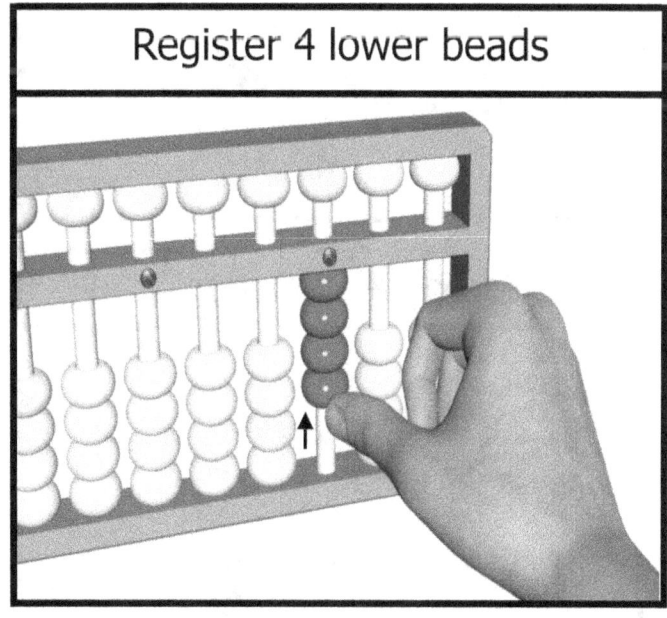

Using the index finger

Unregister 1 lower bead
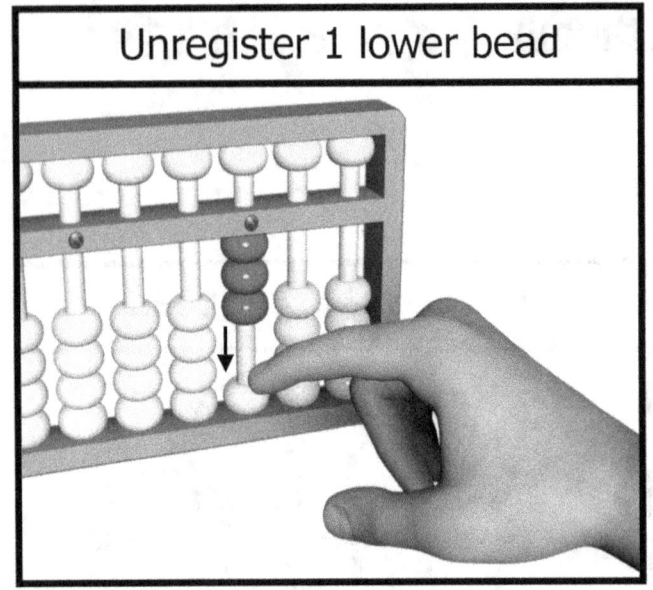

Unregister 2 lower beads
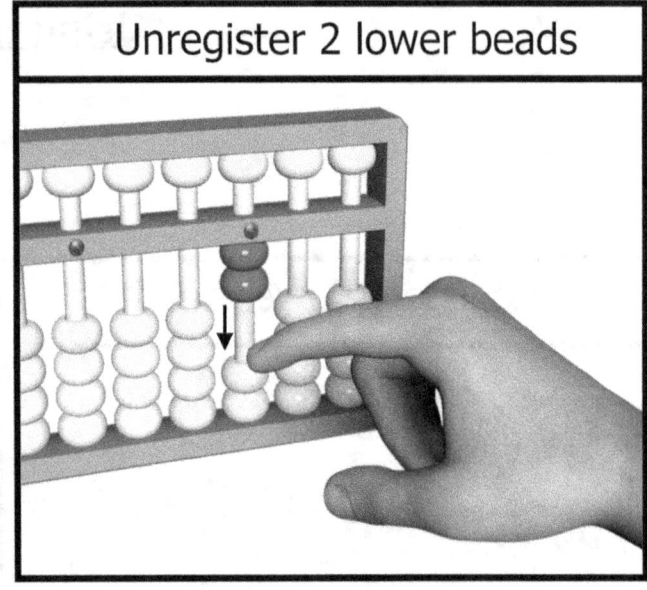

Unregister 3 lower beads
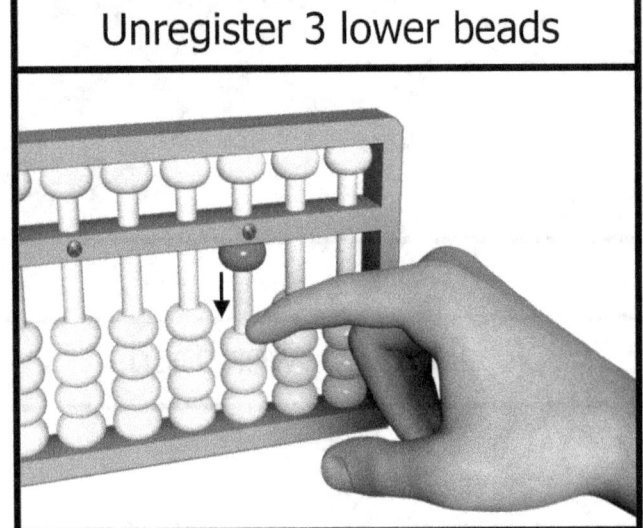

Unregister 4 lower beads
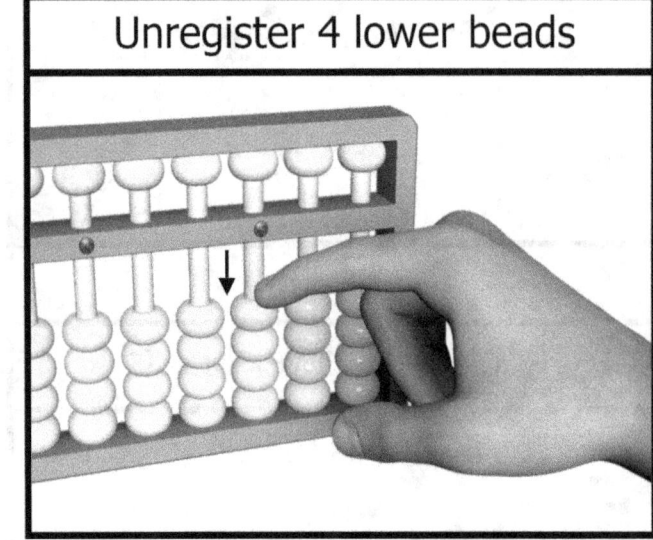

Unregister 1 upper bead

Register 1 upper bead
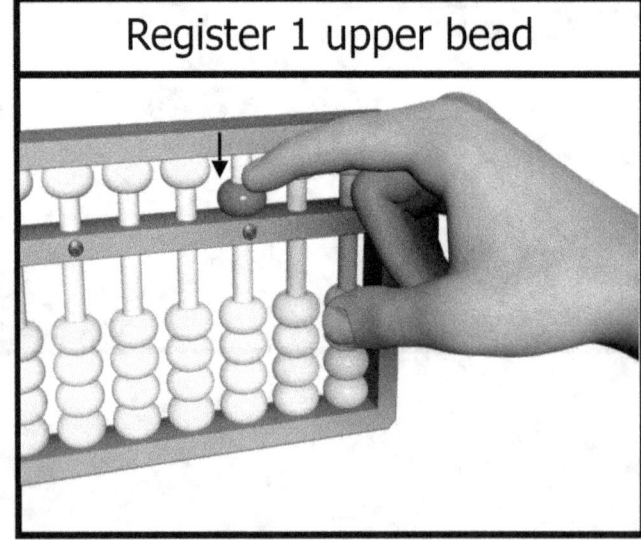

Time to do **workbook work 2**

WORKBOOK WORK - 2

(Answers to workbook work 2 are on page 145)

  Write down the number that is shown on the abacus.

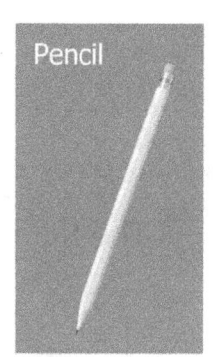

Examples:

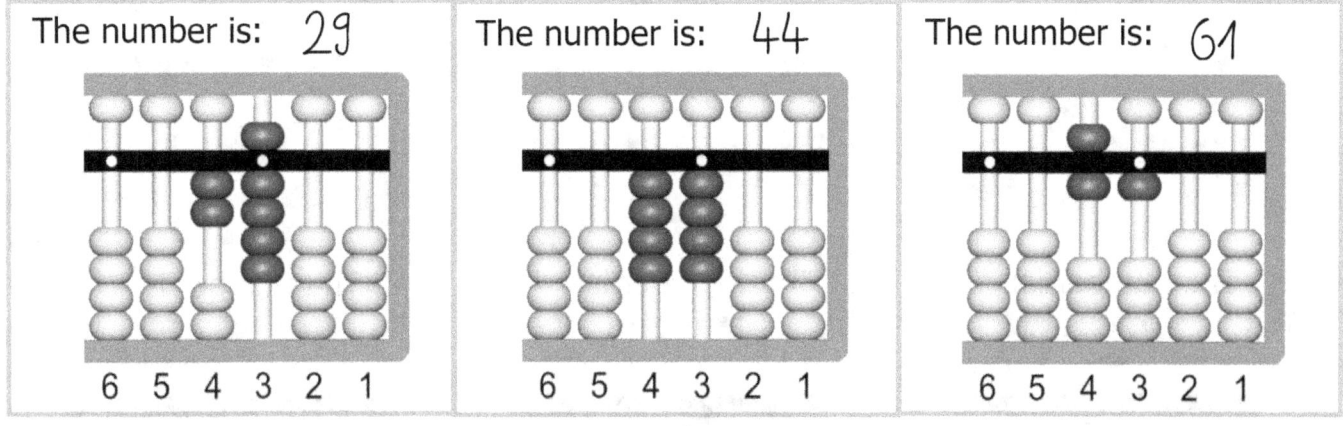

The number is: 29

The number is: 44

The number is: 61

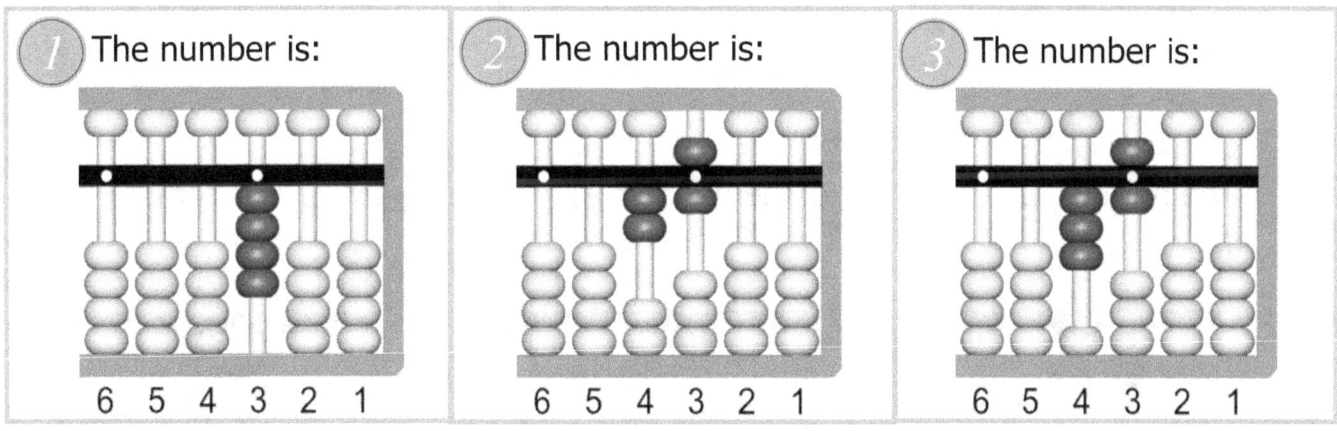

1. The number is:

2. The number is:

3. The number is:

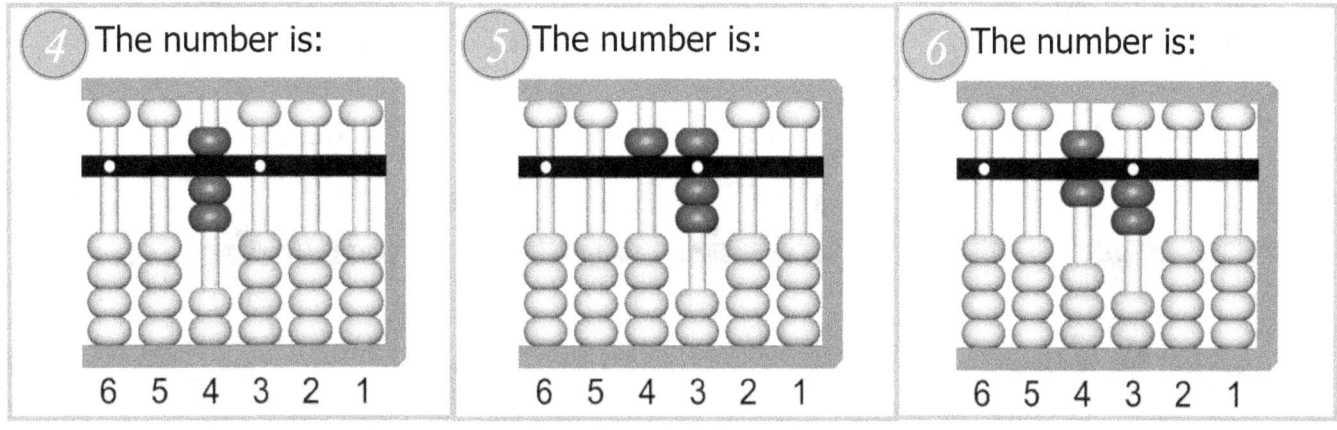

4. The number is:

5. The number is:

6. The number is:

WORKBOOK WORK - 2

7 The number is:
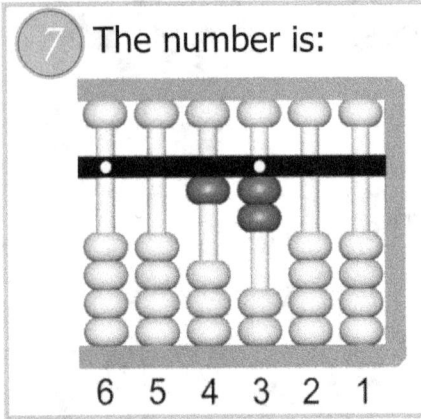

8 The number is:
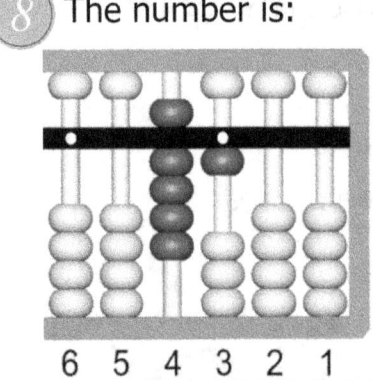

9 The number is:
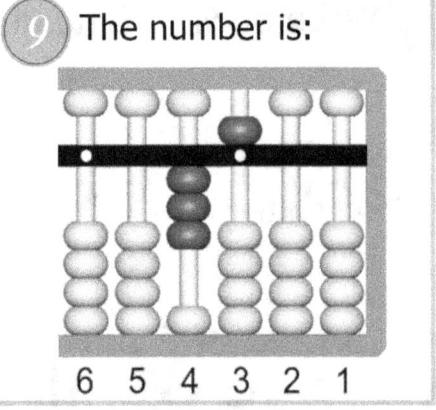

10 The number is:
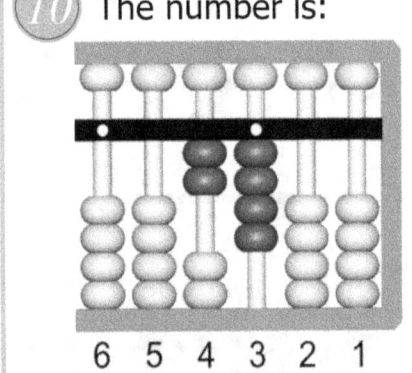

11 The number is:
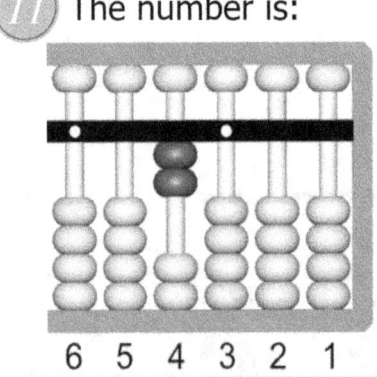

12 The number is:
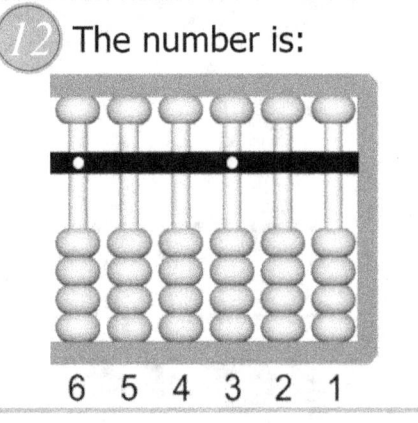

13 The number is:
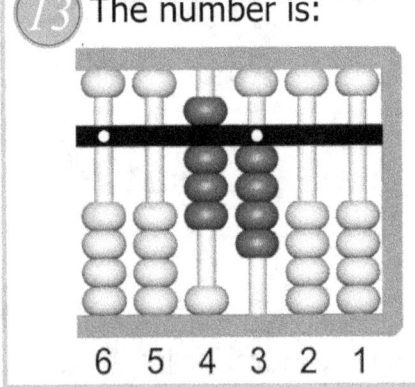

14 The number is:
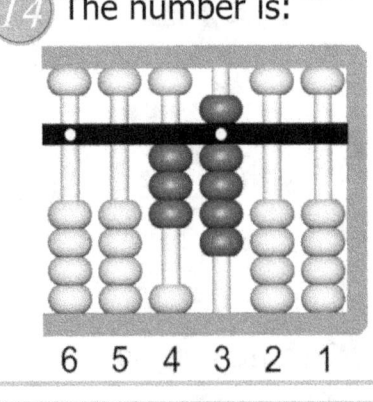

15 The number is:
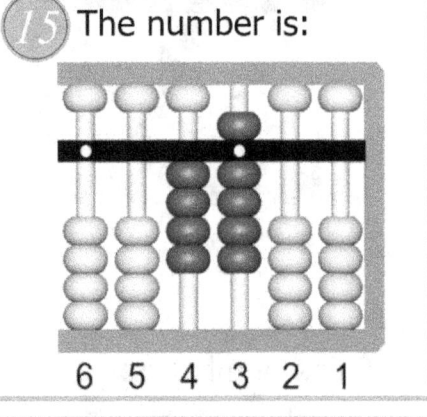

16 The number is:
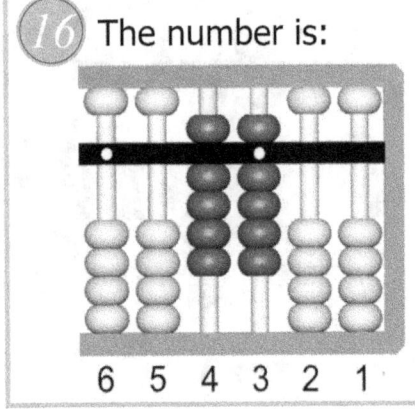

17 The number is:
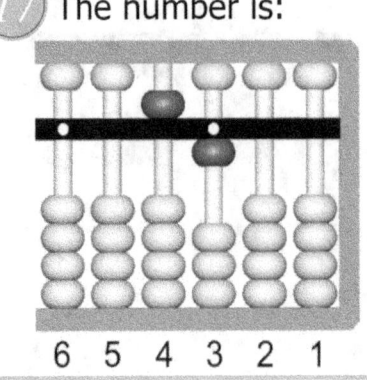

18 The number is:
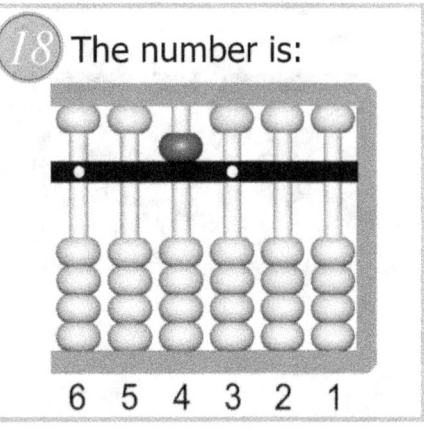

WORKBOOK WORK - 2

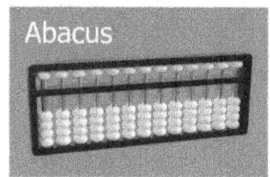

2 Practise moving the beads to register these numbers.

19 Number 1

6 5 4 3 2 1

20 Number 3

6 5 4 3 2 1

21 Number 5

6 5 4 3 2 1

22 Number 7

6 5 4 3 2 1

23 Number 9

6 5 4 3 2 1

24 Number 12

6 5 4 3 2 1

25 Number 16

6 5 4 3 2 1

26 Number 19

6 5 4 3 2 1

27 Number 25

6 5 4 3 2 1

28 Number 34

6 5 4 3 2 1

29 Number 39

6 5 4 3 2 1

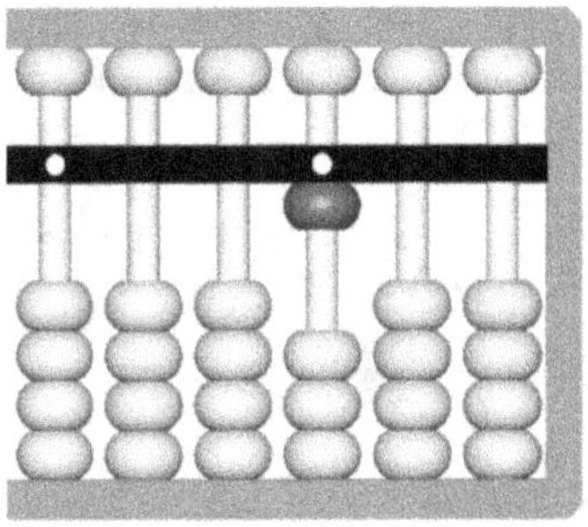

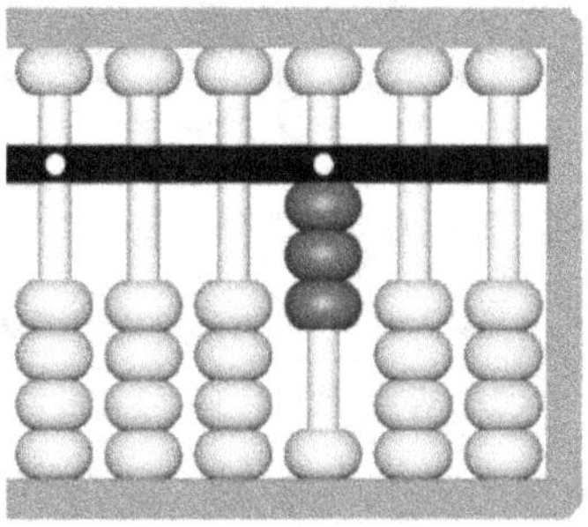

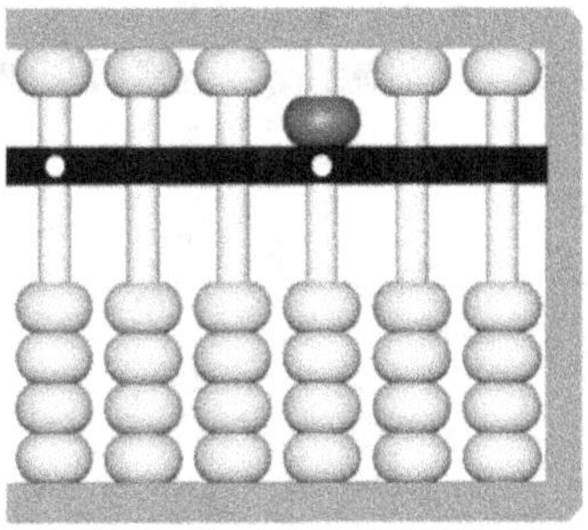

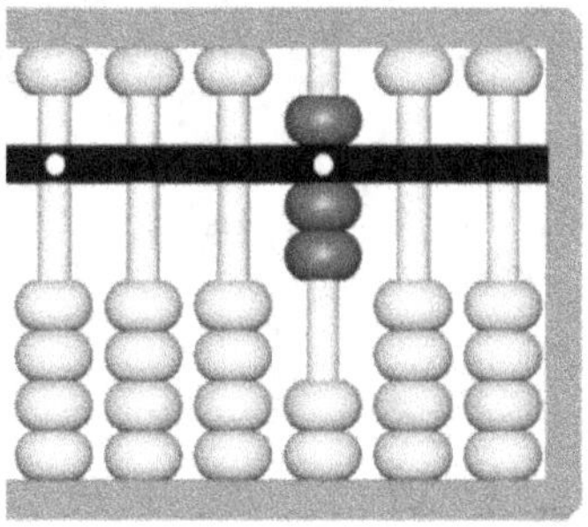

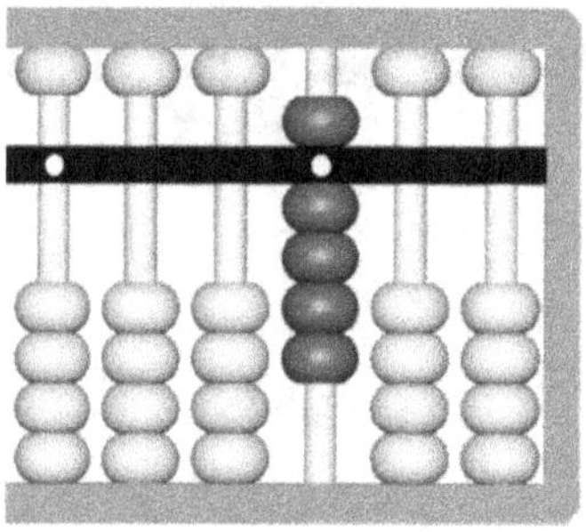

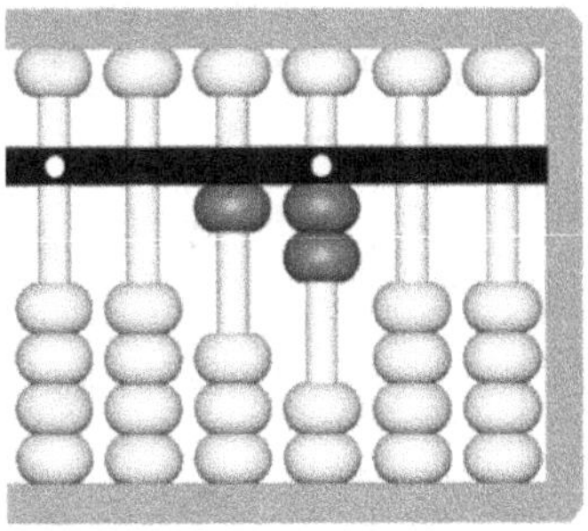

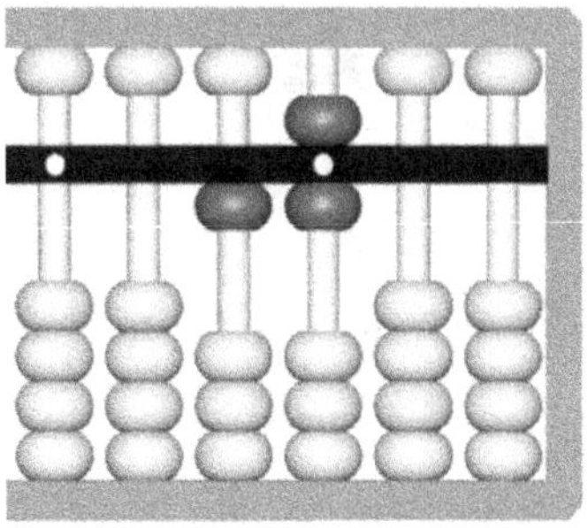

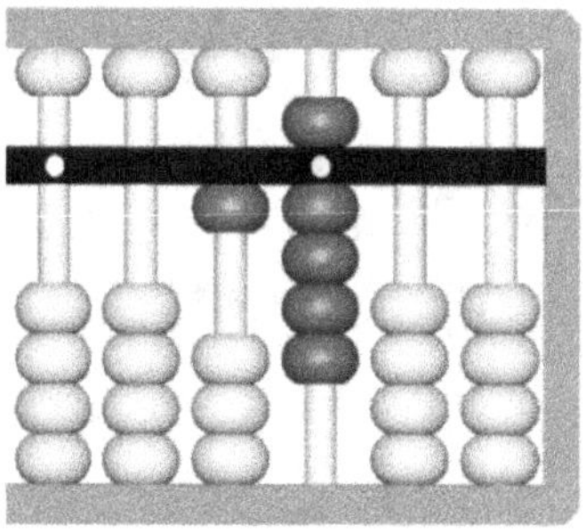

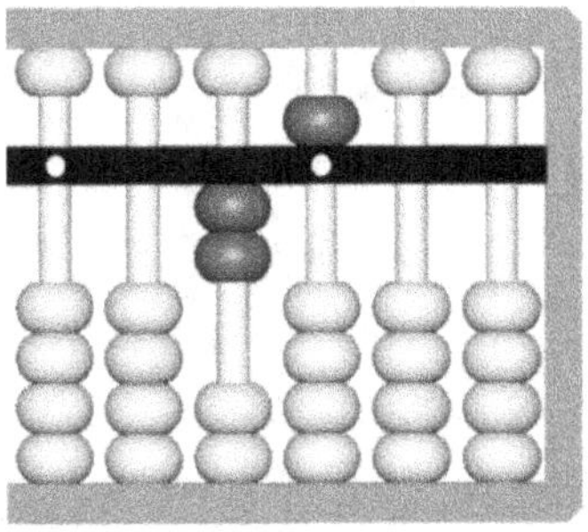

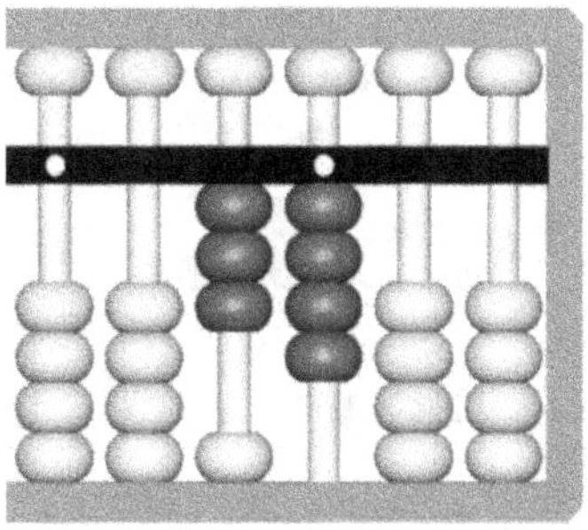

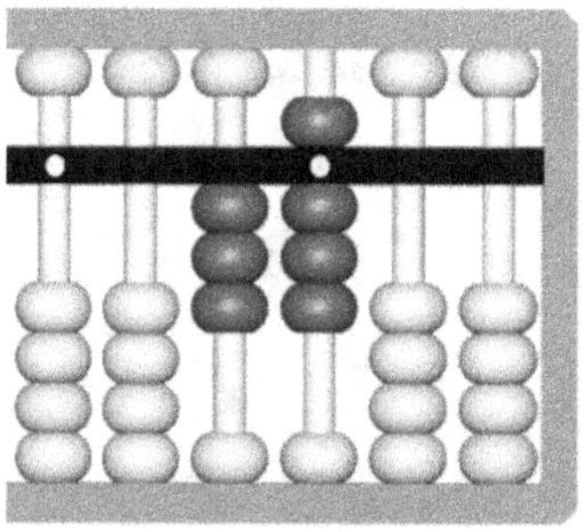

WORKBOOK WORK - 2

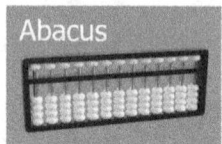
Abacus

30) Number 43 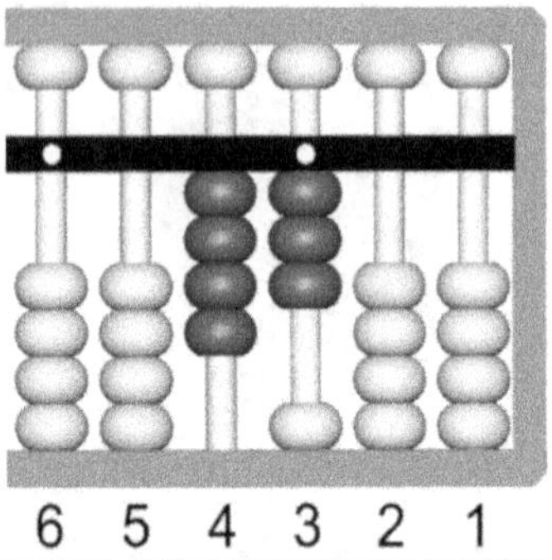
31) Number 47 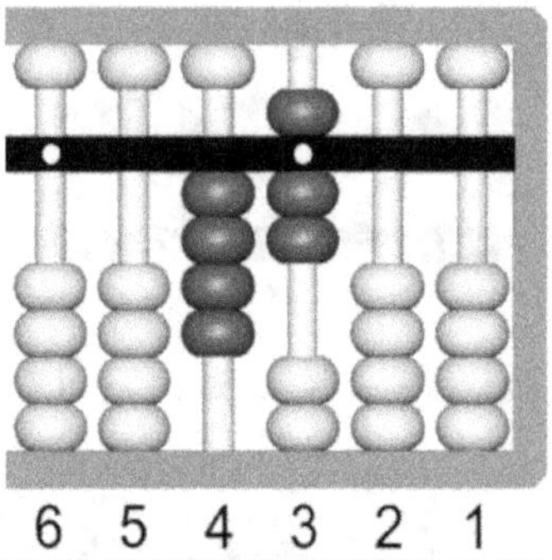
32) Number 50 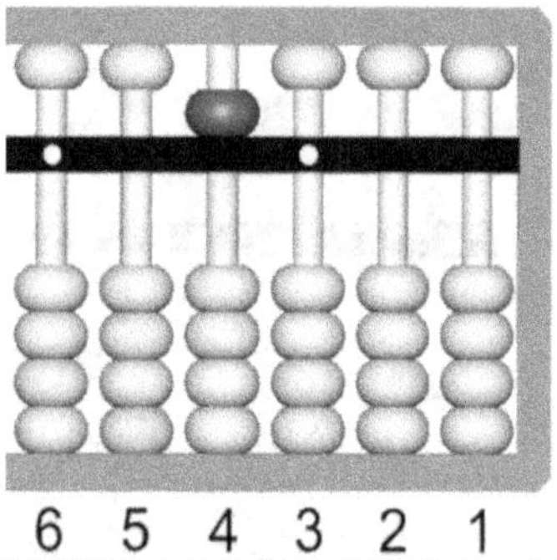
33) Number 62 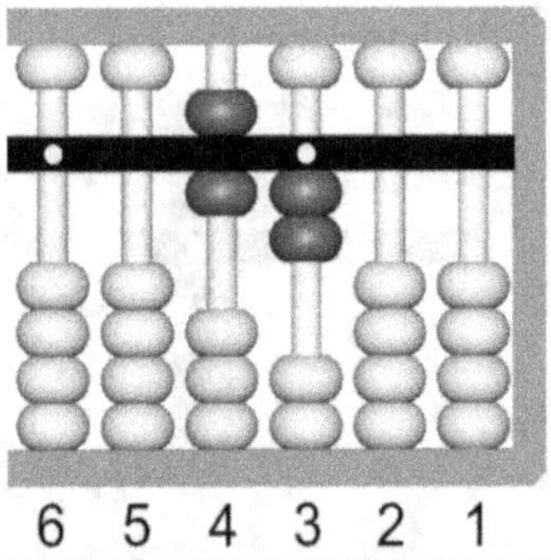
34) Number 68 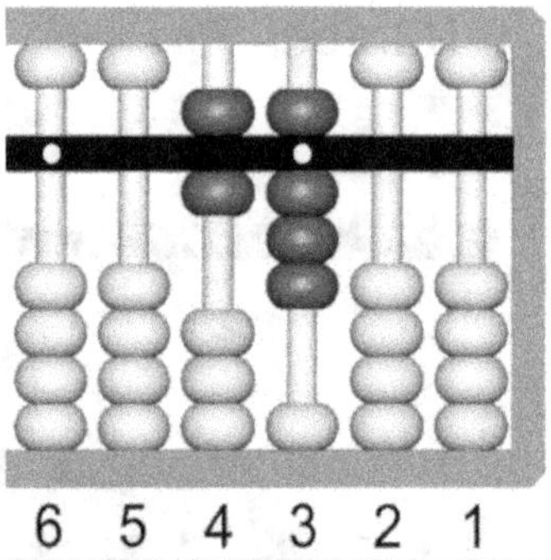
35) Number 73 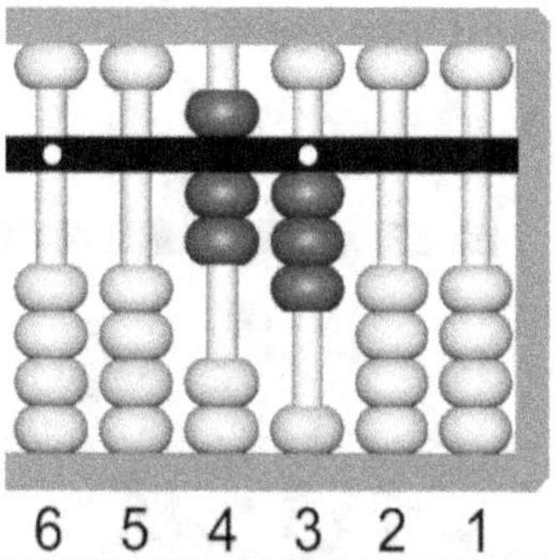
36) Number 77 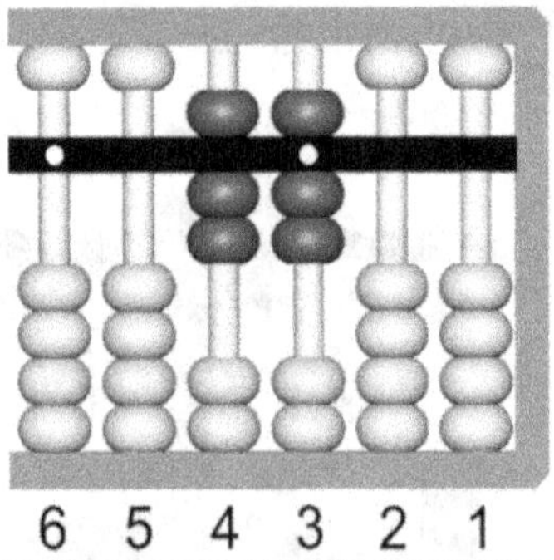
37) Number 83 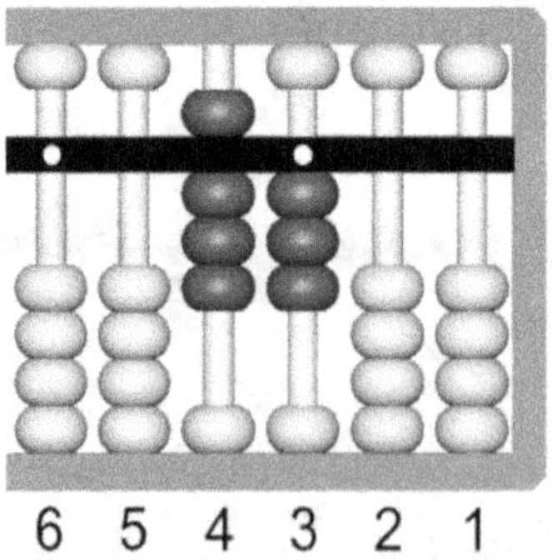
38) Number 89 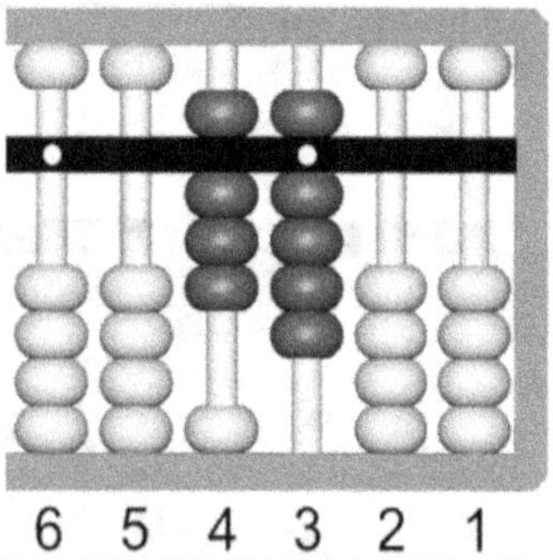
39) Number 90 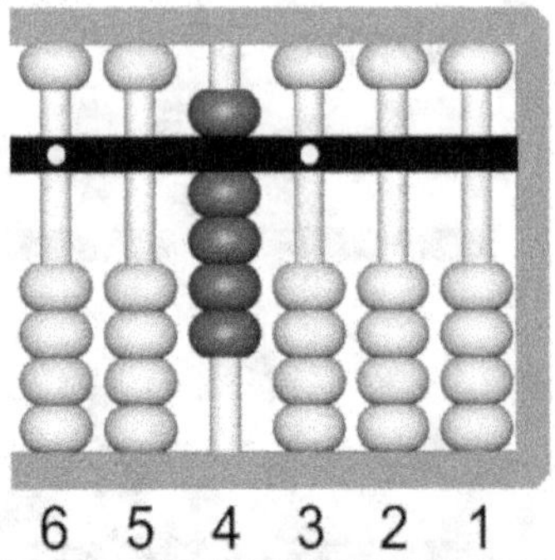
40) Number 94 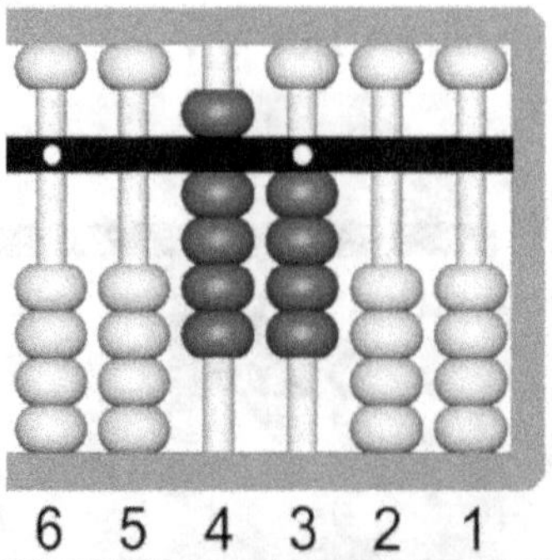
41) Number 98

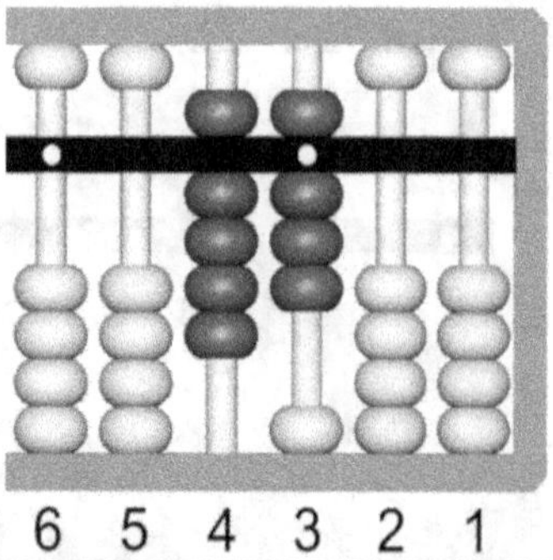

Time to continue with the instruction work!

Addition

Part 3

Addition is adding numbers to get the sum of those numbers.

Addition - things to remember:
- Register your numbers from left to right, for example: for number 31 register the 3 first, and 1 last.
- Each digit must be registered in the correct column, for example with 31 the 3 for column 4 (tens column) and the 1 for column 3 (ones column).

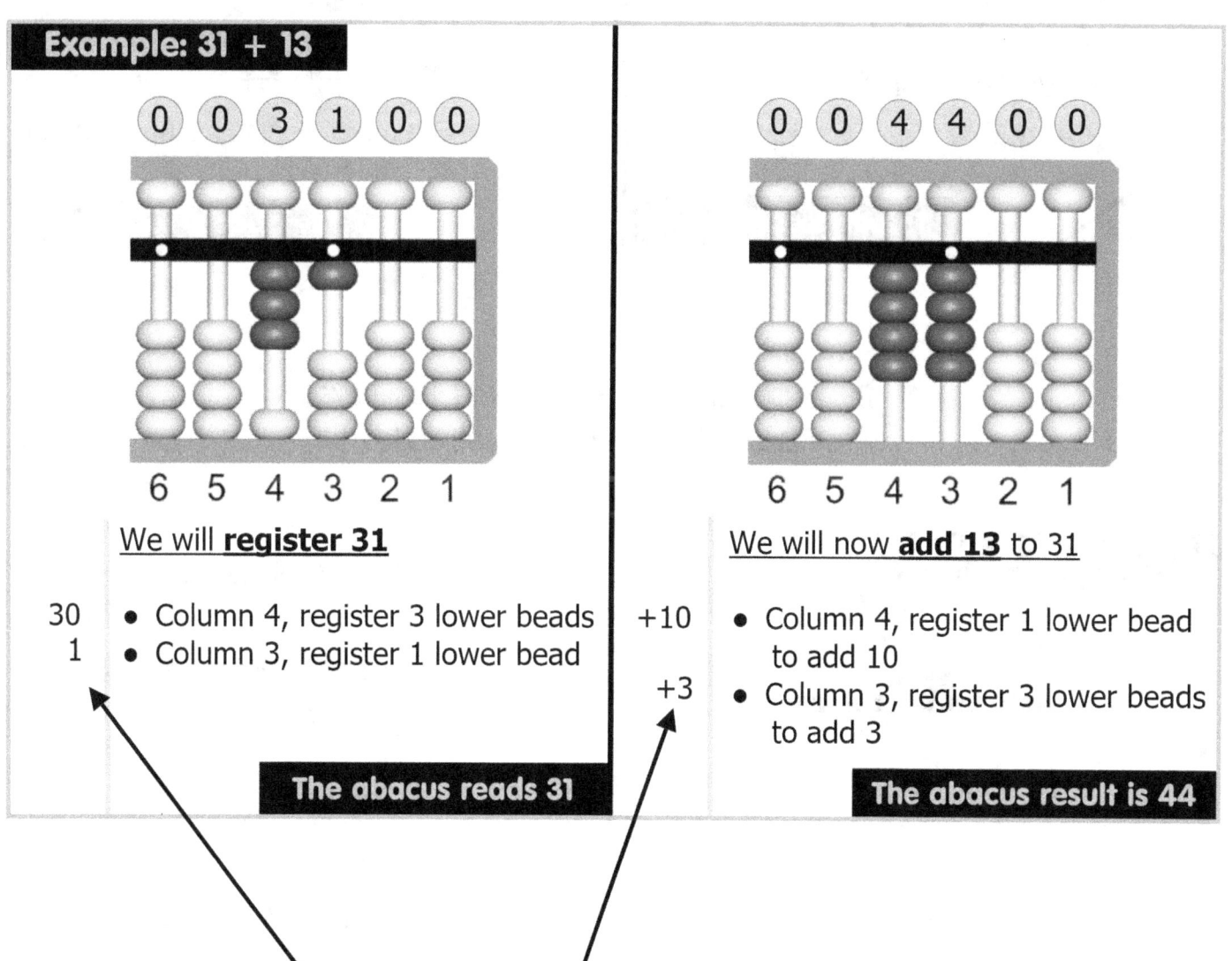

Example: 31 + 13

0 0 3 1 0 0

6 5 4 3 2 1

We will **register 31**

30
1
- Column 4, register 3 lower beads
- Column 3, register 1 lower bead

The abacus reads 31

0 0 4 4 0 0

6 5 4 3 2 1

We will now **add 13** to 31

+10
+3
- Column 4, register 1 lower bead to add 10
- Column 3, register 3 lower beads to add 3

The abacus result is 44

These columns are useful to see the amount that you are adding.
For example:
   30 means that you have just registered 30
   +3 means that you have just added 3

More addition examples

Example: 4 + 5

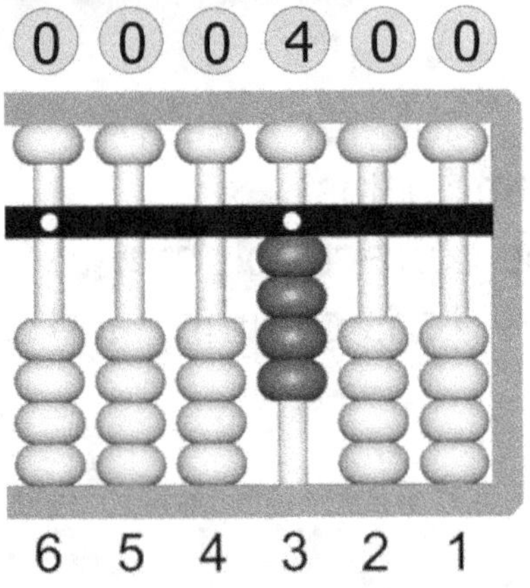

We will register 4

4 • Column 3, register 4 lower beads

The abacus reads 4

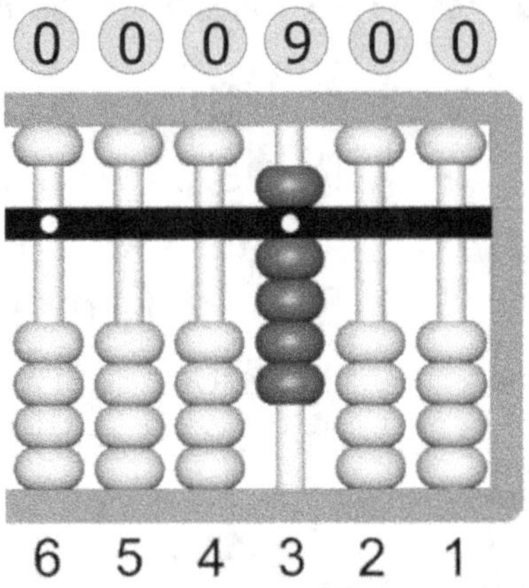

We will now add 5 to 4

+5 • Column 3, register 1 upper bead to add 5

The abacus result is 9

Remember!
4 means that you have just registered 4
+5 means that you have just added 5

Example: 56 + 23

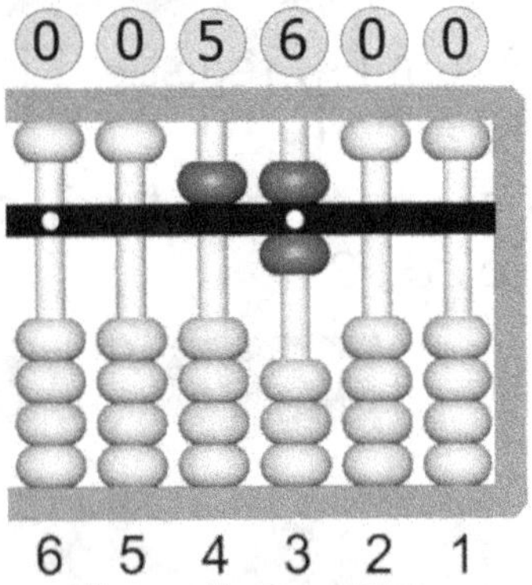

We will register 56

50 • Column 4, register 1 upper bead (this is the 5 of the 56)

6 • Column 3, register 1 upper bead and 1 lower bead (this is the 6 of the 56)

The abacus reads 56

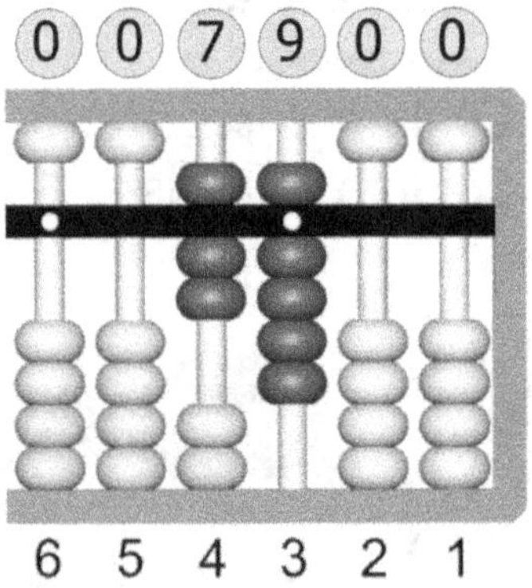

We will now add 23 to 56

+20 • Column 4, register 2 lower beads to add 20

+3 • Column 3, register 3 lower beads to add 3

The abacus result is 79

More addition examples

Example: 27 + 62

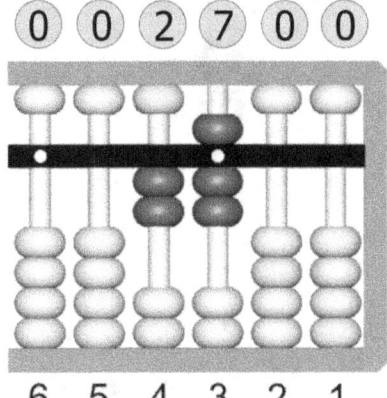

We will **register 27**

20 • Column 4, register 2 lower beads (this is the 2 of the 27)

7 • Column 3, register 1 upper bead and 2 lower beads (this is the 7 of the 27)

The abacus reads 27

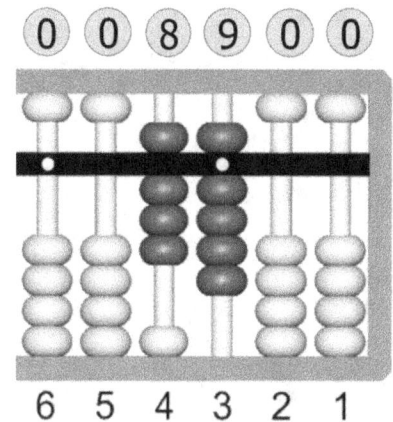

We will now **add 62** to 27

+60 • Column 4, register 1 upper bead and 1 lower bead to add 60

+2 • Column 3, register 2 lower beads to add 2

The abacus result is 89

Example: 12 + 32

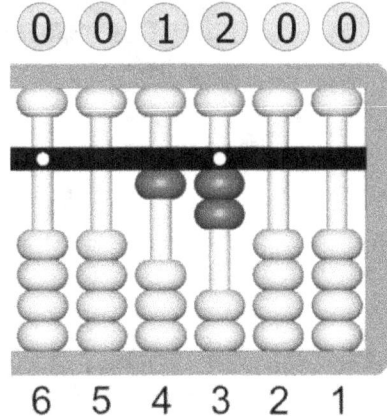

We will **register 12**

10 • Column 4, register 1 lower bead

2 • Column 3, register 2 lower beads

The abacus reads 12

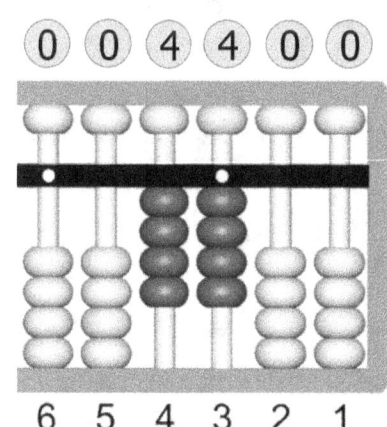

We will **add 32**

+30 • Column 4, register 3 lower beads

+2 • Column 3, register 2 lower beads

The abacus result is 44

More addition examples

Example: 60 + 39

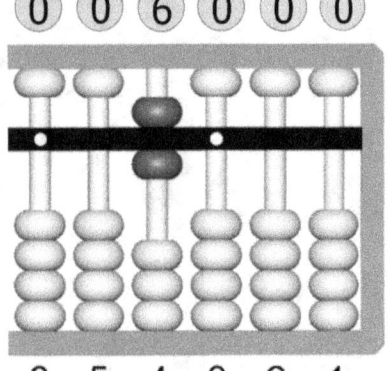

We will **register 60**

60
- Column 4, register 1 upper bead and 1 lower bead
  (this is the 6 of the 60)

- Column 3, do nothing

The abacus reads 60

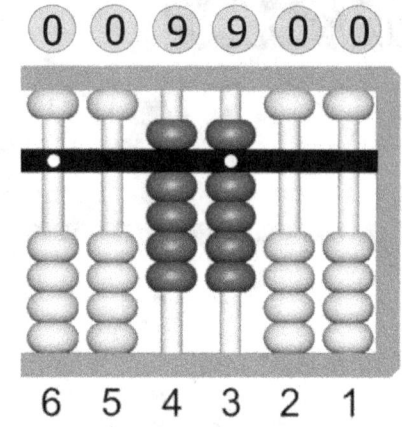

We will now **add 39** to 60

+30
- Column 4, register 3 lower beads to add 30

+9
- Column 3, register 1 upper bead and 4 lower beads to add 9
  (this is the 9 of the 39)

The abacus result is 99

Example: 89 + 10

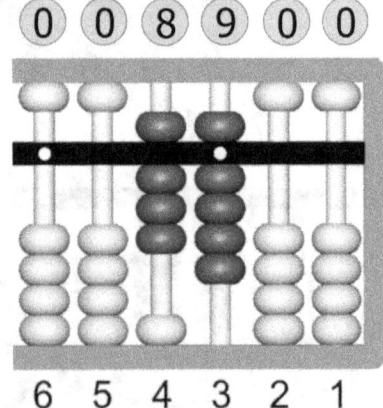

We will **register 89**

80
- Column 4, register 1 upper bead and 3 lower beads
  (this is the 8 of the 89)

9
- Column 3, register 1 upper bead and 4 lower beads
  (this is the 9 of the 89)

The abacus reads 89

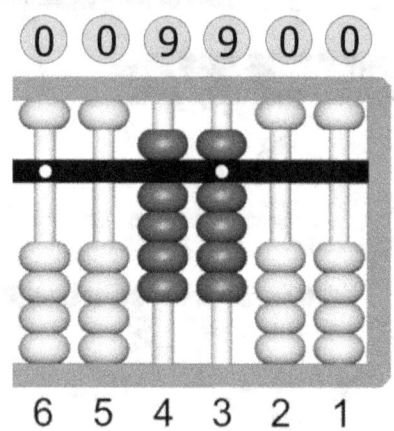

We will now **add 10** to 89

+10
- Column 4, register 1 lower bead to add 10
- Column 3, do nothing

The abacus result is 99

Addition when registering and unregistering in the same column

Sometimes we need to unregister and register in the same column.
For example if we need to add 3 beads to an already registered 4 lower beads to make 7, we need to register 1 upper and unregister 2 lower beads (+5-2=3).
Here are some examples.

Example: 74 + 13

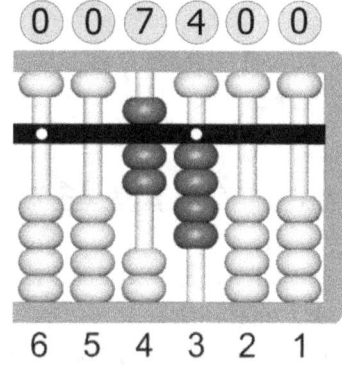

We will register 74

- 70 • Column 4, register 1 upper bead and 2 lower beads
- 4 • Column 3, register 4 lower beads

The abacus reads 74

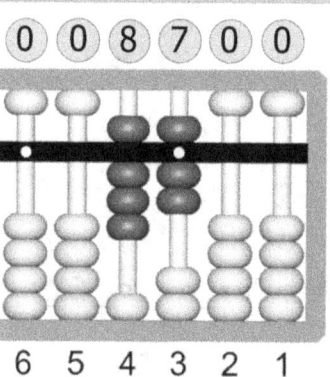

We will now add 13 to 74

- +10 • Column 4, register 1 lower bead
- +3 • Column 3, register 1 upper bead (+5) and unregister 2 lower beads (-2)

The abacus result is 87

Example: 64 + 24

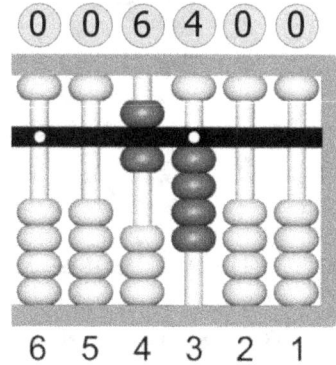

We will register 64

- 60 • Column 4, register 1 upper bead and 1 lower bead
- 4 • Column 3, register 4 lower beads

The abacus reads 64

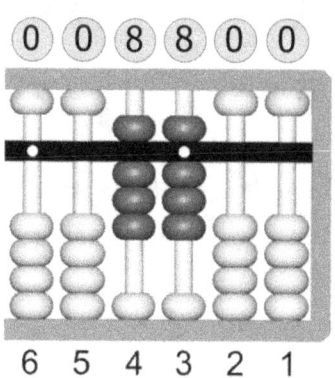

We will now add 24 to 64

- +20 • Column 4, register 2 lower beads
- +4 • Column 3, register 1 upper bead (+5) and unregister 1 lower bead (-1)
  (Total added in column 3 is 5-1=4)

The abacus result is 88

More addition examples

Example: 62 + 24

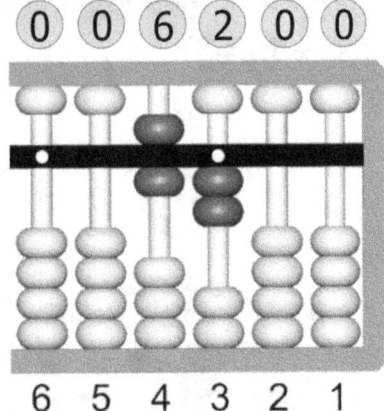

We will **register 62**

- 60 • Column 4, register 1 upper bead and 1 lower bead (this is the 6 of the 62)
- 2 • Column 3, register 2 lower beads (this is the 2 of the 62)

The abacus reads 62

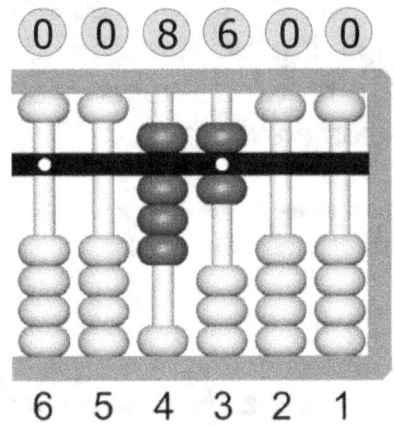

We will now **add 24** to 62

- +20 • Column 4, register 2 lower beads to add 20
- +4 • Column 3, register 1 upper bead (+5) and unregister 1 lower bead (-1)

The abacus result is 86

Example: 84 + 12

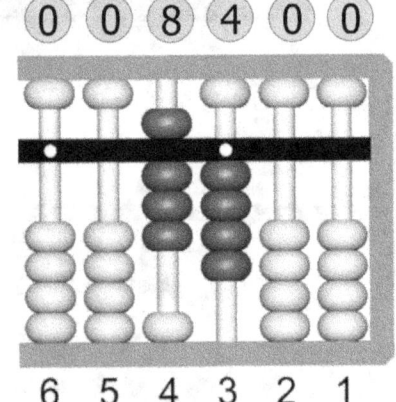

We will **register 84**

- 80 • Column 4, register 1 upper bead and 3 lower beads (this is the 8 of the 84)
- 4 • Column 3, register 4 lower beads (this is the 4 of the 84)

The abacus reads 84

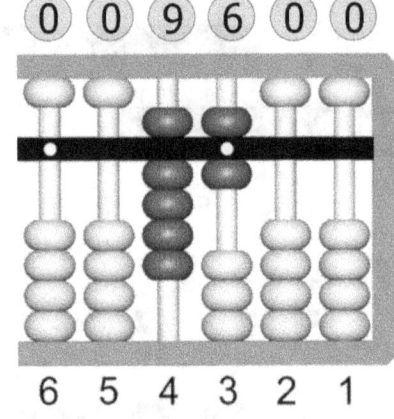

We will now **add 12** to 84

- +10 • Column 4, register 1 lower bead to add 10
- +2 • Column 3, register 1 upper bead (+5) and unregister 3 lower beads (-3)

The abacus result is 96

Time to do **workbook work 3**

WORKBOOK WORK - 3

(Answers to workbook work 3 are on pages 146 to 149)

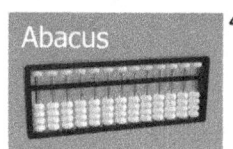

1 Add the numbers with your abacus and write the answer in the white box.

Examples:

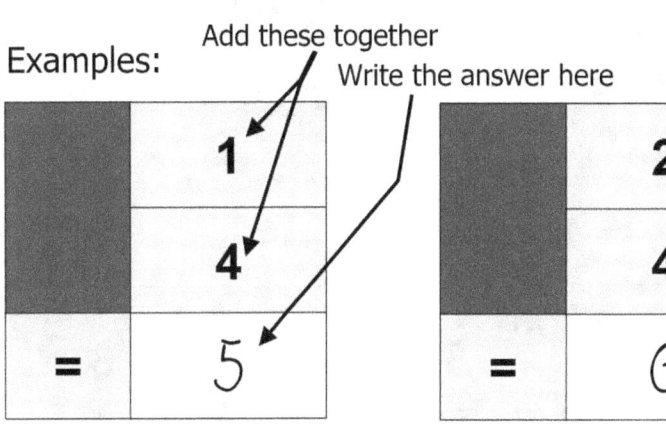

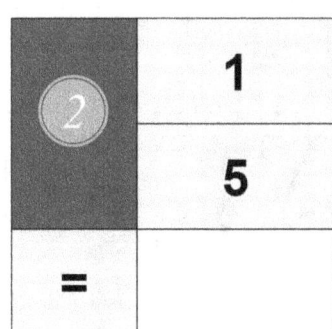

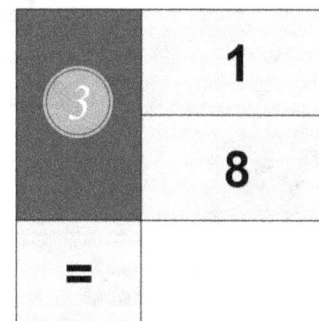

#	Top	Bottom
1	1	3
2	1	5
3	1	8
4	2	2
5	2	3
6	2	6
7	3	3
8	3	6
9	4	5
10	4	4
11	1	8
12	5	2

WORKBOOK - 3

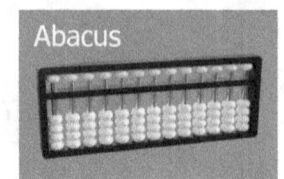

13	5
	4
=	

14	6
	2
=	

15	6
	3
=	

16	7
	1
=	

17	7
	2
=	

18	4
	2
=	

19	8
	1
=	

20	6
	1
=	

21	29
	10
=	

22	39
	20
=	

23	91
	4
=	

24	10
	5
=	

25	10
	7
=	

26	10
	10
=	

27	11
	14
=	

28	11
	25
=	

29	12
	12
=	

30	12
	5
=	

31	13
	13
=	

32	13
	35
=	

WORKBOOK - 3

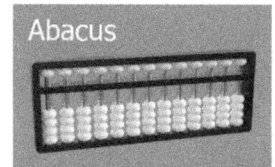

33	18 + 11 =
34	14 + 14 =
35	24 + 12 =
36	26 + 3 =

37	35 + 21 =
38	30 + 14 =
39	40 + 12 =
40	52 + 4 =

41	57 + 12 =
42	67 + 11 =
43	60 + 9 =
44	62 + 14 =

45	74 + 25 =
46	75 + 3 =
47	70 + 9 =
48	80 + 13 =

49	86 + 11 =
50	82 + 4 =
51	91 + 4 =
52	94 + 5 =

WORKBOOK WORK - 3

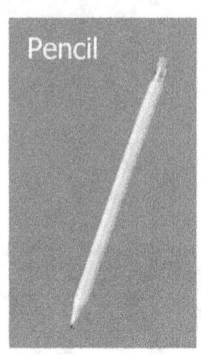
Pencil

2 Find the correct column for the digit, by putting a circle around the column number.

Examples:

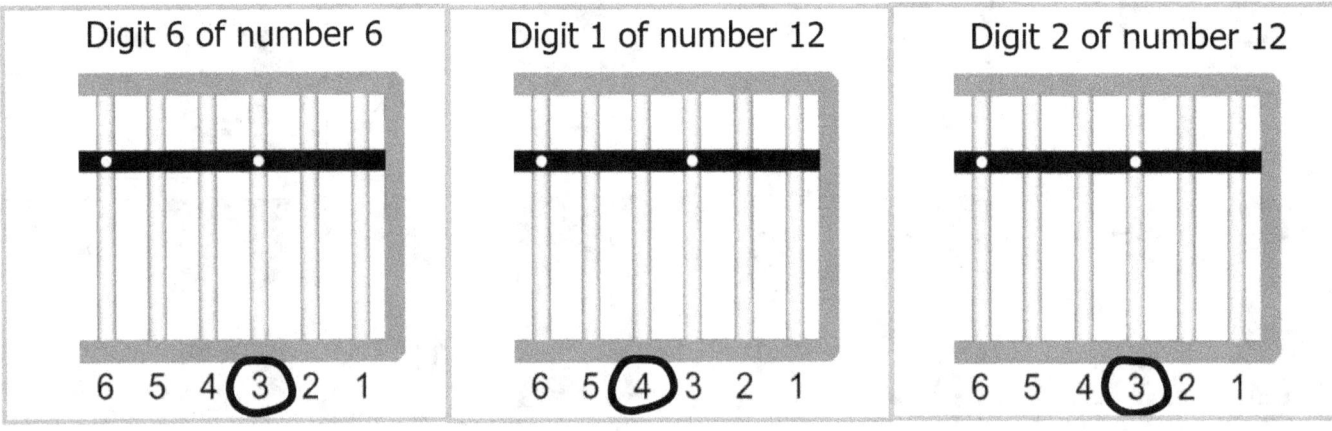

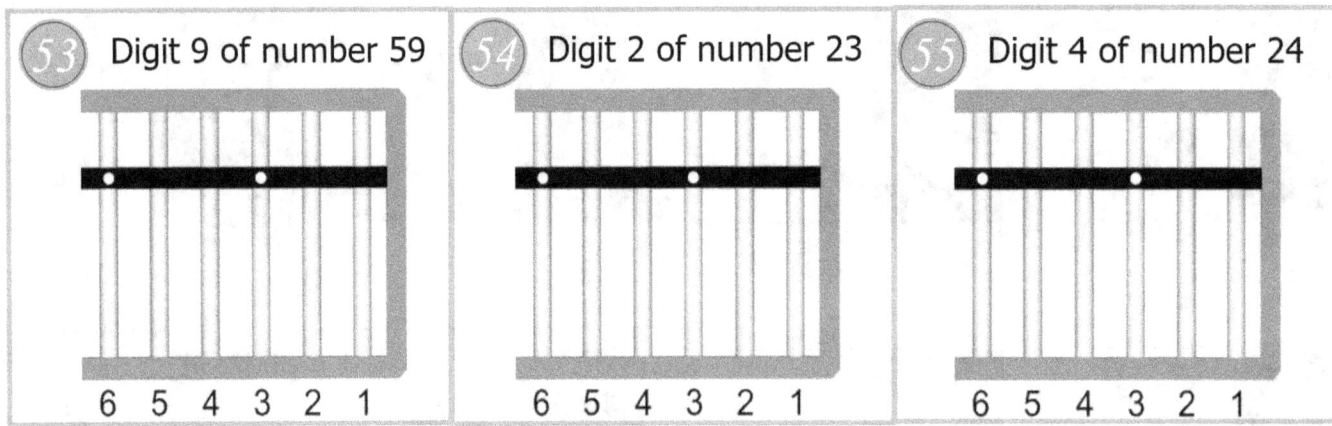

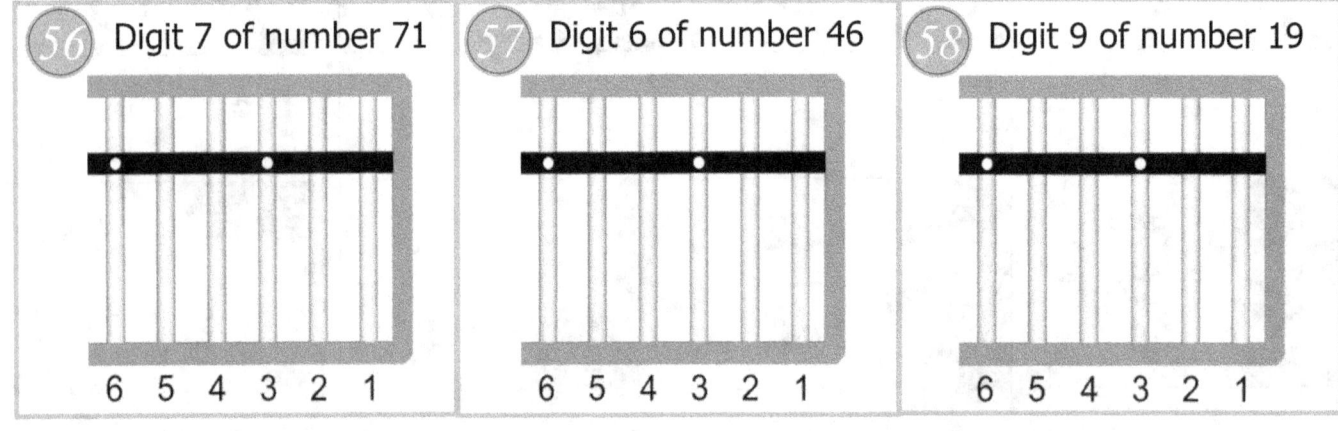

WORKBOOK WORK - 3

59) Digit 1 of number 10

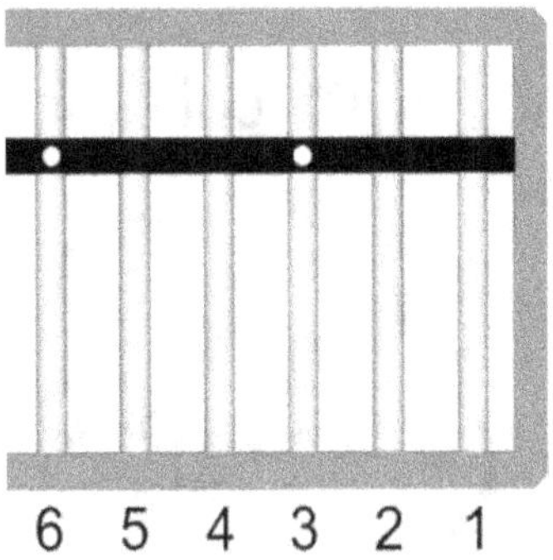

60) Digit 2 of number 12

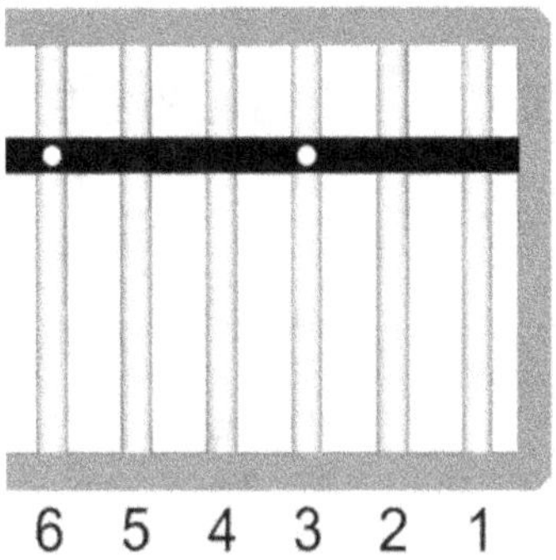

61) Digit 7 of number 74

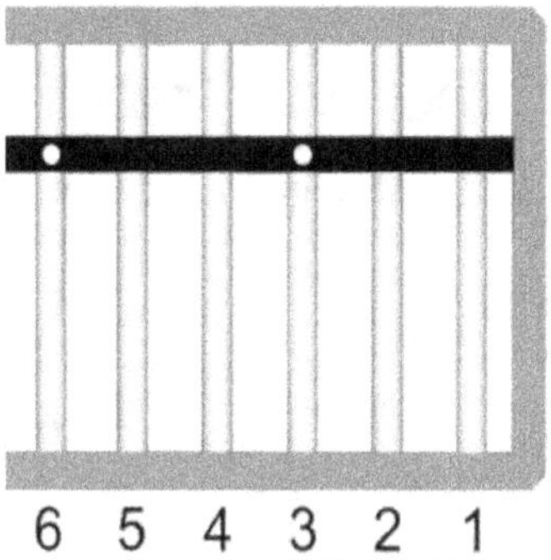

62) Digit 3 of number 13

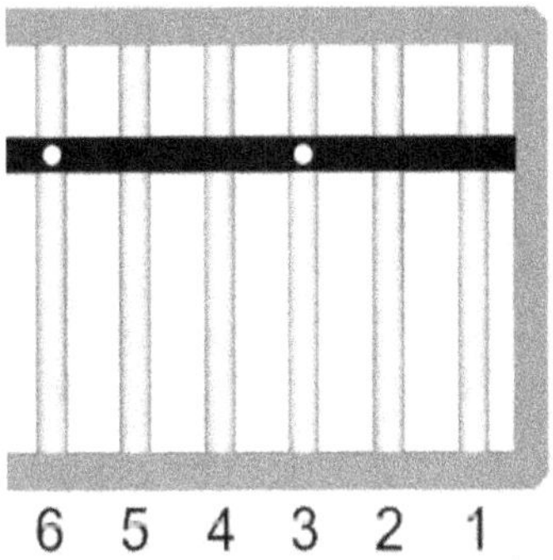

63) Digit 7 of number 17

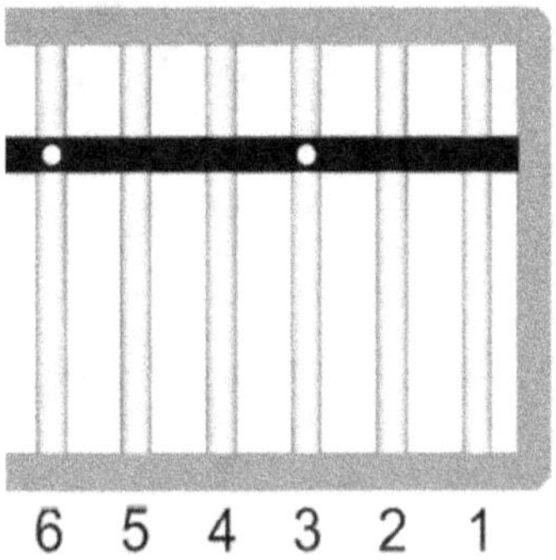

64) Digit 8 of number 80

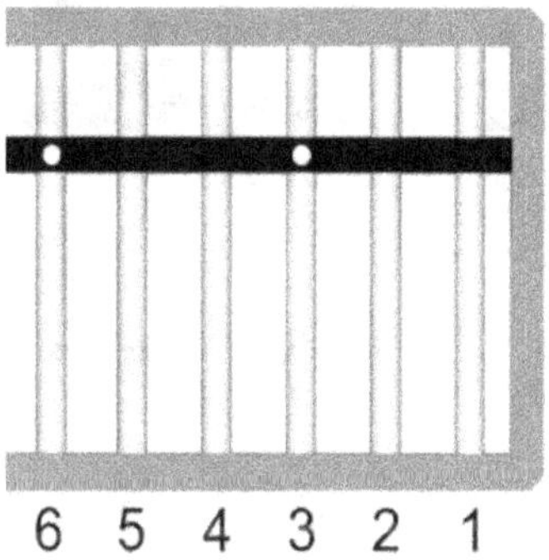

65) Digit 3 of number 3

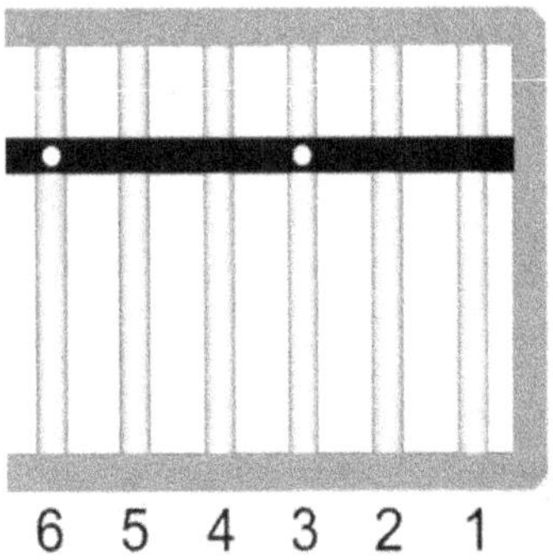

66) Digit 4 of number 45

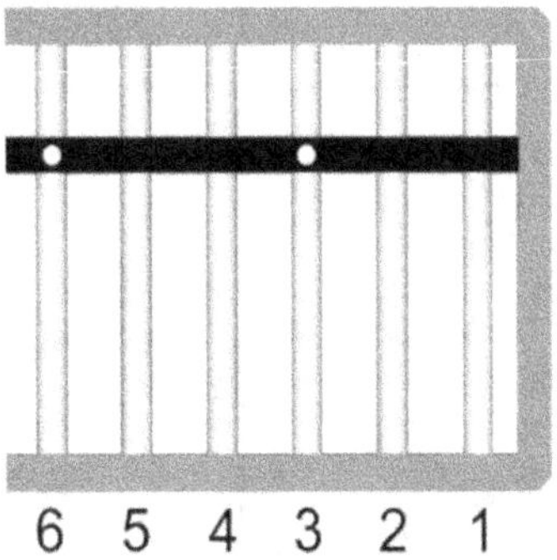

67) Digit 9 of number 91

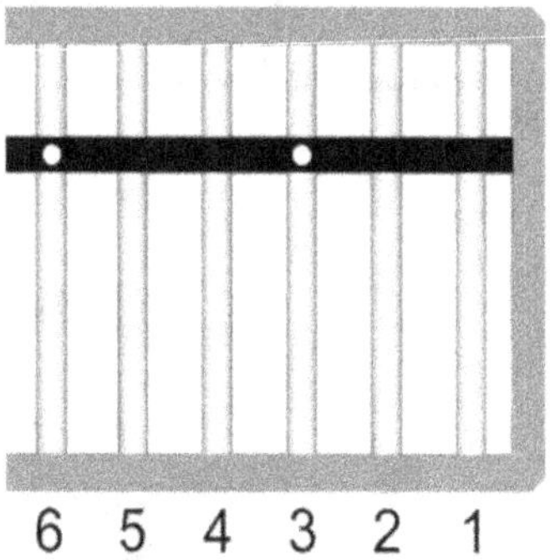

Time to continue with the **instruction work!**

Imaginary abacus

Part 4

Doing mental math using an imaginary abacus rather than using an actual abacus can be achieved with practise. It is possible to learn to add and subtract without the need for the physical device.

When you imagine an abacus, it is best to imagine it with only the beam and the beads.

Abacus reads 16	Imaginary abacus reads 16
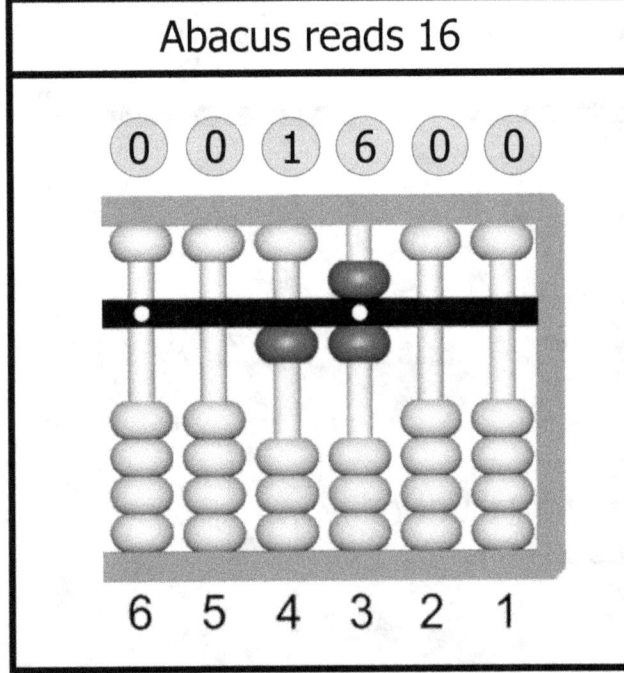	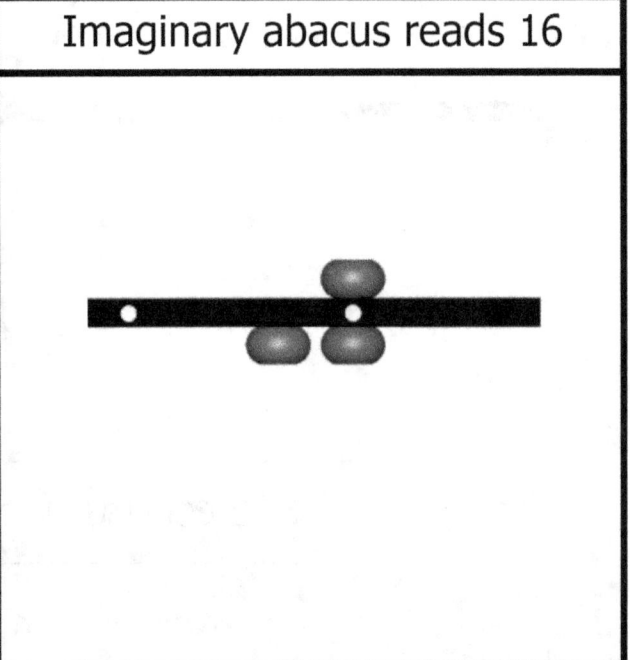

- **Imagine** only the beads that are touching the beam, ignore all other beads!

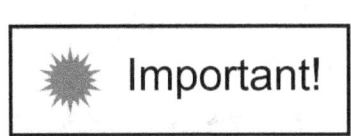 Important!

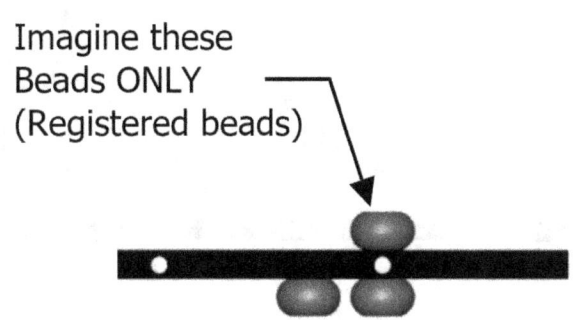
Imagine these Beads ONLY (Registered beads)

- Move your **fingers** in the air, just like you are using the physical abacus.

Some examples of what to imagine step-by-step.

 Imagine

① Add 1 + 3

0	1	+3	=4

② Add 2 + 2

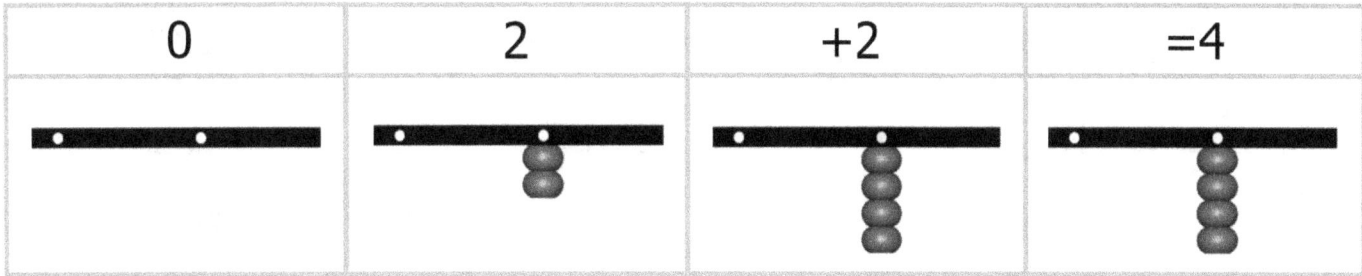

0	2	+2	=4

③ Add 5 + 3

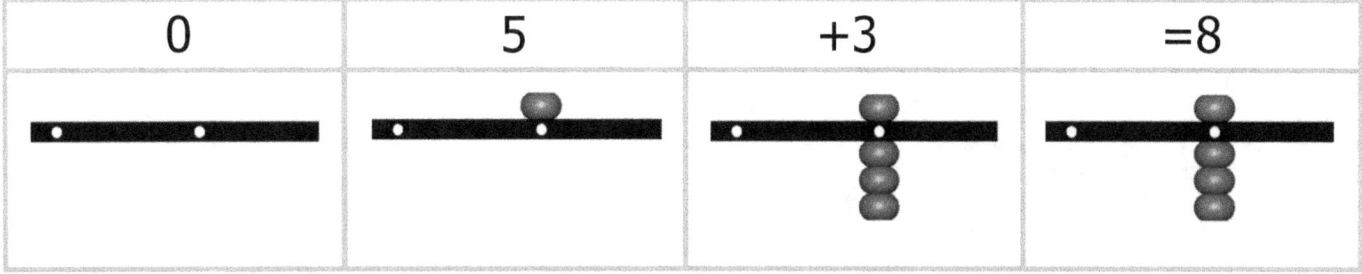

0	5	+3	=8

More examples of what to imagine step-by-step

④ Add 10 + 8

0	10	+8	=18

⑤ Add 25 + 23

0	25	+23	=48

⑥ Add 42 + 12

0	42	+12	=54

⑦ Add 50 + 30

0	50	+30	=80

Not enough beads in the column for the addition

When you don't have enough beads, move to the next LEFT column to help.

For example, when you try to add 4 to the already registered number 8, you don't have enough beads in the column to do it. You can only register a maximum of 9 in each column (4 lower beads and 1 upper bead, 4+5=9).

When this happens, we need to use the '**Not enough beads list**'.

1=10-9
2=10-8
3=10-7
4=10-6
5=10-5
6=10-4
7=10-3
8=10-2
9=10-1

How to use the 'Not enough beads list'

Let's say we need to add 3 to a column but we don't have enough beads.

Look at the list, **3=10-7**

10 is the number to **register,** in the next **LEFT** column (1 lower bead).

7 is the number to **unregister** in our column.

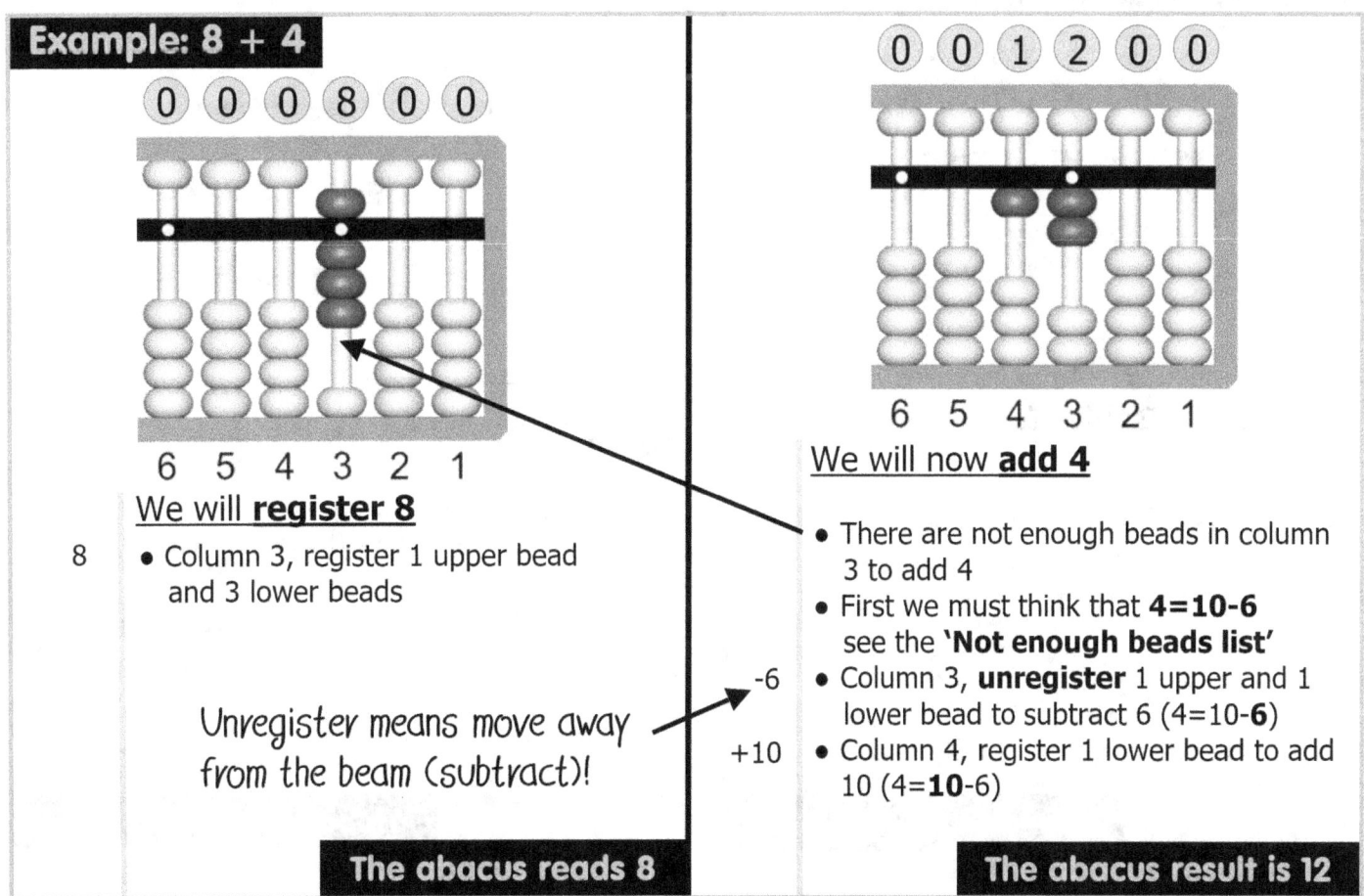

Example: 8 + 4

0 0 0 8 0 0

6 5 4 3 2 1

We will **register 8**

8
• Column 3, register 1 upper bead and 3 lower beads

Unregister means move away from the beam (subtract)!

The abacus reads 8

0 0 1 2 0 0

6 5 4 3 2 1

We will now **add 4**

• There are not enough beads in column 3 to add 4
• First we must think that **4=10-6** see the '**Not enough beads list**'
-6 • Column 3, **unregister** 1 upper and 1 lower bead to subtract 6 (4=10-**6**)
+10 • Column 4, register 1 lower bead to add 10 (4=**10**-6)

The abacus result is 12

More addition examples (when we don't have enough beads)

Example: 9 + 5

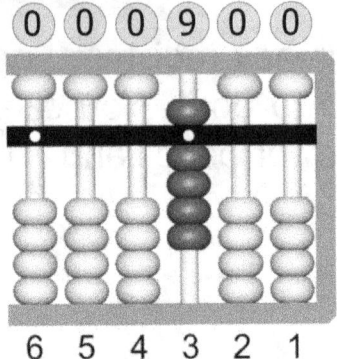

We will **register 9**

9 • Column 3, register 1 upper bead and 4 lower beads

The abacus reads 9

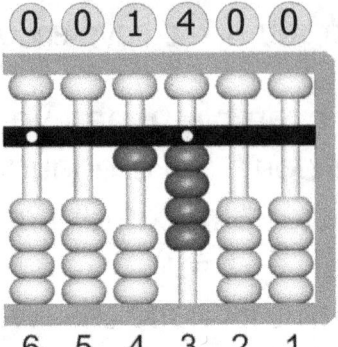

We will now **add 5**

There are not enough beads in column 3 to add 5, so think **5=10-5**, so remove 5 from column 3 then add 10 to column 4

-5 • Column 3, unregister 1 upper bead to subtract 5

+10 • Column 4, register 1 lower bead to add 10

The abacus result is 14

Example: 39 + 53

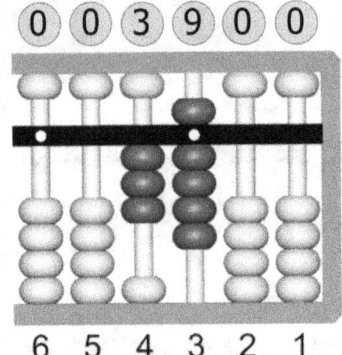

We will **register 39**

30 • Column 4, register 3 lower beads
9   • Column 3, register 1 upper bead and 4 lower beads

The abacus reads 39

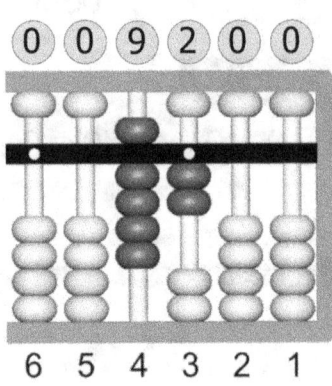

We will **add 53**

+50 • Column 4, register 1 upper bead (+50)

There are not enough beads in column 3 to register 3 more (to add 3), so think **3=10-7**

+10 • Column 4, register 1 lower bead
-7 • Column 3, unregister 1 upper and 2 lower beads
(Total from columns 4 & 3 is 10-7=3)

The abacus result is 92

Some examples of what to imagine step-by-step

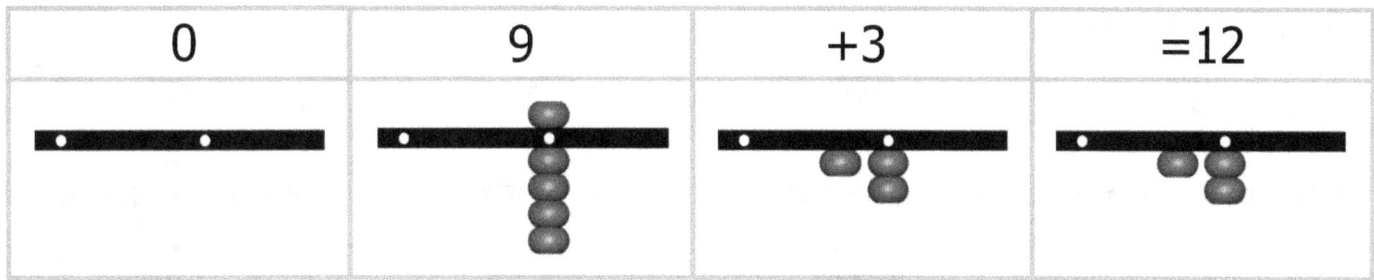

① Add 9 + 3

| 0 | 9 | +3 | =12 |

② Add 28 + 4

| 0 | 28 | +4 | =32 |

③ Add 58 + 9

| 0 | 58 | +9 | =67 |

④ Add 15 + 15

| 0 | 15 | +15 | =30 |

⑤ Add 78 + 9

| 0 | 78 | +9 | =87 |

Some examples of what to imagine step-by-step

⑥ Add 39 + 19

0	39	+19	=58

⑦ Add 17 + 14

0	17	+14	=31

⑧ Add 24 + 8

0	24	+8	=32

⑨ Add 45 + 15

0	45	+15	=60

Time to do **workbook work 4**

WORKBOOK WORK - 4

(Answers to workbook work 4 are on pages 150 to 155)

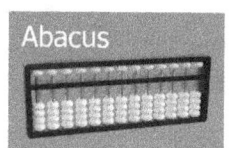

1 Add the numbers with your abacus and write the answer in the white box.

Examples:

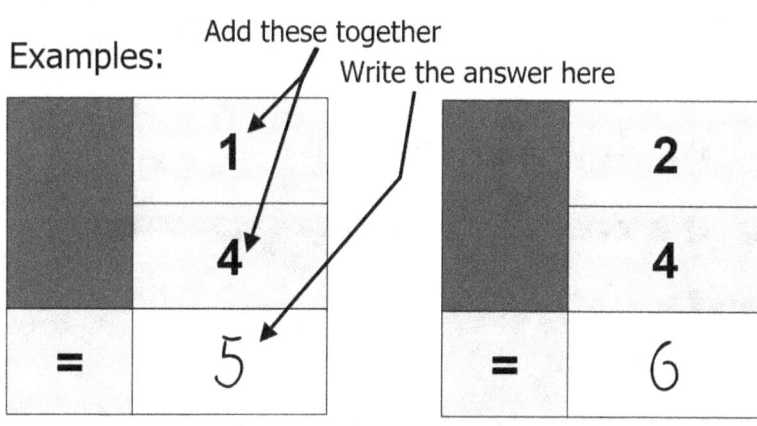

Add these together
Write the answer here

	1
	4
=	5

	2
	4
=	6

	14
	21
=	35

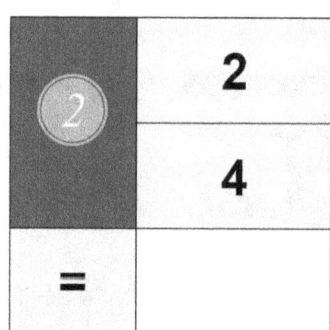

1	1
	1
=	

2	2
	4
=	

3	3
	3
=	

4	4
	4
=	

5	2
	6
=	

6	10
	2
=	

7	15
	5
=	

8	20
	10
=	

9	32
	3
=	

10	40
	20
=	

11	45
	5
=	

12	50
	25
=	

WORKBOOK WORK - 4

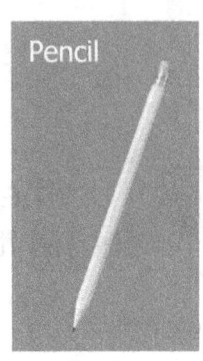

2 Write down the number that is shown on the imaginary abacus representation.

Examples:

| The number is: 29 | The number is: 44 | The number is: 61 |

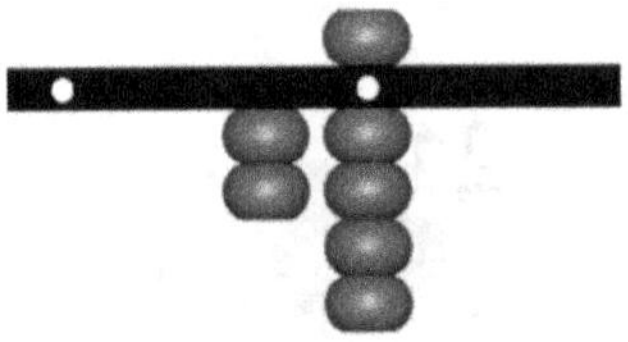

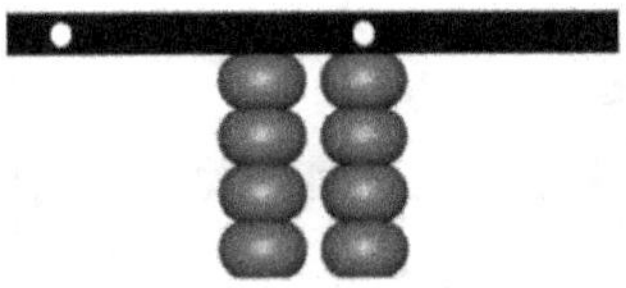

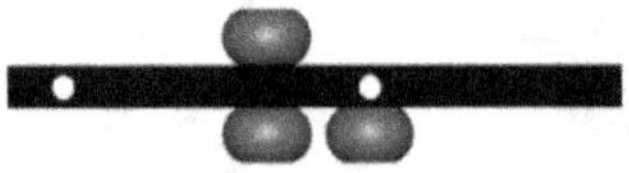

---

13 The number is:	14 The number is:	15 The number is:
16 The number is:	17 The number is:	18 The number is:
19 The number is:	20 The number is:	21 The number is:
22 The number is:	23 The number is:	24 The number is:

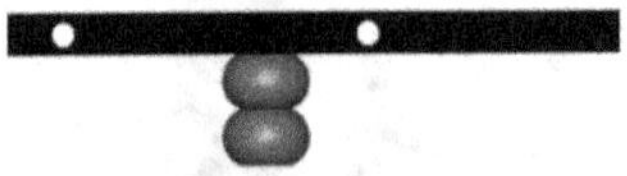

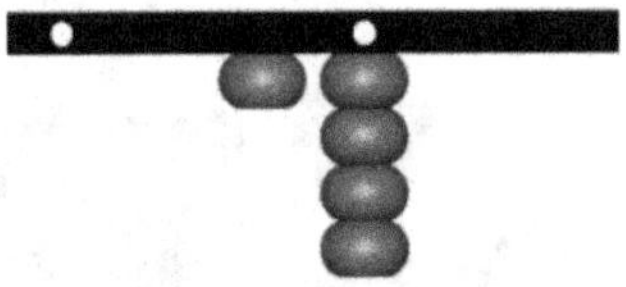

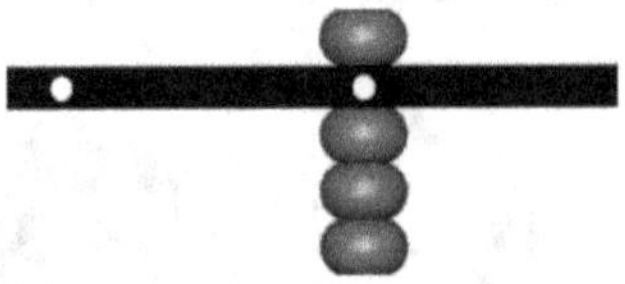

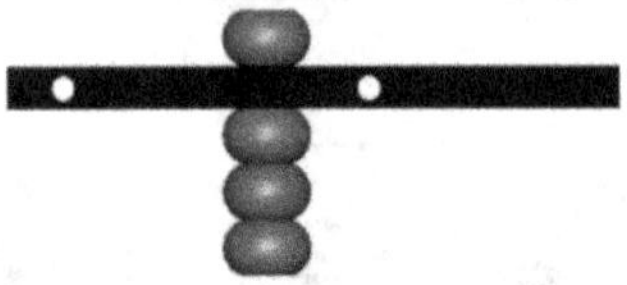

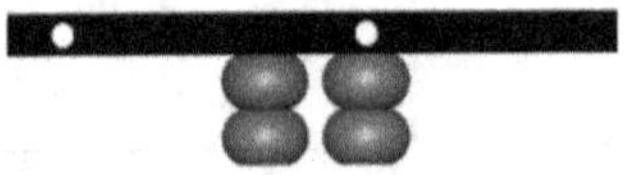

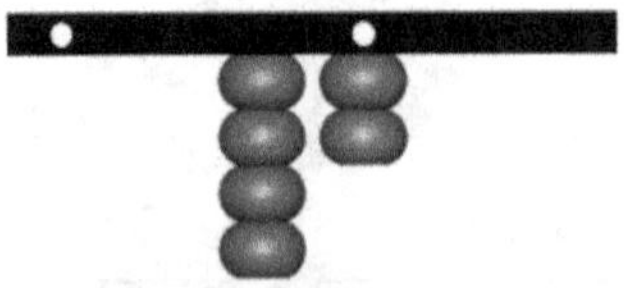

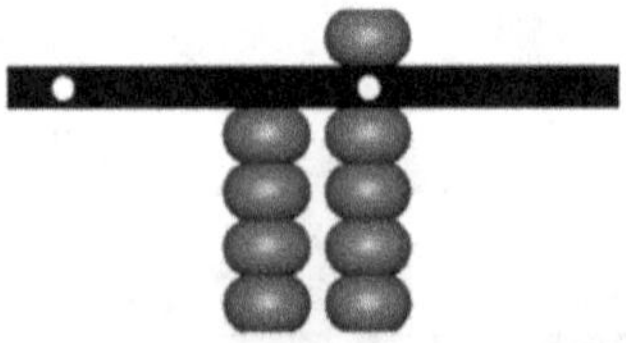

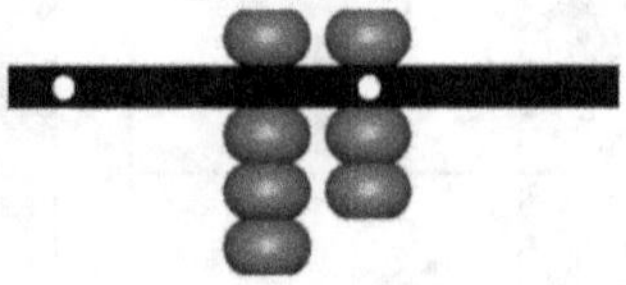

WORKBOOK WORK - 4

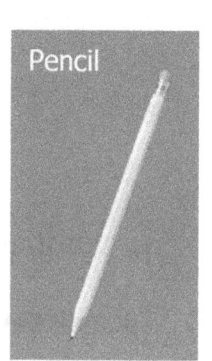

3 Draw the beads on the empty imaginary abacus representation to show the number given.

Examples:

| Number 1 | Number 4 | Number 12 |

| 25 Number 10 | 26 Number 25 | 27 Number 41 |

| 28 Number 9 | 29 Number 74 | 30 Number 12 |

| 31 Number 22 | 32 Number 78 | 33 Number 14 |

| 34 Number 95 | 35 Number 58 | 36 Number 66 |

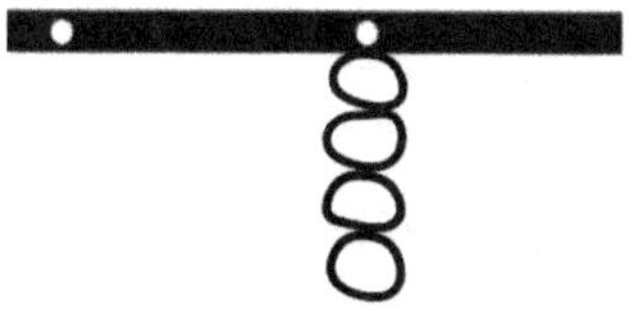

WORKBOOK WORK - 4

Pencil

37) Number 4

38) Number 55

39) Number 92

40) Number 2

41) Number 20

42) Number 33

43) Number 55

44) Number 63

45) Number 15

46) Number 7

47) Number 36

48) Number 39

49) Number 94

50) Number 57

51) Number 27

52) Number 82

53) Number 13

54) Number 88

WORKBOOK WORK - 4

  Add the numbers using an imaginary abacus and write the answer in the white box.

Examples:

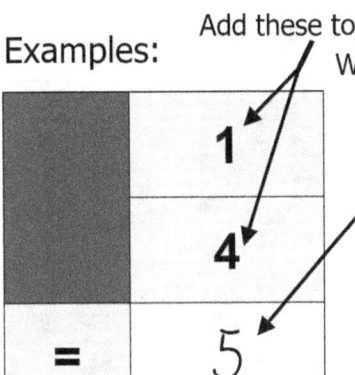

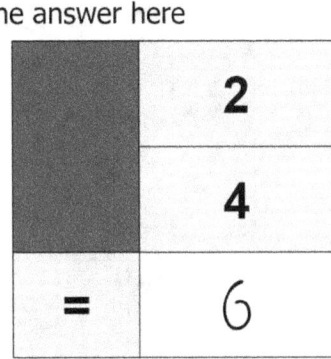

	14
	21
=	35

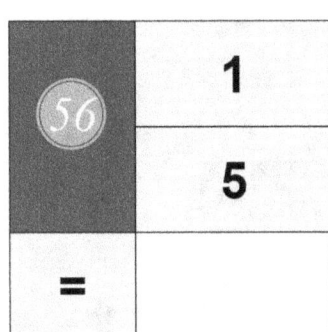

55	1
	3
=	

56	1
	5
=	

57	1
	8
=	

58	2
	2
=	

59	2
	3
=	

60	2
	9
=	

61	3
	3
=	

62	3
	6
=	

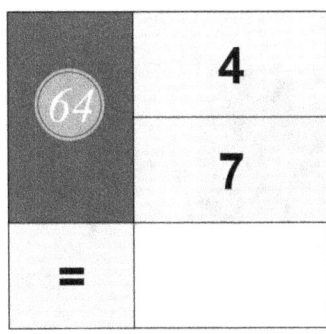

63	4
	5
=	

64	4
	7
=	

65	4
	9
=	

66	5
	5
=	

WORKBOOK - 4

67	5 / 9 =	68	6 / 5 =	69	6 / 7 =	70	7 / 1 =
71	7 / 5 =	72	8 / 4 =	73	8 / 8 =	74	8 / 9 =
75	9 / 4 =	76	9 / 6 =	77	9 / 9 =	78	10 / 5 =
79	10 / 7 =	80	10 / 10 =	81	11 / 14 =	82	11 / 25 =
83	12 / 12 =	84	12 / 5 =	85	13 / 8 =	86	13 / 35 =

WORKBOOK - 4

#	a	b
87	18 / 9	=
88	19 / 14	=
89	24 / 12	=
90	26 / 7	=
91	35 / 25	=
92	38 / 14	=
93	40 / 12	=
94	52 / 9	=
95	57 / 9	=
96	67 / 14	=
97	68 / 9	=
98	69 / 14	=
99	74 / 25	=
100	75 / 3	=
101	78 / 9	=
102	80 / 13	=
103	86 / 11	=
104	89 / 4	=
105	91 / 4	=
106	94 / 5	=

Time to continue with the instruction work!

Addition of 3 or more digit numbers

Part 5

Addition of larger numbers is no harder than adding small numbers. We just need to start adding in the leftmost column first.

Addition - things to remember:
- Register your numbers from left to right, for example: for number 861 register the 8 first, the 6 second and the 1 last.
- Each digit must be registered in the correct column, for example with 861, the 8 in column 5 (hundreds column), the 6 in column 4 (tens column) and the 1 in column 3 (ones column).
- Add the digits from left to right.

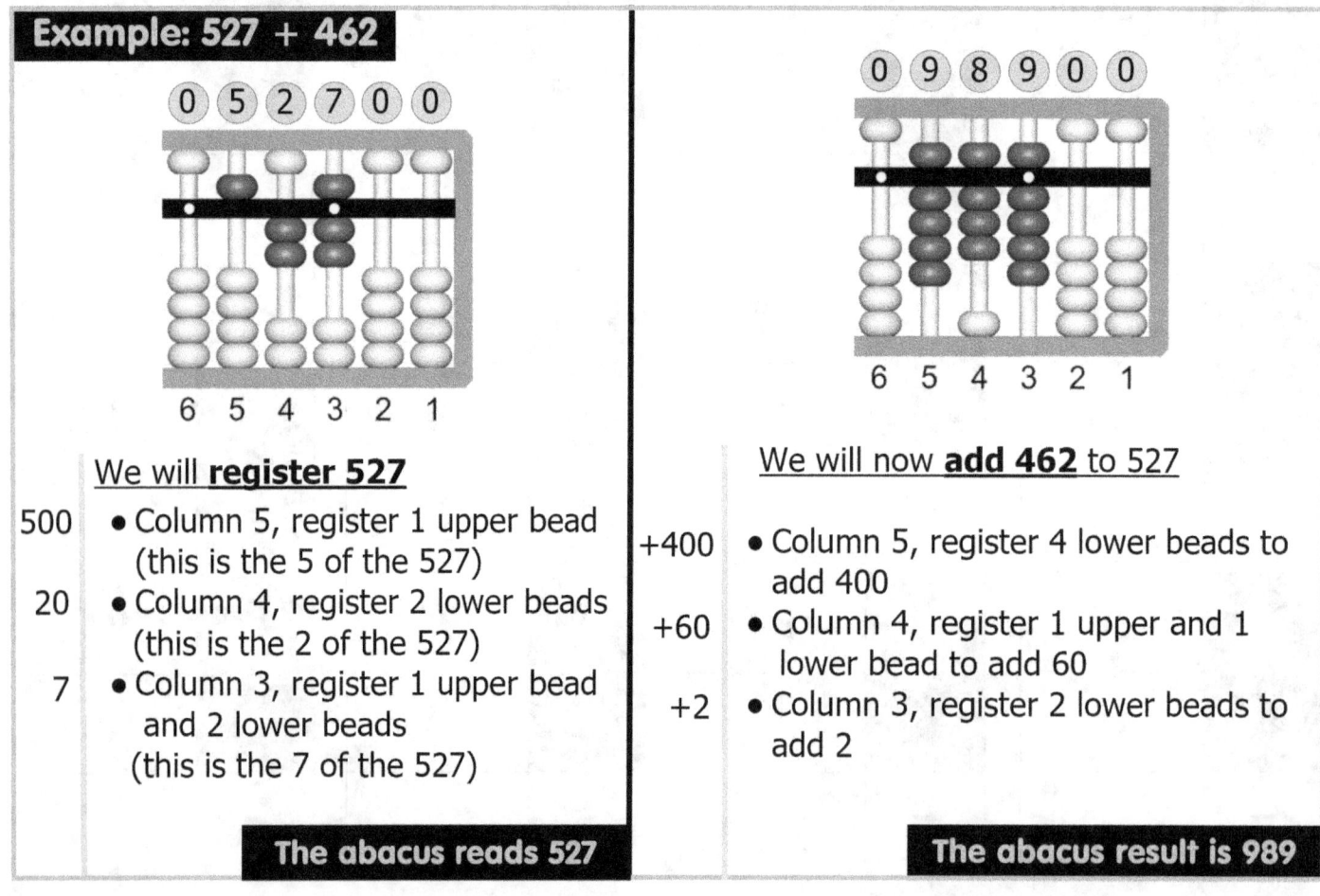

Example: 3213 + 1220

③②①③⓪⓪

6 5 4 3 2 1

We will **register 3213**

3000 • Column 6, register 3 lower beads
200 • Column 5, register 2 lower beads
10 • Column 4, register 1 lower bead
3 • Column 3, register 3 lower beads

The abacus reads 3213

④④③③⓪⓪

6 5 4 3 2 1

We will **add 1220**

+1000 • Column 6, register 1 lower bead
+200 • Column 5, register 2 lower beads
+20 • Column 4, register 2 lower beads
  • Column 3, do nothing

The abacus result is 4433

Example: 6437 + 932

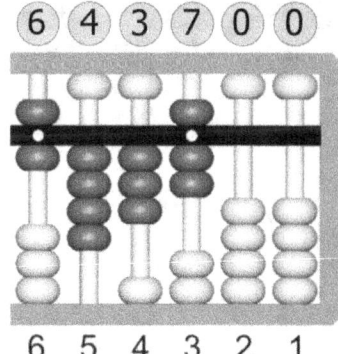

⑥④③⑦⓪⓪

6 5 4 3 2 1

We will **register 6437**

6000 • Column 6, register 1 upper bead and 1 lower bead
400 • Column 5, register 4 lower beads
30 • Column 4 register 3 lower beads
7 • Column 3, register 1 upper bead and 2 lower beads

The abacus reads 6437

⑦③⑥⑨⓪⓪

6 5 4 3 2 1

We will now **add 932**

There are not enough beads in column 5 to register 9 more, so think **9=10-1**

-100 • Column 5, unregister 1 lower bead
+1000 • Column 6, register 1 lower bead

+30 • Column 4, register 1 upper bead and unregister 2 lower beads
+2 • Column 3, register 2 lower beads

The abacus result is 7369

More addition examples (when we don't have enough beads)

Example: 45 + 5

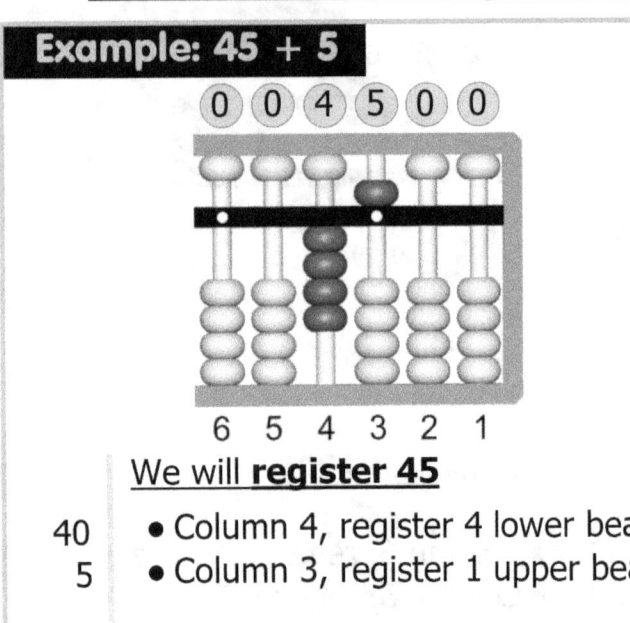

We will **register 45**

40 • Column 4, register 4 lower beads
5 • Column 3, register 1 upper bead

The abacus reads 45

We will **add 5**

There are not enough beads in column 3 to register 5 more (to add 5), so think **5=10-5**

−5   • Column 3, unregister 1 upper bead
+50 • Column 4, register 1 upper bead
−40 • Column 4, unregister 4 lower beads

LOOK how these make +10
+50−40=+10

The abacus result is 50

Example: 5395607 + 2803721

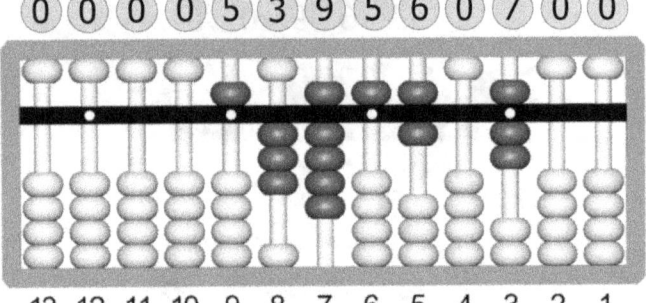

We will **register 5395607**

5000000 • Column 9, register 1 upper bead
300000 • Column 8, register 3 lower beads
90000   • Column 7, register 1 upper bead and 4 lower beads
5000   • Column 6, register 1 upper bead
600   • Column 5, register 1 upper bead and 1 lower bead
        • Column 4, do nothing
7   • Column 3, register 1 upper bead and 2 lower beads

The abacus reads 5395607

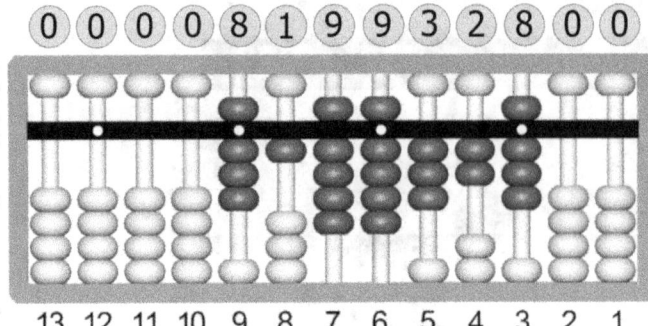

We will **add 2803721**

+2000000 • Column 9, register 2 lower beads

There are not enough beads in column 8 to register 8 more, so think **8=10-2**
−200000 • Column 8, unregister 2 lower beads
+1000000 • Column 9, register 1 lower bead

         • Column 7, do nothing
+3000   • Column 6, register 3 lower beads

There are not enough beads in column 5 to register 7 more, so think **7=10-3**
−500   • Column 5, unregister 1 upper bead
+200   • Column 5, register 2 lower beads
+1000   • Column 6, register 1 lower bead

+20   • Column 4, register 2 lower beads
+1   • Column 3, register 1 lower bead

The abacus result is 8199328

More addition examples (when we don't have enough beads)

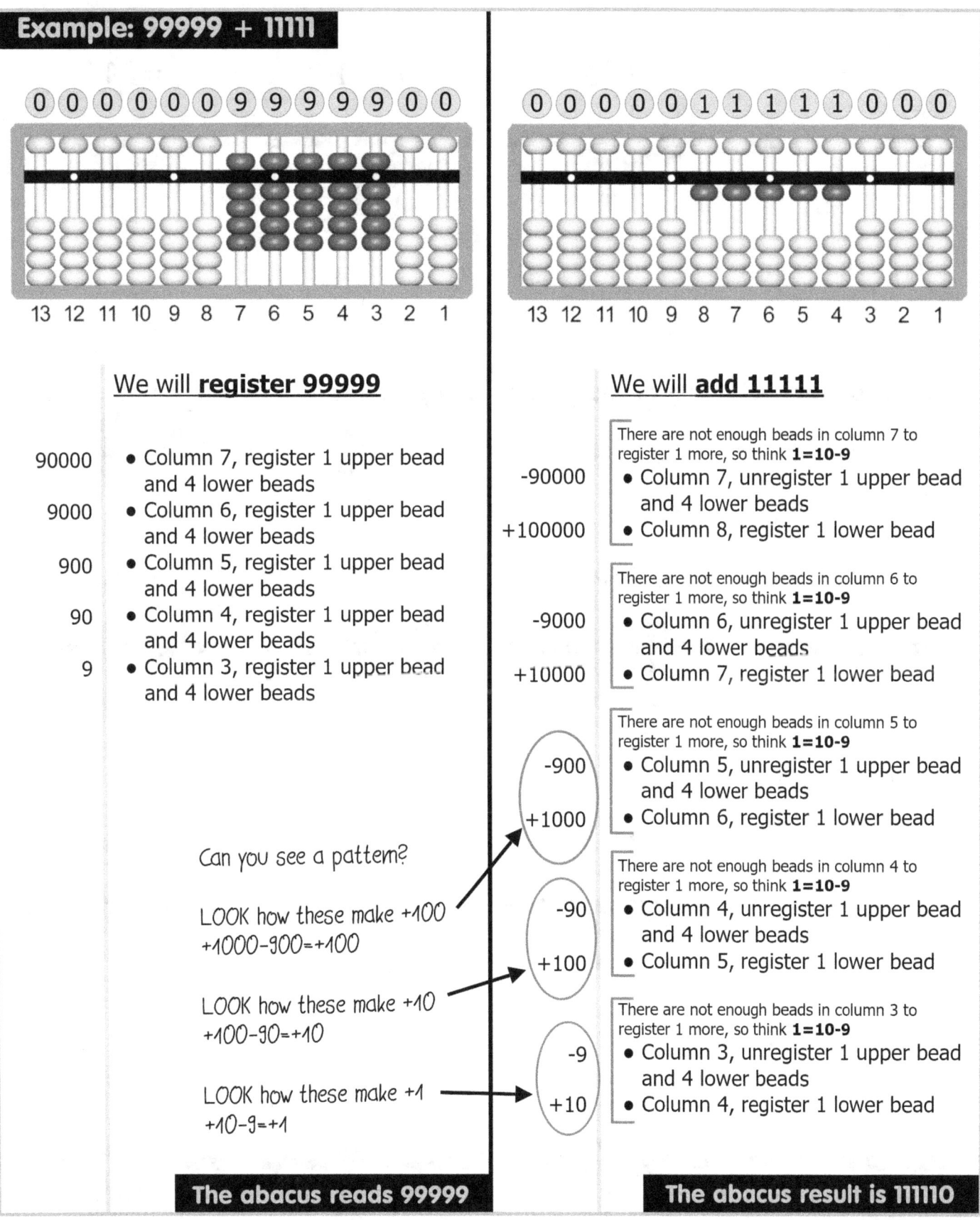

Some examples of what to imagine step-by-step

① Add 133 + 111

| 0 | 133 | +111 | =244 |

② Add 254 + 100

| 0 | 254 | +100 | =354 |

③ Add 854 + 14

| 0 | 854 | +14 | =868 |

④ Add 803 + 43

| 0 | 803 | +43 | =846 |

⑤ Add 326 + 123

| 0 | 326 | +123 | =449 |

Some examples of what to imagine step-by-step

⑥ Add 114 + 112

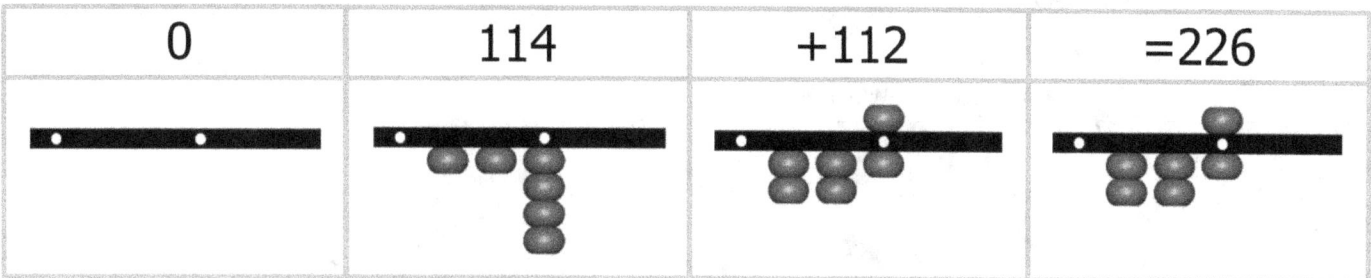

| 0 | 114 | +112 | =226 |

⑦ Add 776 + 123

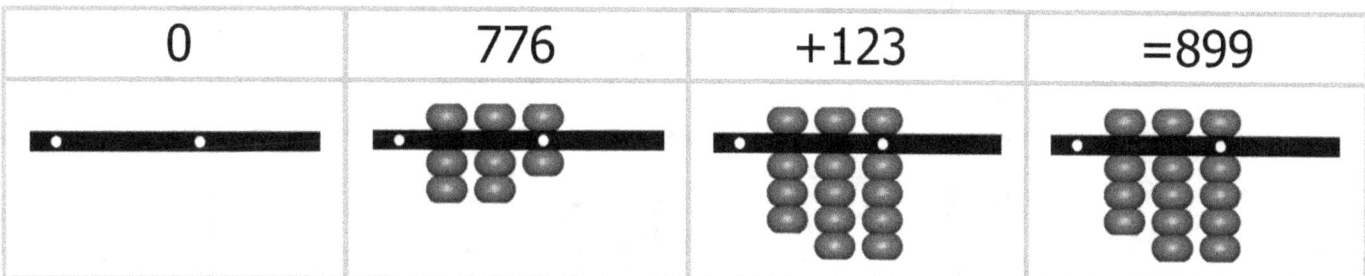

| 0 | 776 | +123 | =899 |

⑧ Add 572 + 125

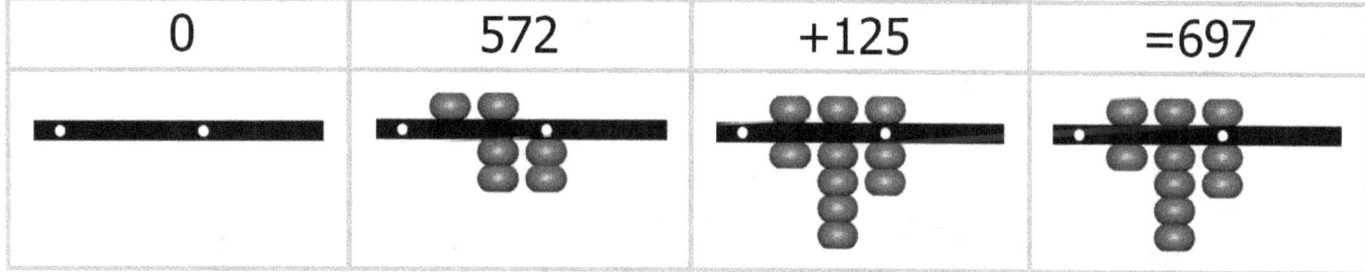

| 0 | 572 | +125 | =697 |

⑨ Add 542 + 152

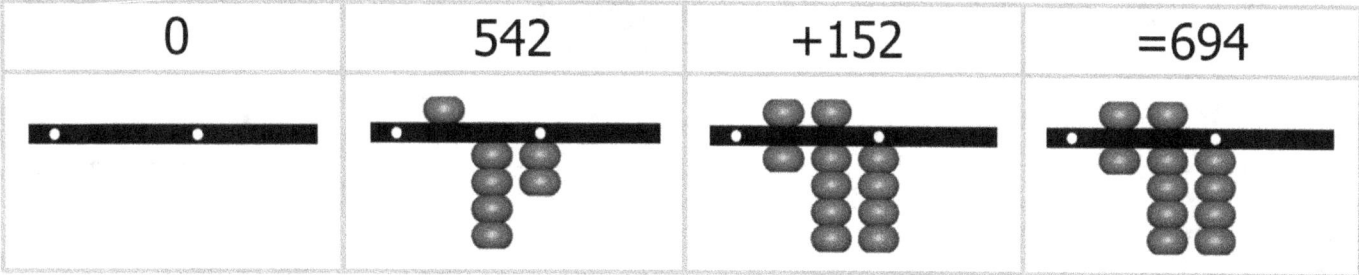

| 0 | 542 | +152 | =694 |

Time to do **workbook work 5**

WORKBOOK WORK - 5

(Answers to workbook work 5 are on pages 156 to 161)

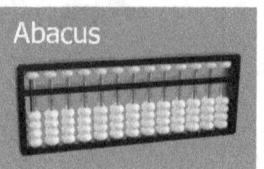
Abacus

1 Add the numbers with your abacus and write the answer in the white box.

Examples:

Add these together
Write the answer here

	1
	4
=	5

	2
	4
=	6

	14
	21
=	35

1
	9
	2
=	

2
	8
	5
=	

3
	6
	6
=	

4
	15
	6
=	

5
	18
	3
=	

6
	27
	9
=	

7
	36
	8
=	

8
	48
	6
=	

9
	56
	5
=	

10
	64
	7
=	

11
	72
	9
=	

12
	81
	9
=	

WORKBOOK - 5

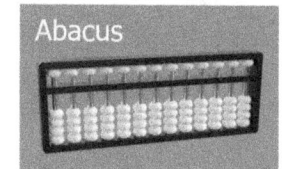

13	57
	9
=	

14	11
	9
=	

15	17
	7
=	

16	78
	12
=	

17	75
	15
=	

18	8
	4
=	

19	18
	8
=	

20	63
	9
=	

21	29
	4
=	

22	39
	6
=	

23	38
	19
=	

24	19
	5
=	

25	18
	18
=	

26	34
	16
=	

27	21
	19
=	

28	36
	25
=	

29	44
	17
=	

30	9
	9
=	

31	13
	7
=	

32	54
	36
=	

69

WORKBOOK - 5

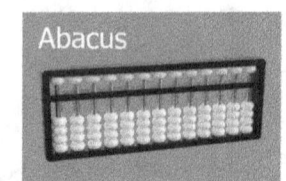

33	100
	55
=	

34	123
	123
=	

35	110
	105
=	

36	222
	111
=	

37	324
	322
=	

38	400
	123
=	

39	555
	105
=	

40	780
	120
=	

41	111
	98
=	

42	145
	125
=	

43	132
	122
=	

44	456
	123
=	

45	910
	18
=	

46	821
	135
=	

47	666
	258
=	

48	471
	234
=	

49	744
	147
=	

50	632
	122
=	

51	482
	135
=	

52	321
	123
=	

WORKBOOK WORK - 5

2. Add the numbers using an imaginary abacus and write the answer in the white box.

Examples:

	1
	4
=	5

Add these together
Write the answer here

	2
	4
=	6

	14
	21
=	35

---

53) 9 / 2 =

54) 8 / 5 =

55) 6 / 6 =

56) 15 / 6 =

57) 18 / 3 =

58) 17 / 9 =

59) 16 / 8 =

60) 18 / 6 =

61) 26 / 5 =

62) 25 / 7 =

63) 14 / 9 =

64) 9 / 9 =

WORKBOOK - 5

65	18
	9
=	

66	19
	5
=	

67	27
	7
=	

68	26
	9
=	

69	35
	8
=	

70	25
	9
=	

71	22
	9
=	

72	52
	9
=	

73	57
	7
=	

74	67
	5
=	

75	68
	9
=	

76	69
	6
=	

77	77
	4
=	

78	75
	6
=	

79	78
	9
=	

80	76
	5
=	

81	58
	3
=	

82	34
	9
=	

83	14
	9
=	

84	33
	8
=	

WORKBOOK - 5

85	13 / 9 =
86	15 / 5 =
87	75 / 7 =
88	82 / 9 =
89	66 / 8 =
90	35 / 9 =
91	12 / 9 =
92	53 / 9 =
93	67 / 7 =
94	75 / 5 =
95	82 / 9 =
96	93 / 6 =
97	56 / 4 =
98	66 / 6 =
99	77 / 9 =
100	88 / 5 =
101	17 / 3 =
102	22 / 9 =
103	32 / 9 =
104	43 / 8 =

Time to continue with the instruction work!

Skipped columns when adding

Part 6

Sometimes we have to SKIP a column. See the example below.

We've learnt that when a column doesn't have enough beads left on it to make the addition, we move to the next LEFT column to help. Sometimes the next left column also doesn't have enough beads on it, so we **SKIP** this column and move again to the next left column until you reach a column that has enough beads to use. See below how it works.

Important!

- We will **SKIP** a column when there are not enough beads to use in that column.
- We will see this symbol when we need to skip a column (move on to the next left column). ←
- We will **UNREGISTER** all beads in any skipped columns.

Example: 95 + 9

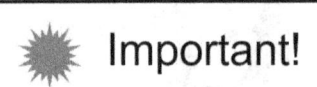

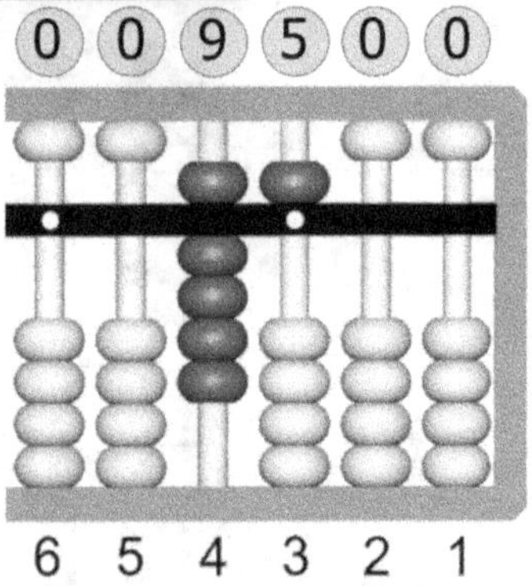

We will **register 95**

- 90 • Column 4, register 1 upper bead and 4 lower beads
- 5 • Column 3, register 1 upper bead

This big arrow means SKIP

LOOK how these make +10
+100-90=+10

The abacus reads 95

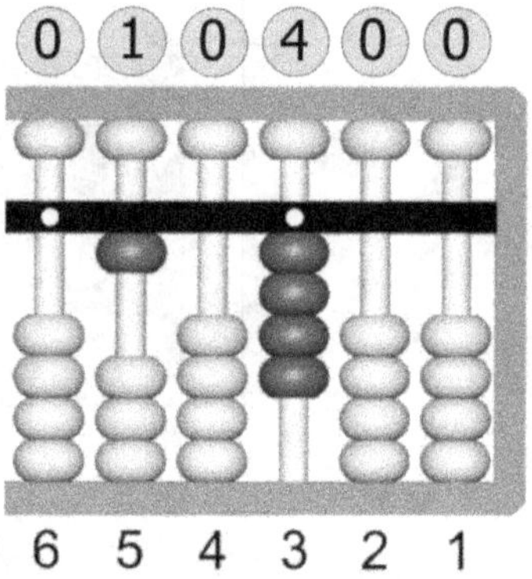

We will now **add 9**

There are not enough beads in column 3 to register 9 more, so think **9=10-1**

- -1 • Column 3, unregister 1 upper bead and register 4 lower beads

We would normally move to the next LEFT column and add 1 lower bead (to add 10) but we don't have 1 bead left to use

- -90 • Column 4, **SKIP** this column and unregister all beads
- +100 • Column 5, register 1 lower bead

The abacus result is 104

More skipped column examples

Example: 995 + 9

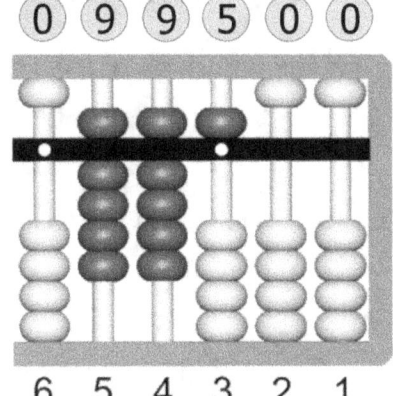

⓪ ⑨ ⑨ ⑤ ⓪ ⓪
6 5 4 3 2 1

We will register 995

- 900 — Column 5, register 1 upper bead and 4 lower beads
- 90 — Column 4, register 1 upper bead and 4 lower beads
- 5 — Column 3, register 1 upper bead

The abacus reads 995

---

① ⓪ ⓪ ④ ⓪ ⓪
6 5 4 3 2 1

We will now add 9

There are not enough beads in column 3 to register 9 more, so think **9=10-1**

- −1 — Column 3, unregister 1 upper bead and register 4 lower beads
- ← −90 — Column 4, **SKIP** this column and unregister all beads
- ← −900 — Column 5, **SKIP** this column and unregister all beads
- +1000 — Column 6, register 1 lower bead

The abacus result is 1004

Example: 9999 + 1

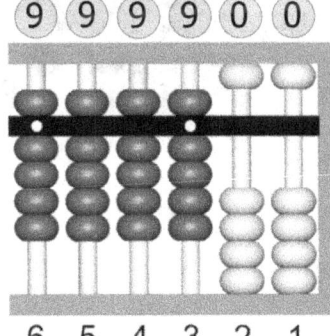

⑨ ⑨ ⑨ ⑨ ⓪ ⓪
6 5 4 3 2 1

We will register 9999

- 9000 — Column 6, register 1 upper bead and 4 lower beads
- 900 — Column 5, register 1 upper bead and 4 lower beads
- 90 — Column 4, register 1 upper bead and 4 lower beads
- 9 — Column 3, register 1 upper bead and 4 lower beads

The abacus reads 9999

---

① ⓪ ⓪ ⓪ ⓪ ⓪ ⓪
7 6 5 4 3 2 1

We will now add 1

There are not enough beads in column 3 to register 1 more, so think **1=10-9**

- −9 — Column 3, unregister all beads
- ← −90 — Column 4, **SKIP** this column and unregister all beads, move to column 5
- ← −900 — Column 5, **SKIP** this column and unregister all beads, move to column 6
- ← −9000 — Column 6, **SKIP** this column and unregister all beads, move to column 7
- +10000 — Column 7, register 1 lower bead

The abacus result is 10000

Addition of 3 or more numbers

Sometimes we have to add 3 or more numbers, here's how.

When we add many numbers on the abacus, just find the sum of the first two, then add the next number to that sum.

Keep adding one number to the sum of the previous numbers until all the numbers have been added.

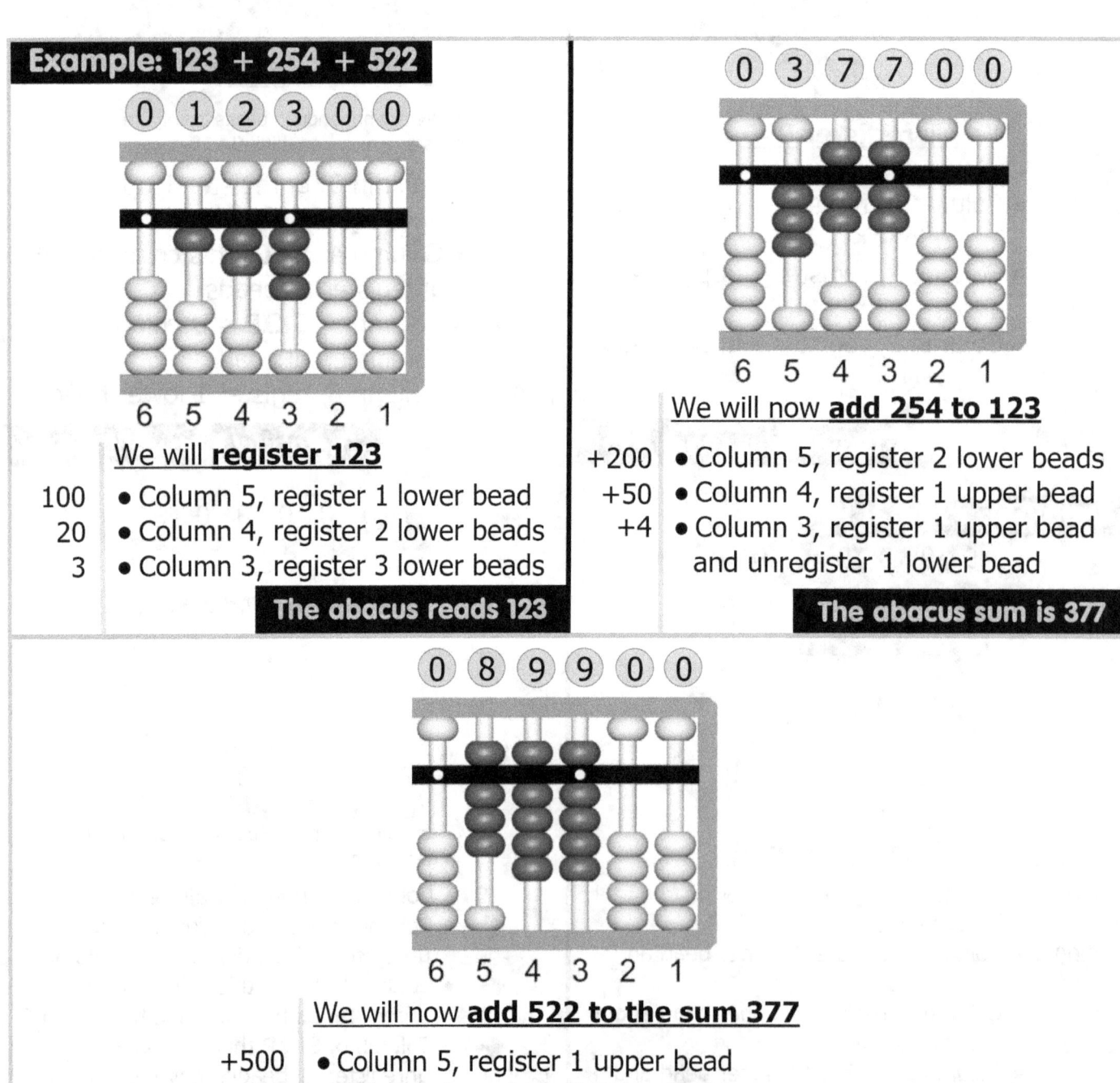

Example: 123 + 254 + 522

We will **register 123**
- 100 • Column 5, register 1 lower bead
- 20 • Column 4, register 2 lower beads
- 3 • Column 3, register 3 lower beads

The abacus reads 123

We will now **add 254 to 123**
- +200 • Column 5, register 2 lower beads
- +50 • Column 4, register 1 upper bead
- +4 • Column 3, register 1 upper bead and unregister 1 lower bead

The abacus sum is 377

We will now **add 522 to the sum 377**
- +500 • Column 5, register 1 upper bead
- +20 • Column 4, register 2 lower beads
- +2 • Column 3, register 2 lower beads

The abacus result is 899

Addition of 3 or more numbers

Example: 525631 + 253160 + 1210

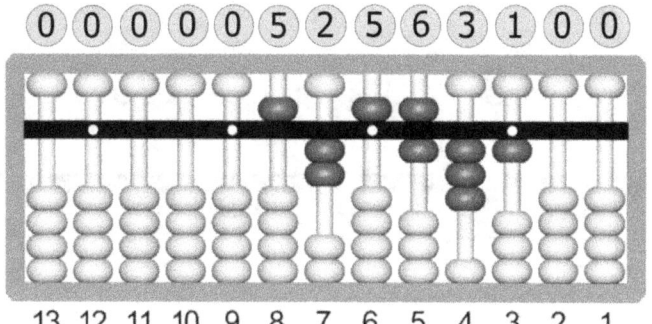

We will **register 525631**

500000	• Column 8, register 1 upper bead
20000	• Column 7, register 2 lower beads
5000	• Column 6, register 1 upper bead
600	• Column 5, register 1 upper bead and 1 lower bead
30	• Column 4, register 3 lower beads
1	• Column 3, register 1 lower bead

The abacus reads 525631

We will now **add 253160 to 525631**

+200000	• Column 8, register 2 lower beads
+50000	• Column 7, register 1 upper bead
+3000	• Column 6, register 3 lower beads
+100	• Column 5, register 1 lower bead
+60	• Column 4, register 1 upper bead and 1 lower bead
	• Column 3, do nothing

The abacus sum is 778791

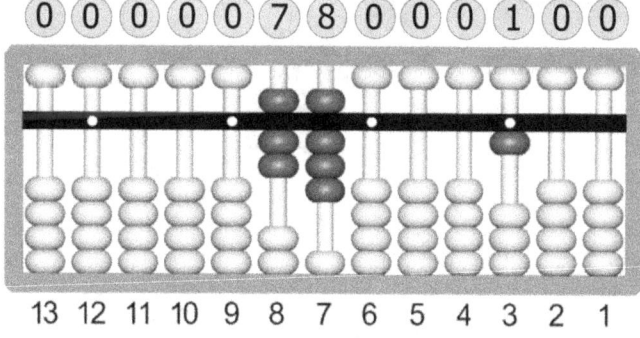

After we registered these, columns 6 & 5 had no beads left to use.

We will now **add 1210 to the sum 778791**

1000	• Column 6, register 1 lower bead
200	• Column 5, register 2 lower beads
	There are not enough beads in column 4 to register 1 more, so think **1=10-9**
-90	• Column 4, unregister all beads
← -900	• Column 5, **SKIP** this column and unregister all beads, move to column 6
← -9000	• Column 6, **SKIP** this column and unregister all beads, move to column 7
+10000	• Column 7, register 1 lower bead
	• Column 3, do nothing

The abacus result is 780001

Some examples of what to imagine step-by-step

① Add 95 + 8

0	95	+8	=103

② Add 99 + 2

0	99	+2	=101

③ Add 198 + 13

0	198	+13	=211

④ Add 103 + 20 + 4

0	103	+20	+4	=127

⑤ Add 210 + 33 + 5

0	210	+33	+5	=248

Time to do workbook work 6

WORKBOOK WORK – 6

(Answers to workbook work 6 are on pages 162 to 166)

1 Add the numbers with your abacus and write the answer in the white box.

Examples:

Write the answer here
Add these together

	9
	4
=	13

	122
	111
	33
=	266

	50
	35
	100
	55
=	240

1
	125
	20
=	

2
	212
	32
=	

3
	56
	56
=	

4
	412
	12
=	

5
	245
	145
=	

6
	74
	58
=	

7
	345
	123
=	

8
	499
	111
=	

9
	293
	195
=	

10
	99
	1
=	

11
	199
	99
=	

12
	722
	133
=	

WORKBOOK - 6

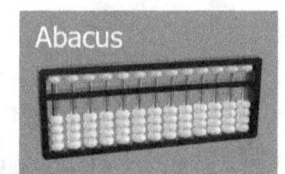

13	512
	36
=	

14	823
	119
=	

15	699
	111
=	

16	442
	36
=	

17	85
	85
=	

18	99
	9
=	

19	180
	19
=	

20	325
	32
=	

21	15
	6
=	

22	19
	9
=	

23	29
	29
=	

24	91
	90
=	

25	99
	19
=	

26	77
	16
=	

27	652
	321
=	

28	336
	25
=	

29	55
	55
=	

30	442
	38
=	

31	256
	123
=	

32	321
	321
=	

WORKBOOK - 6

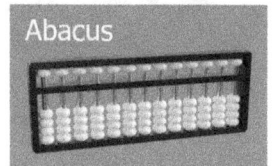

33	20
	5
	40
=	

34	35
	10
	20
=	

35	45
	55
	31
=	

36	90
	4
	16
=	

37	56
	14
	80
=	

38	5
	12
	36
=	

39	8
	18
	34
=	

40	100
	55
	15
=	

41	250
	150
	100
	125
=	

42	50
	21
	40
	19
=	

43	23
	17
	69
	11
=	

44	156
	4
	25
	15
	103
=	

WORKBOOK - 6

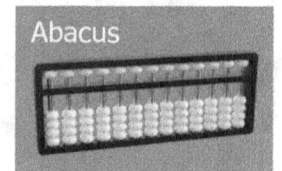

45	46	47	48
25	365	74	14
8	32	6	6
17	11	150	9
=	=	=	=

49	50	51	52
102	250	10	6
36	12	32	14
8	32	6	154
14	40	85	730
=	=	=	=

53	54	55	56
7	101	50	378
11	124	25	21
40	123	13	9
23	210	19	12
99	310	99	3
=	=	=	=

WORKBOOK WORK - 6

2 Add the numbers using an imaginary abacus and write the answer in the white box.

Examples:

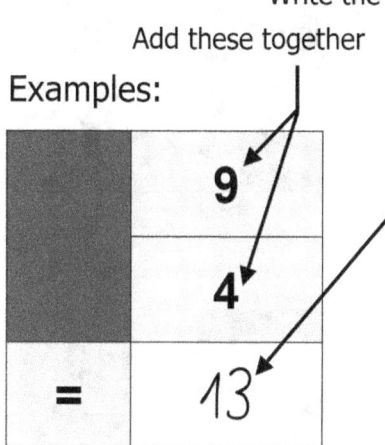

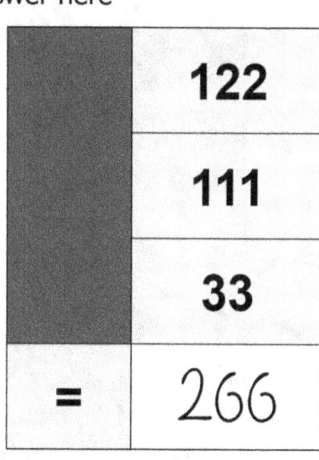

	50
	35
	100
	55
=	240

57	99
	1
=	

58	29
	14
=	

59	23
	11
=	

60	35
	5
=	

61	65
	9
=	

62	99
	10
=	

63	123
	32
=	

64	100
	55
=	

65	222
	111
=	

66	55
	5
=	

67	444
	222
=	

68	750
	122
=	

WORKBOOK - 6

69	40
	25
=	

70	78
	12
=	

71	65
	15
=	

72	105
	25
=	

73	74
	26
=	

74	49
	14
=	

75	80
	36
=	

76	110
	35
=	

77	120
	110
=	

78	82
	18
=	

79	63
	17
=	

80	75
	15
=	

81	96
	4
=	

82	150
	44
=	

83	34
	8
=	

84	450
	150
=	

85	250
	50
=	

86	48
	22
=	

87	35
	30
=	

88	750
	225
=	

WORKBOOK - 6

89	90	91	92
150	253	115	111
25	17	3	89
10	30	24	10
=	=	=	=

93	94	95	96
4	62	32	85
156	40	32	2
230	18	32	110
=	=	=	=

97	98	99	100
12	30	60	20
10	50	12	15
18	5	10	65
3	15	7	5
=	=	=	100
			=

Time to continue with the **instruction work!**

Subtraction

Part 7

Subtraction is taking one number away from another to find the difference.

Subtraction - things to remember:
- Register your numbers from left to right, just the same as we did with addition, for example:
for number 231 register the 2 first, 3 second and 1 last.
- Each digit must be registered in the correct column, for example with 231 the 2 is for column 5 (hundredths column), the 3 for column 4 (tens column) and the 1 for column 3 (ones column), just like we did with addition.

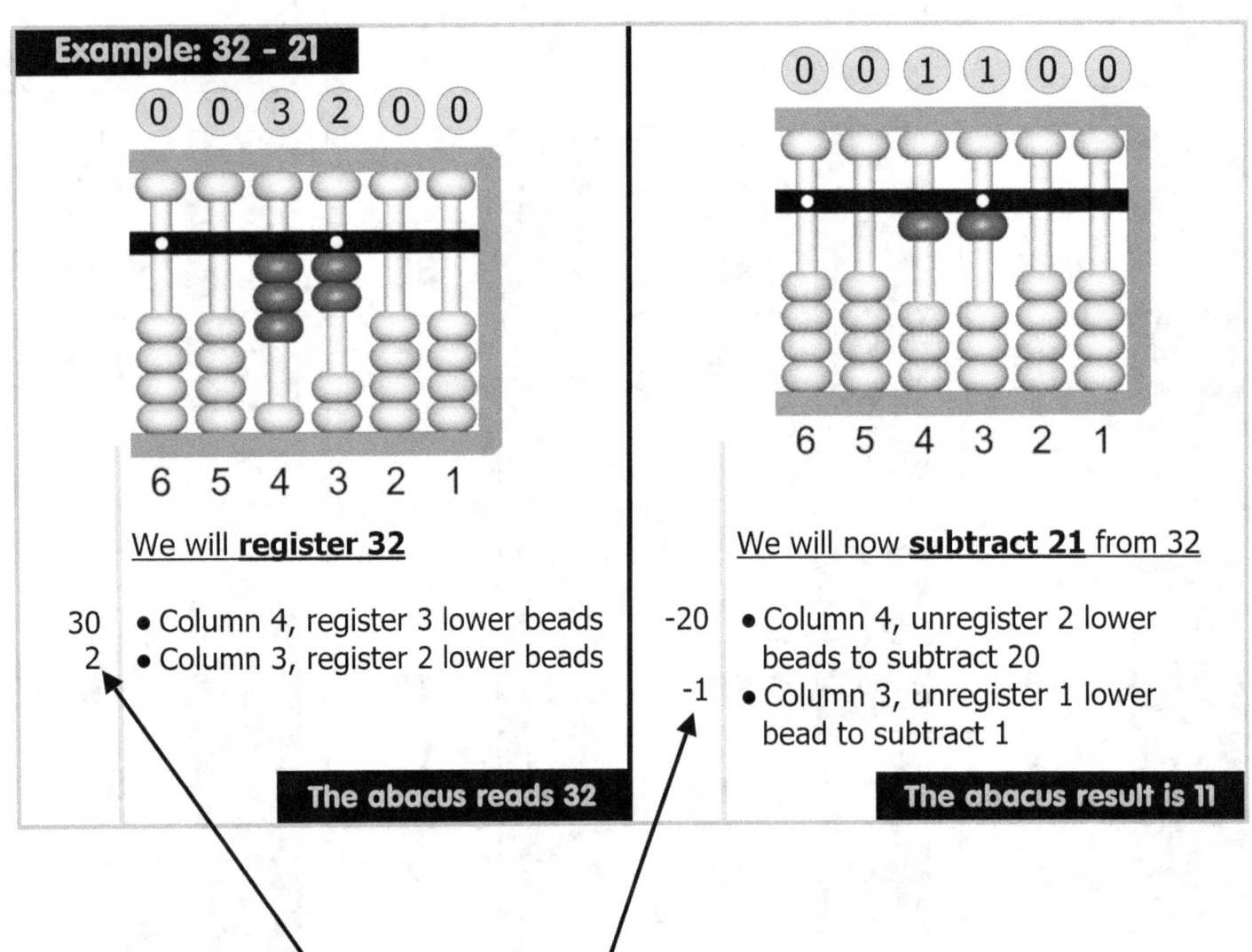

Example: 32 - 21

0 0 3 2 0 0

6 5 4 3 2 1

We will **register 32**

30 • Column 4, register 3 lower beads
2 • Column 3, register 2 lower beads

The abacus reads 32

0 0 1 1 0 0

6 5 4 3 2 1

We will now **subtract 21** from 32

-20 • Column 4, unregister 2 lower beads to subtract 20
-1 • Column 3, unregister 1 lower bead to subtract 1

The abacus result is 11

These columns are useful to see the amount that you are subtracting.
For example:
30 means that you have just registered 30
-20 means that you have just subtracted 20

Subtracting numbers that have different amounts of digits

For example, when subtracting **234 - 21** we see that 234 has 3 digits and 21 only has 2.

Register the number that has the **largest amount of digits**, in this case it is 234.

Next, subtract the number with the smallest amount of digits, in this example the 21, from the largest digit number.

More subtraction examples

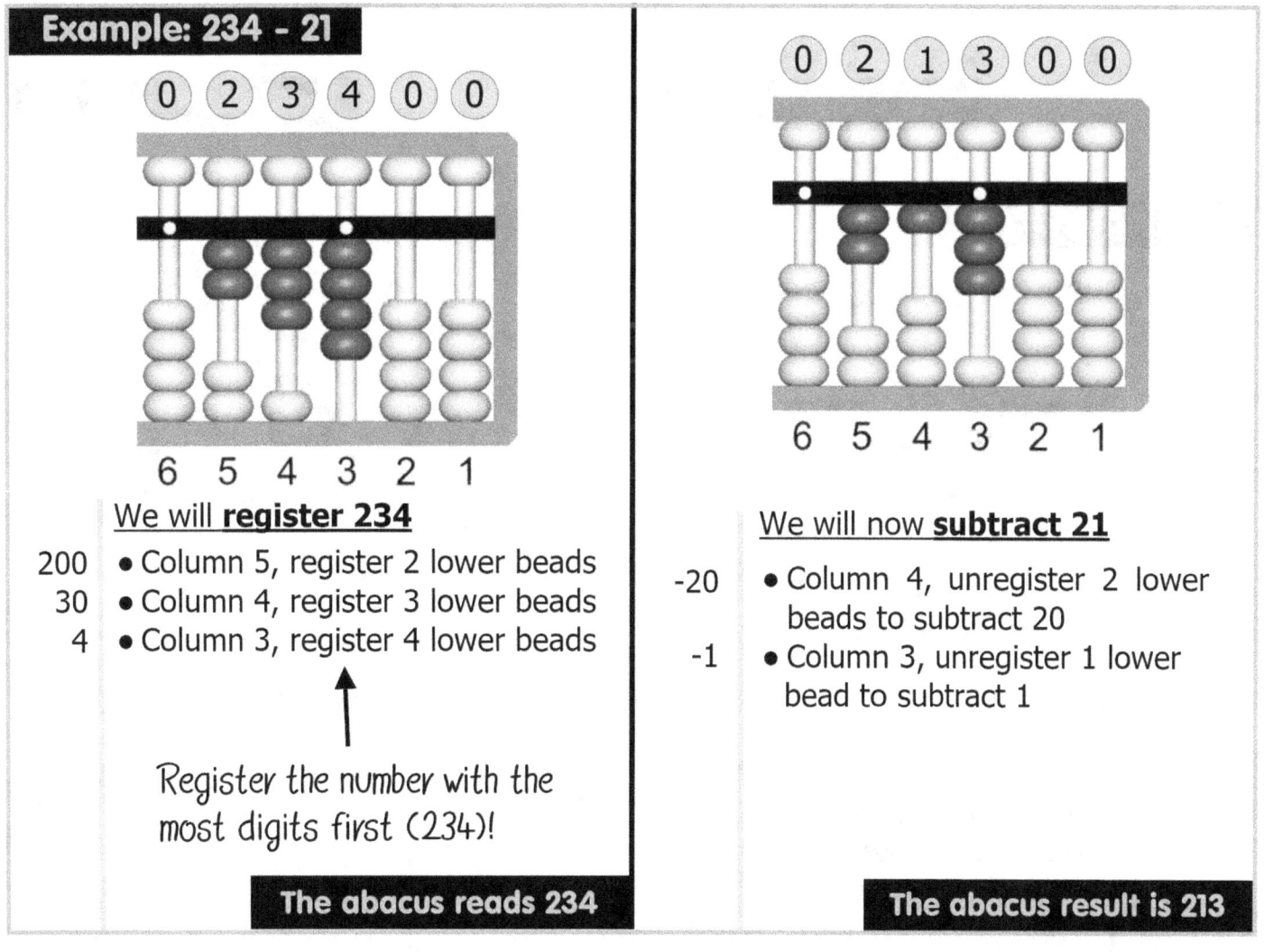

Example: 234 - 21

We will **register 234**

- 200 • Column 5, register 2 lower beads
- 30 • Column 4, register 3 lower beads
- 4 • Column 3, register 4 lower beads

↑ Register the number with the most digits first (234)!

The abacus reads 234

We will now **subtract 21**

- -20 • Column 4, unregister 2 lower beads to subtract 20
- -1 • Column 3, unregister 1 lower bead to subtract 1

The abacus result is 213

More subtraction examples

Example: 9 - 5

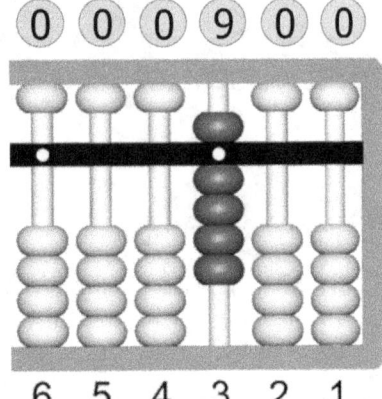

We will **register 9**

9 • Column 3, register 1 upper bead and 4 lower beads

The abacus reads 9

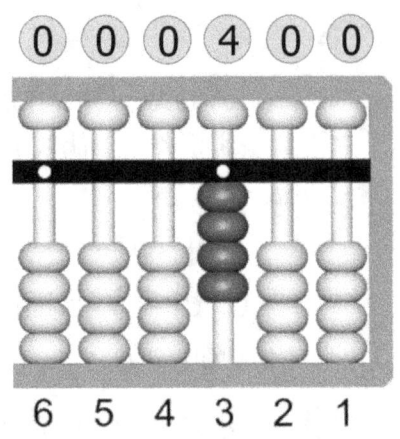

We will now **subtract 5**

-5 • Column 3, unregister 1 upper bead

The abacus result is 4

Example: 87 - 21

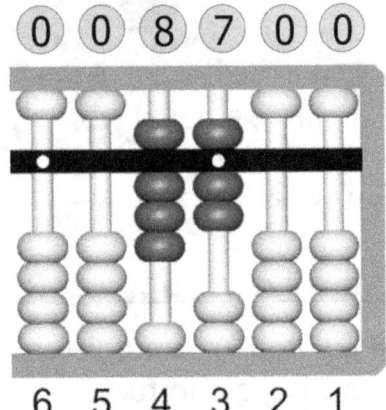

We will **register 87**

80 • Column 4, register 1 upper bead and 3 lower beads

7 • Column 3, register 1 upper bead and 2 lower beads

The abacus reads 87

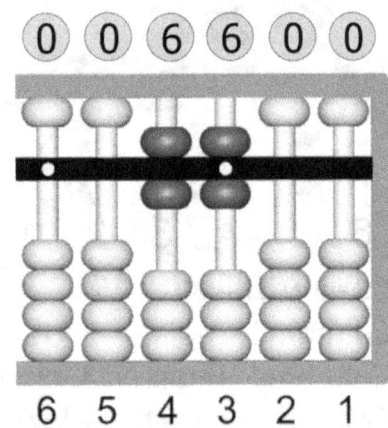

We will **subtract 21**

-20 • Column 4, unregister 2 lower beads
-1 • Column 3, unregister 1 lower bead

The abacus result is 66

More subtraction examples

Example: 987 - 671

We will register 987

- 900 • Column 5, register 1 upper bead and 4 lower beads
- 80 • Column 4, register 1 upper bead and 3 lower beads
- 7 • Column 3, register 1 upper bead and 2 lower beads

The abacus reads 987

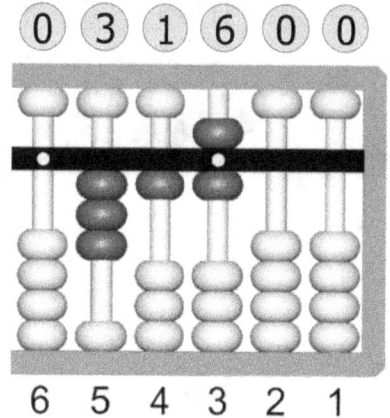

We will now subtract 671

- -600 • Column 5, unregister 1 upper bead and 1 lower bead
  (Total = -500-100=-600)
- -70 • Column 4, unregister 1 upper bead and 2 lower beads
  (Total = -50-20=-70)
- -1 • Column 3, unregister 1 lower bead

The abacus result is 316

Example: 6533 - 323

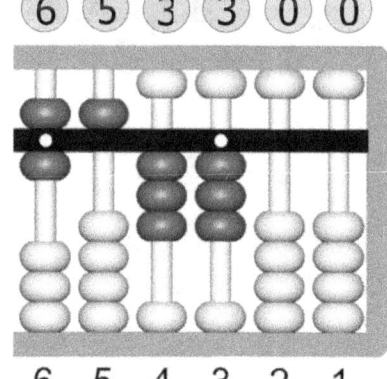

We will register 6533

- 6000 • Column 6, register 1 upper bead and 1 lower bead
- 500 • Column 5, register 1 upper bead
- 30 • Column 4, register 3 lower beads
- 3 • Column 3, register 3 lower beads

The abacus reads 6533

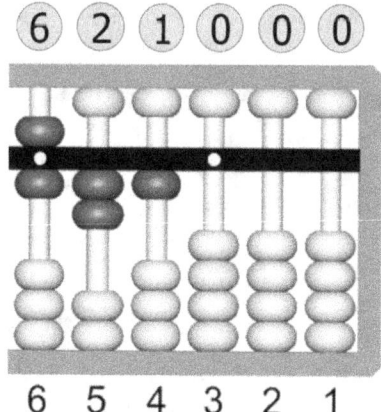

We will now subtract 323

- -300 • Column 5, unregister 1 upper bead and register 2 lower beads
  (Total = -500+200=-300)
- -20 • Column 4, unregister 2 lower beads
- -3 • Column 3, unregister 3 lower beads

The abacus result is 6210

More subtraction examples

Example: 205 - 203

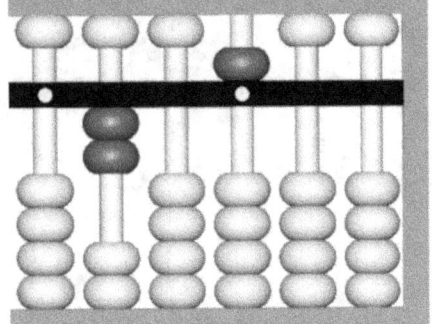

We will **register 205**

- 200 • Column 5, register 2 lower beads
- • Column 4, do nothing
- 5 • Column 3, register 1 upper bead

The abacus reads 205

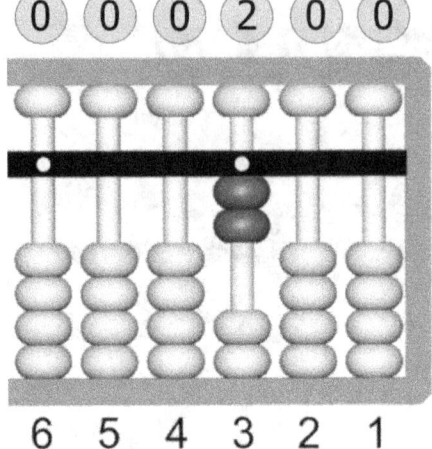

We will now **subtract 203**

- -200 • Column 5, unregister 2 lower beads
- • Column 4, do nothing
- -3 • Column 3, unregister 1 upper bead and register 2 lower beads

The abacus result is 2

Example 3284 - 2064

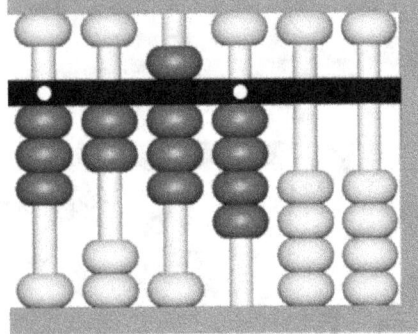

We will **register 3284**

- 3000 • Column 6, register 3 lower beads
- 200 • Column 5, register 2 lower beads
- 80 • Column 4, register 1 upper and 3 lower beads
- 4 • Column 3, register 4 lower beads

The abacus reads 3284

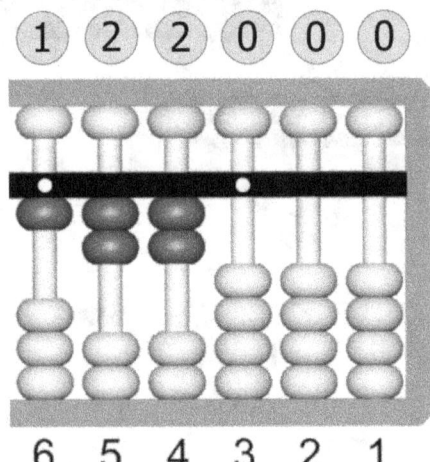

We will now **subtract 2064**

- -2000 • Column 6, unregister 2 lower beads
- • Column 5, do nothing
- -60 • Column 4, unregister 1 upper and 1 lower bead
- -4 • Column 3, unregister 4 lower beads

The abacus result is 1220

Some examples of what to imagine step-by-step

① Subtract 9 - 3

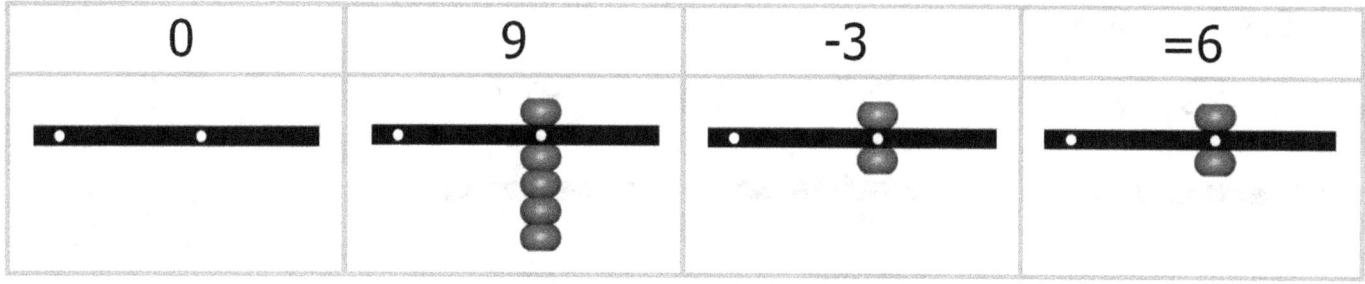

② Subtract 28 - 4

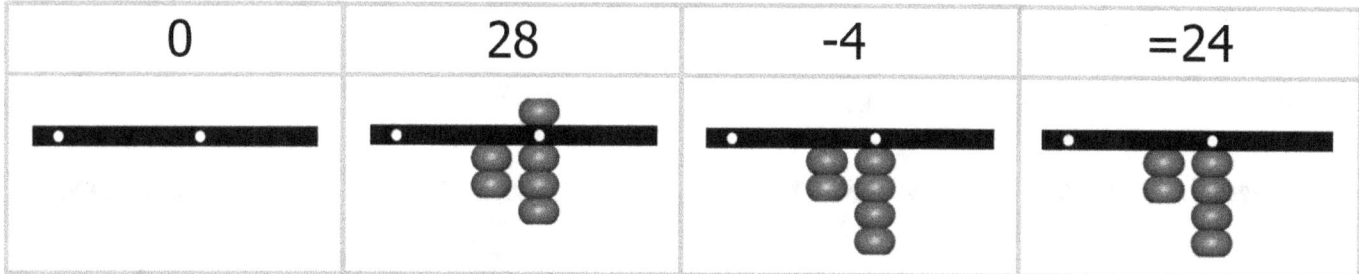

③ Subtract 58 - 7

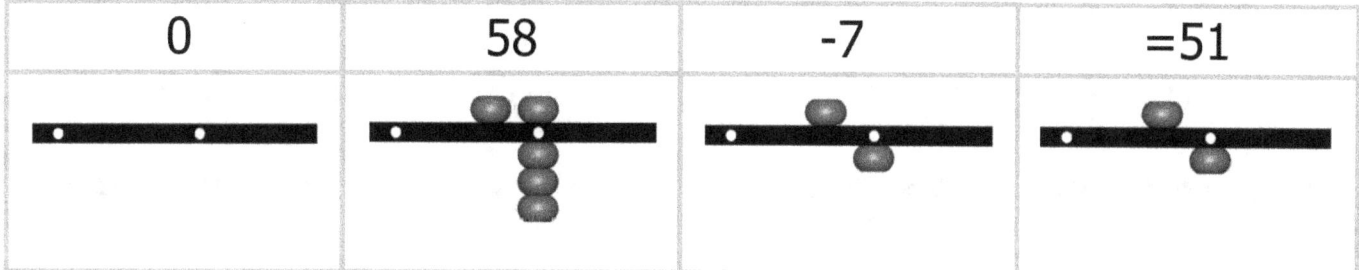

④ Subtract 75 - 15

⑤ Subtract 78 - 18

92 **Some examples of what to imagine step-by-step**

⑥ Subtract 39 - 13

0	39	-13	=26

⑦ Subtract 17 - 14

0	17	-14	=3

⑧ Subtract 84 - 63

0	84	-63	=21

⑨ Subtract 95 - 73

0	95	-73	=22

Time to do **workbook work 7**

WORKBOOK WORK - 7

(Answers to workbook work 7 are on pages 167 to 170)

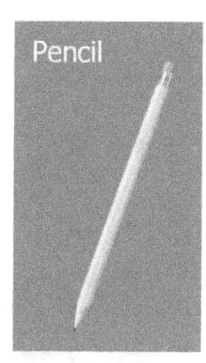

1 Draw the beads on the empty abacus to represent the number given.

Examples:

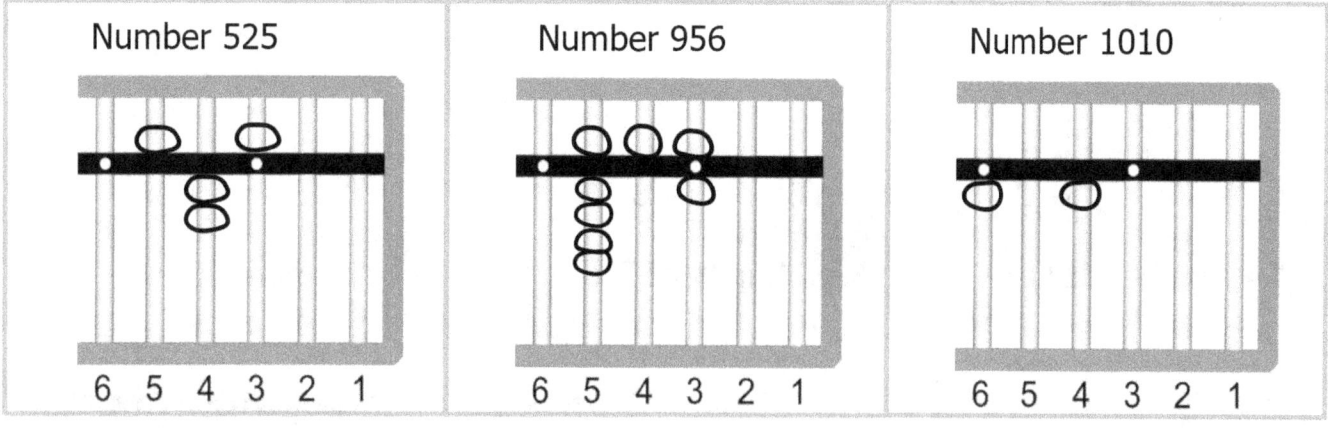

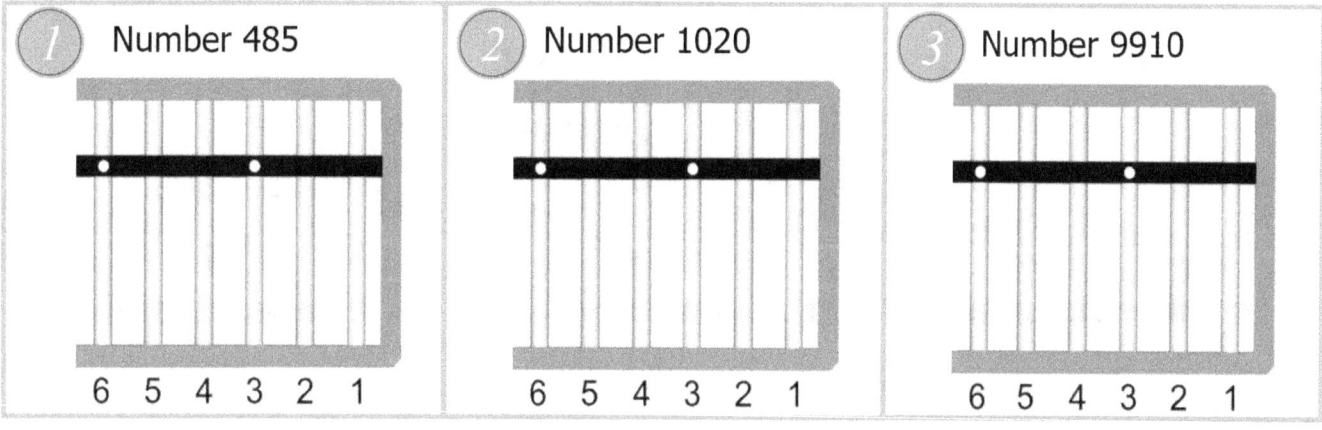

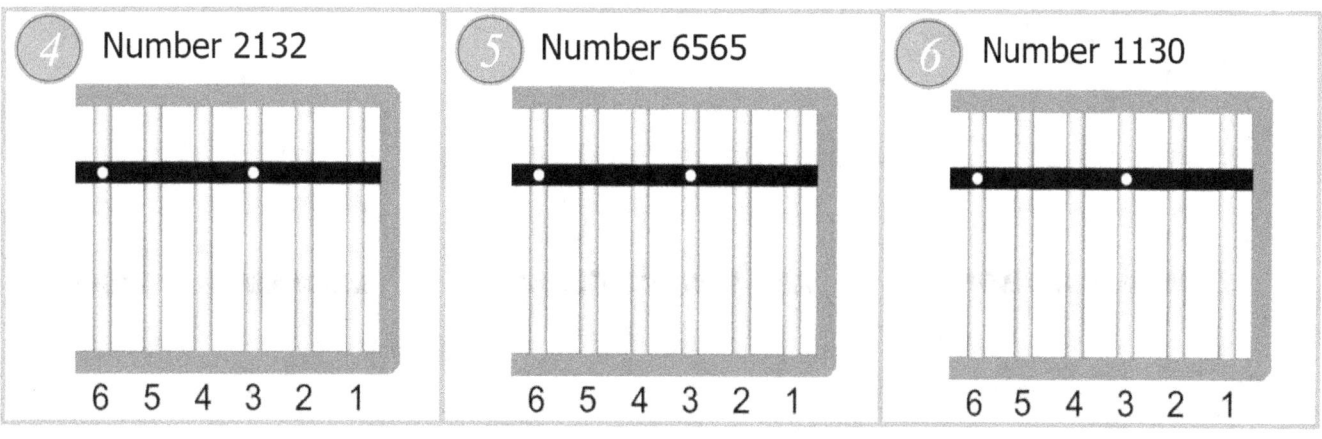

WORKBOOK WORK - 7

7 Number 523

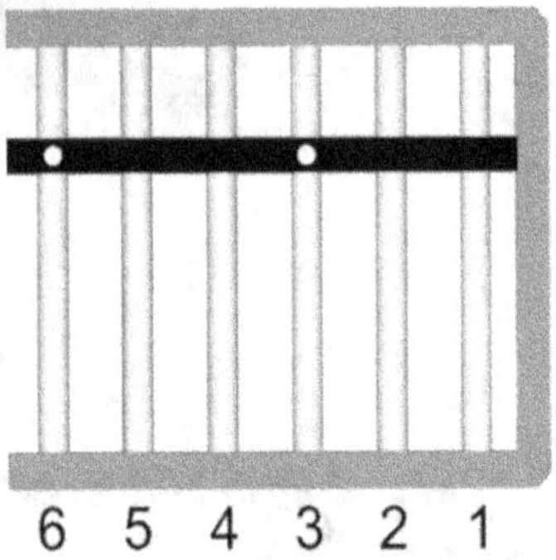

8 Number 801

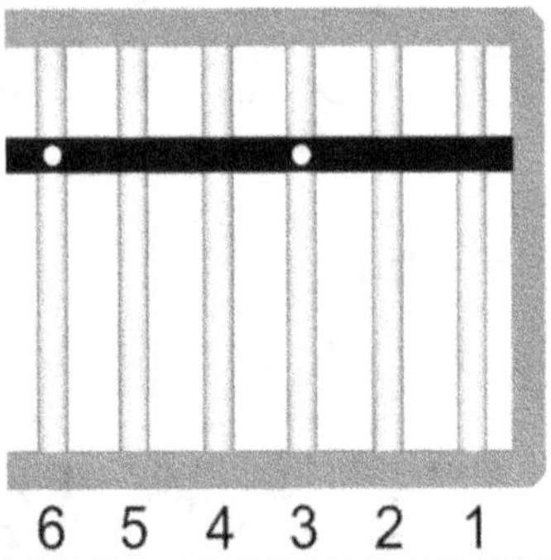

9 Number 333

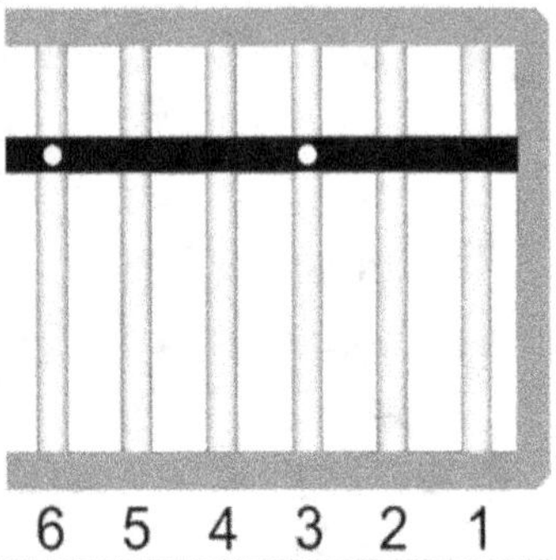

10 Number 1111

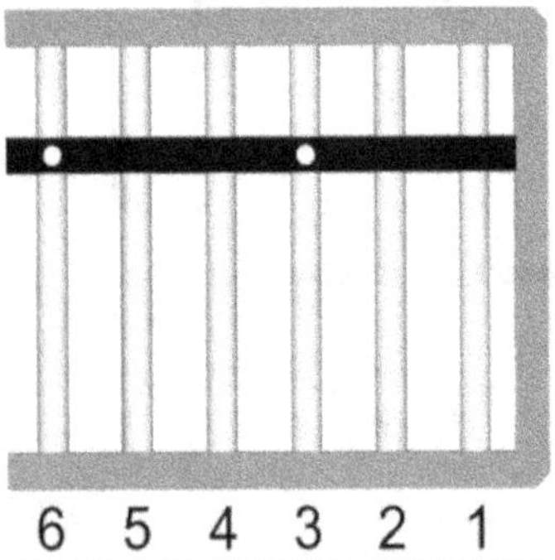

11 Number 5555

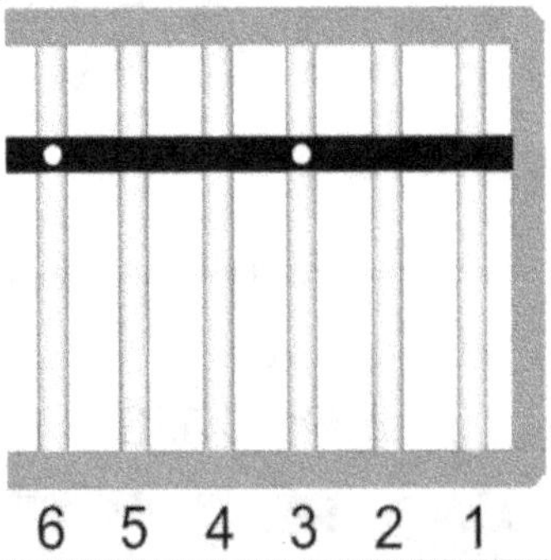

12 Number 400

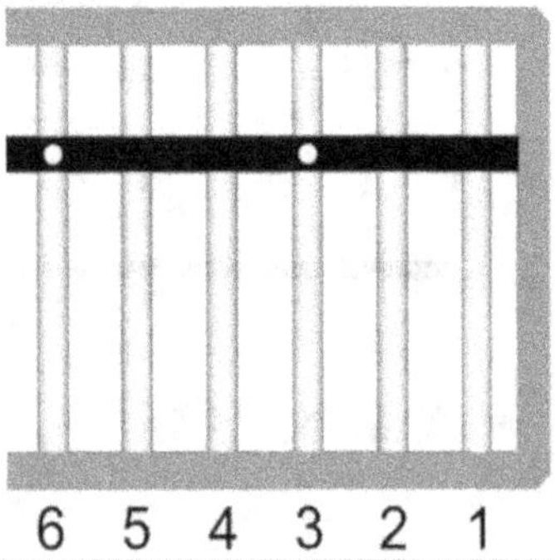

13 Number 4000

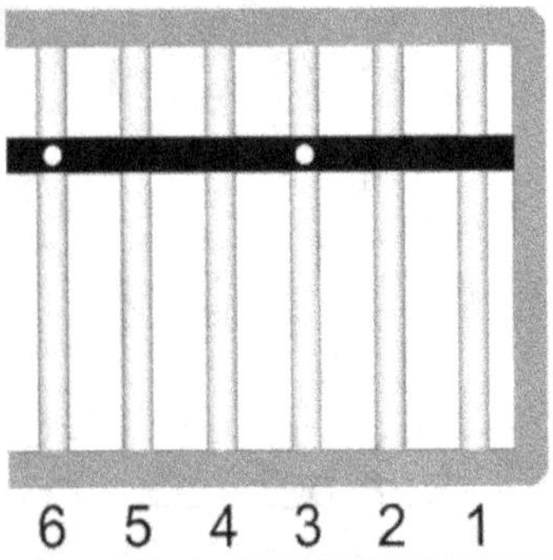

14 Number 40

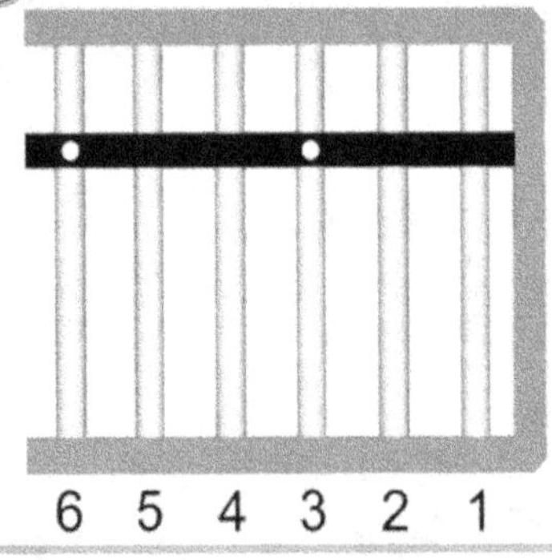

15 Number 2121

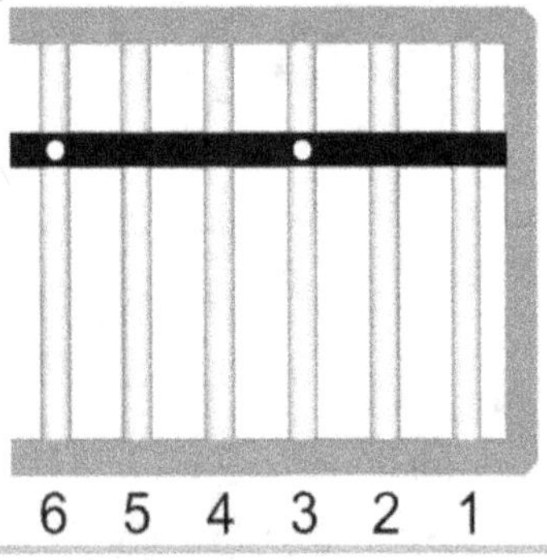

16 Number 3216

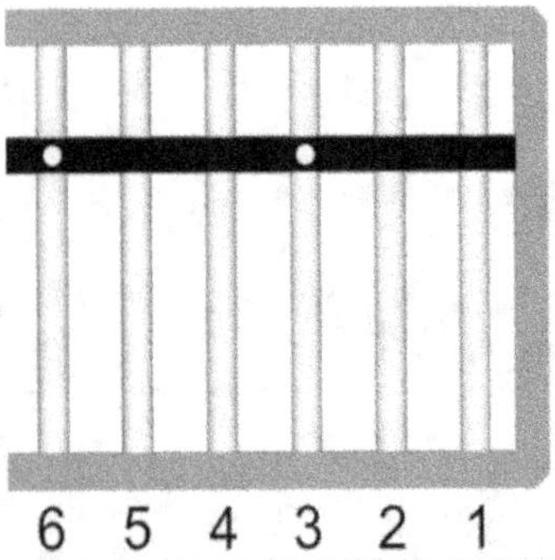

17 Number 9000

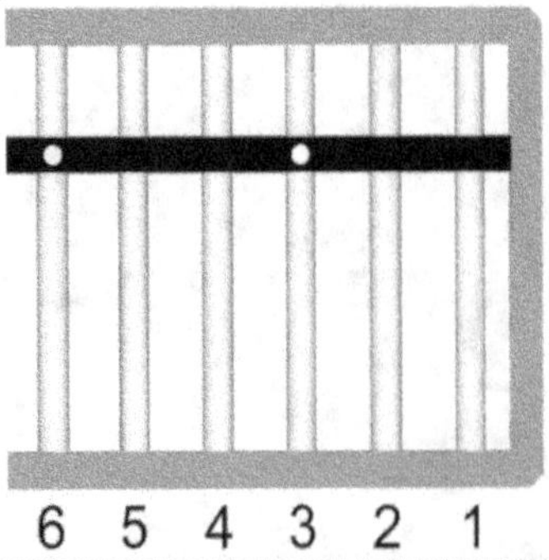

18 Number 1234

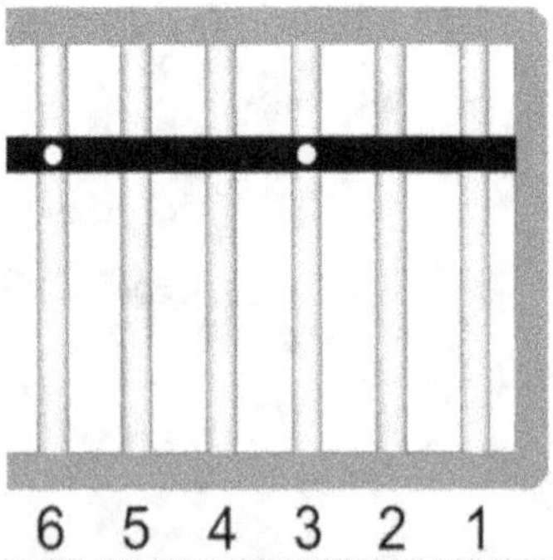

WORKBOOK WORK - 7

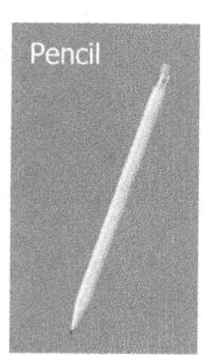

2 Find the correct column for the digit, by putting a circle around the column number.

Examples:

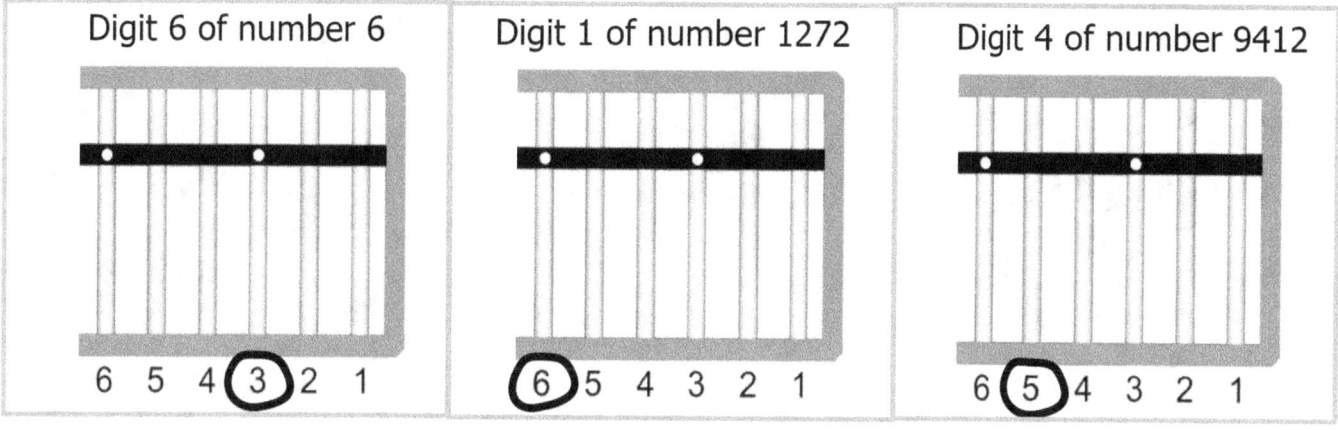

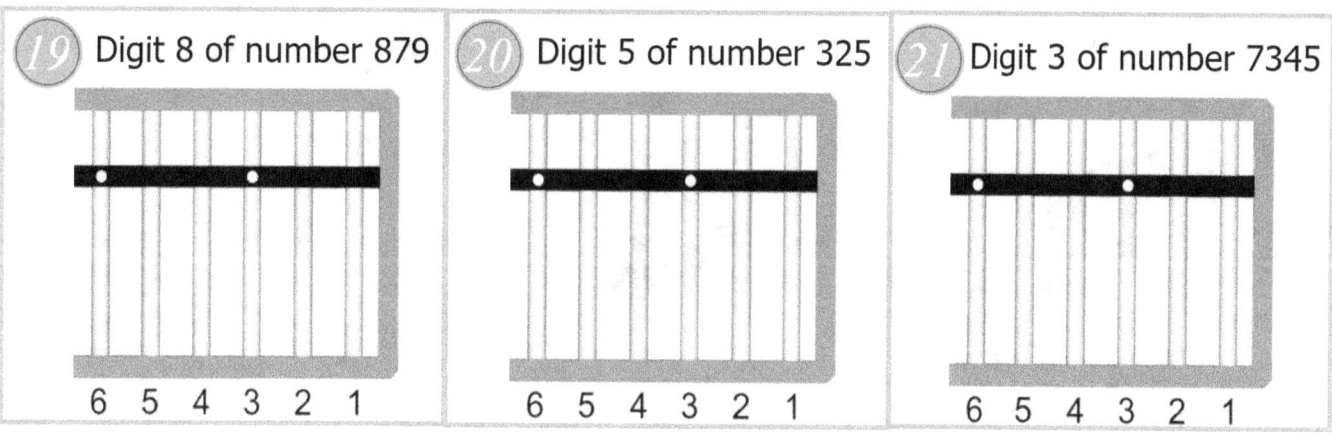

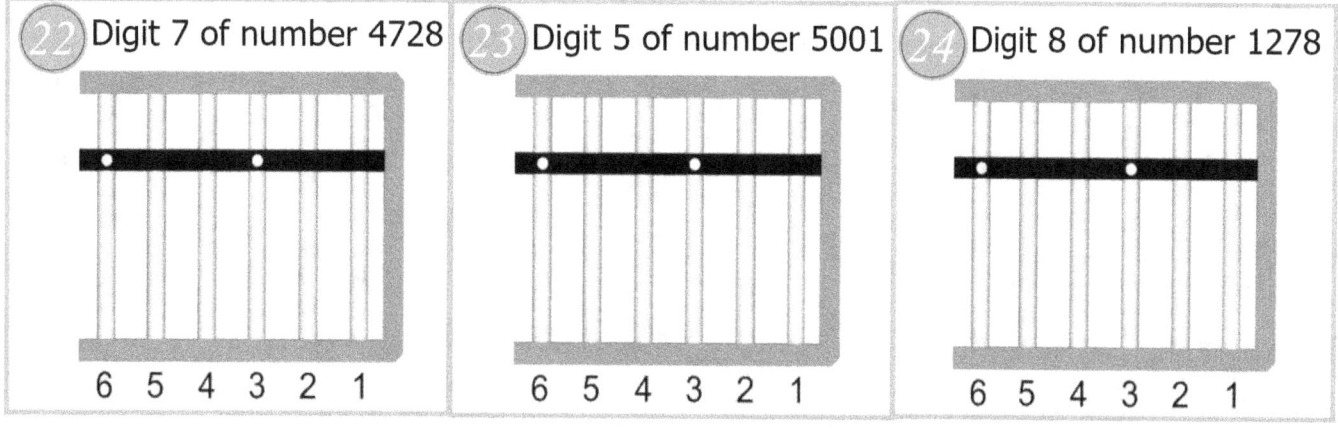

WORKBOOK WORK - 7

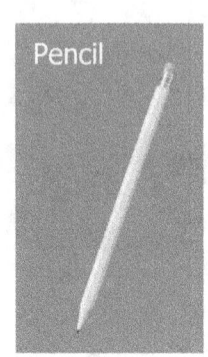

3 Write down the number that is shown on the abacus.

Examples:

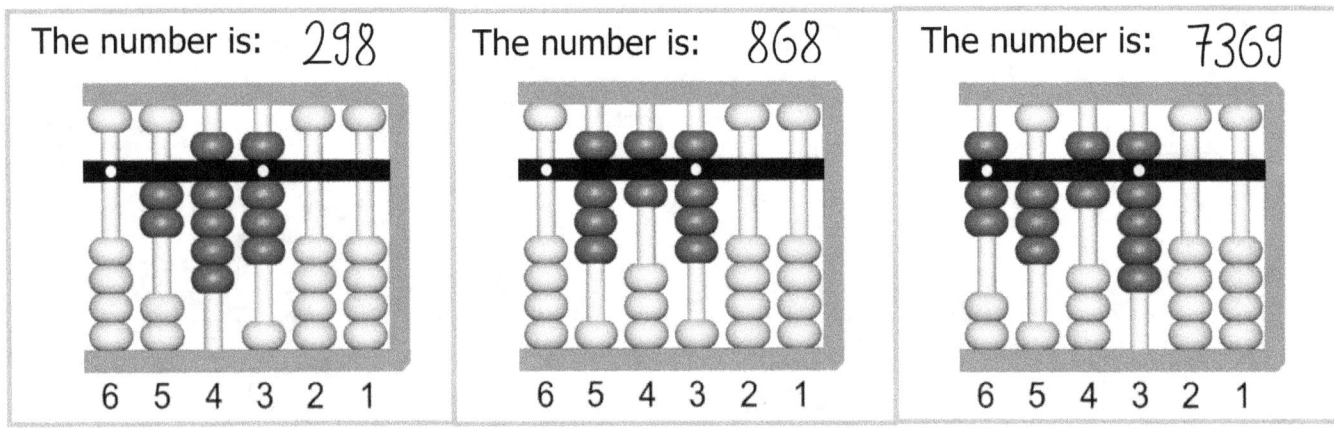

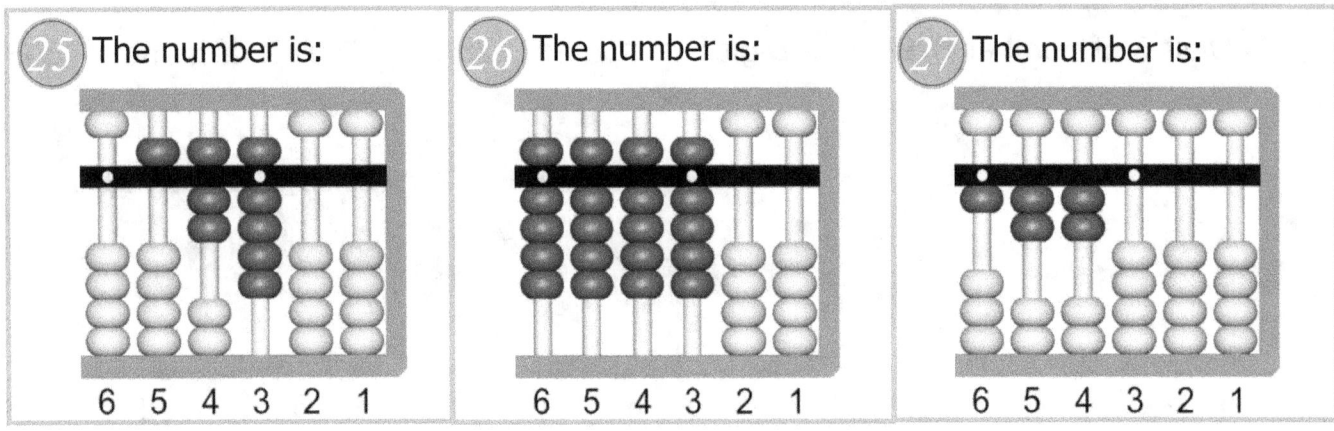

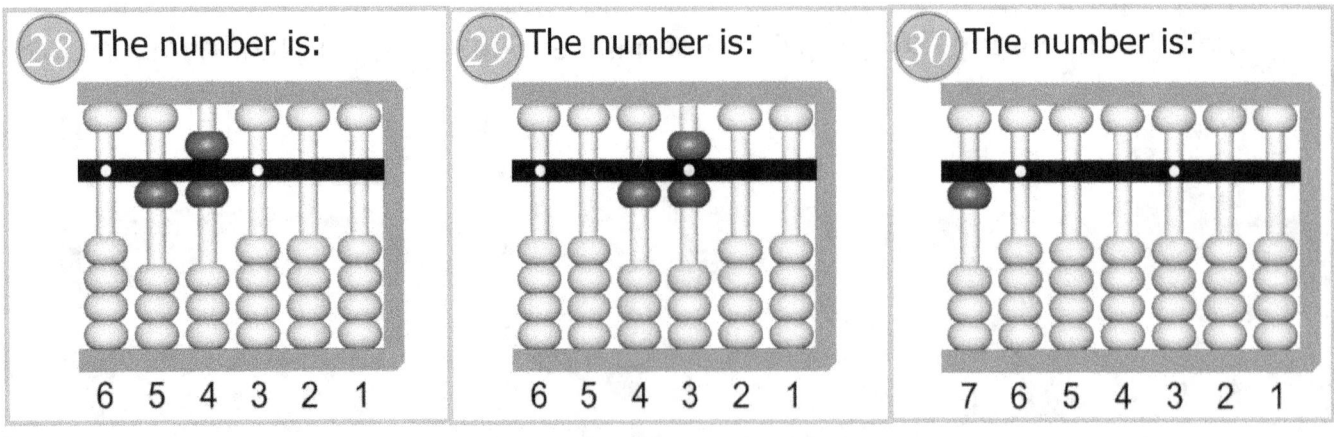

WORKBOOK WORK - 7

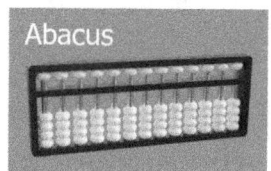

4 Subtract the numbers with your abacus and write the answer in the white box.

Examples:

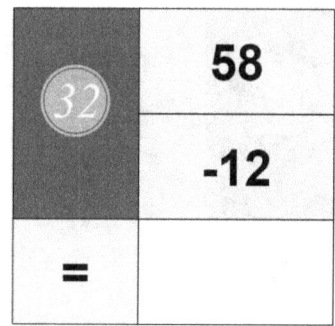

	20
	-4
=	16

	102
	-9
=	93

	2354
	-235
=	2119

31	26
	-3
=	

32	58
	-12
=	

33	123
	-23
=	

34	454
	-10
=	

35	797
	-43
=	

36	815
	–5
=	

37	6655
	-122
=	

38	365
	-62
=	

39	995
	-605
=	

40	155
	-23
=	

41	6777
	-244
=	

42	488
	-244
=	

98

WORKBOOK WORK - 7

5 Subtract the numbers using an imaginary abacus and write the answer in the white box.

Examples:

	5
	-3
=	2

	12
	-4
=	8

	144
	-22
=	122

43	9
	-5
=	

44	55
	-5
=	

45	125
	-13
=	

46	66
	-33
=	

47	89
	-34
=	

48	478
	-423
=	

49	633
	-502
=	

50	456
	-323
=	

51	888
	-464
=	

52	25
	-12
=	

53	196
	-150
=	

54	99
	-66
=	

WORKBOOK - 7

55	46 − 25 =
56	78 − 55 =
57	65 − 15 =
58	185 − 25 =

59	445 − 201 =
60	688 − 354 =
61	596 − 73 =
62	110 − 10 =

63	120 − 110 =
64	88 − 18 =
65	267 − 13 =
66	775 − 70 =

67	396 − 202 =
68	656 − 133 =
69	999 − 131 =
70	450 − 150 =

71	256 − 152 =
72	158 − 136 =
73	321 − 111 =
74	750 − 620 =

Time to continue with the **instruction work**!

Not enough beads in the column for the subtraction — Part 8

When you don't have enough beads, move to the next LEFT column to help.

For example, when you try to subtract 8 from an already registered number 12, you don't have enough beads in the column where the 2 of the 12 is, to do it. You can only unregister a maximum of 9 in each column (4 lower beads and 1 upper bead, -4-5=-9).

When this happens, we need to use the **'Not enough beads list for subtraction'**.

-1=-10+9
-2=-10+8
-3=-10+7
-4=-10+6
-5=-10+5
-6=-10+4
-7=-10+3
-8=-10+2
-9=-10+1

How to use the 'Not enough beads list for subtraction'

Let's say we need to subtract 8 from a column but we don't have enough beads.

Look at the list, **-8=-10+2**

10 is the number to **unregister**, in the next **LEFT** column (1 lower bead).

2 is the number to **register** in our column.

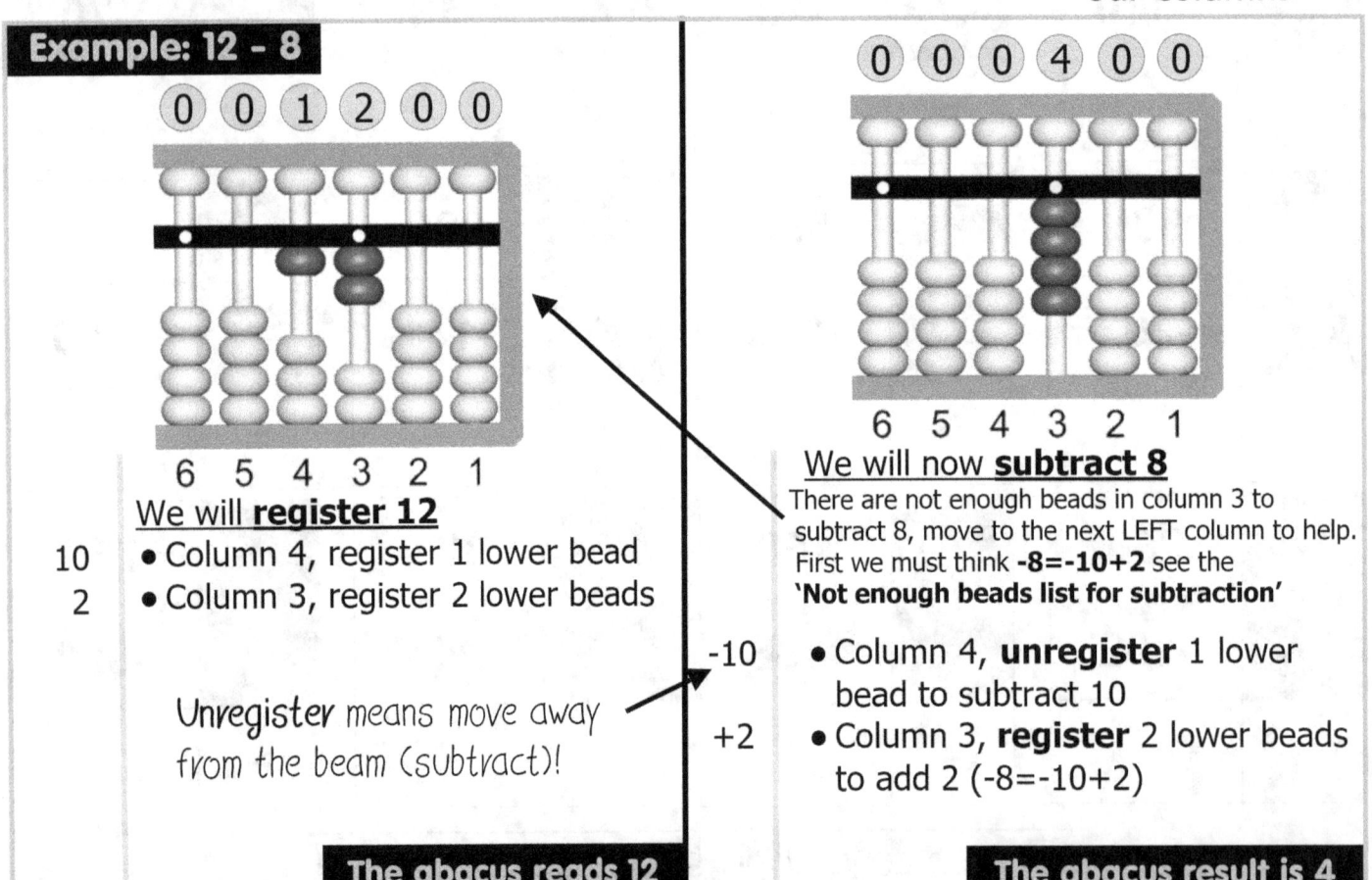

Example: 12 - 8

0 0 1 2 0 0

6 5 4 3 2 1

We will **register 12**
10 • Column 4, register 1 lower bead
2 • Column 3, register 2 lower beads

Unregister means move away from the beam (subtract)!

The abacus reads 12

0 0 0 4 0 0

6 5 4 3 2 1

We will now **subtract 8**
There are not enough beads in column 3 to subtract 8, move to the next LEFT column to help. First we must think **-8=-10+2** see the 'Not enough beads list for subtraction'

-10 • Column 4, **unregister** 1 lower bead to subtract 10
+2 • Column 3, **register** 2 lower beads to add 2 (-8=-10+2)

The abacus result is 4

More subtraction examples (when we don't have enough beads)

Example: 25 - 16

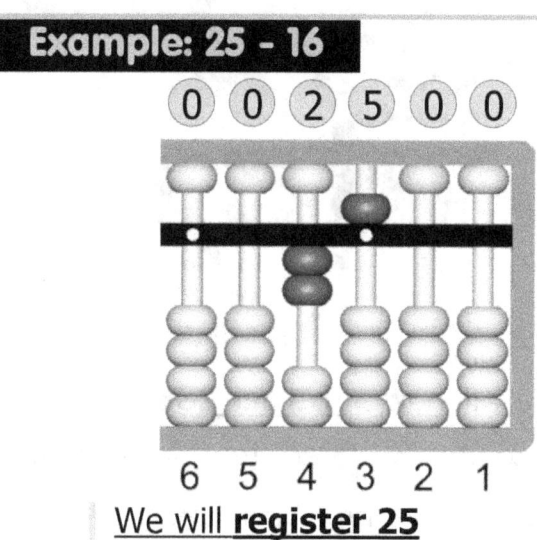

We will **register 25**

20 • Column 4, register 2 lower beads
5 • Column 3, register 1 upper bead

The abacus reads 25

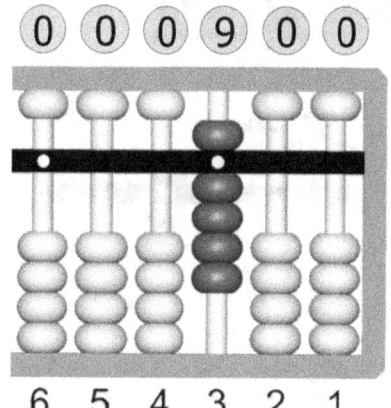

We will now **subtract 16**

-10 • Column 4, unregister 1 lower bead

There are not enough beads in column 3 to subtract 6, so move to the next left column to help and think **-6=-10+4**

-10 • Column 4, unregister 1 lower bead to subtract 10
+4 • Column 3, register 4 lower beads to add 4

Look how these make -6
(-10+4=-6)

The abacus result is 9

Example: 10 - 5

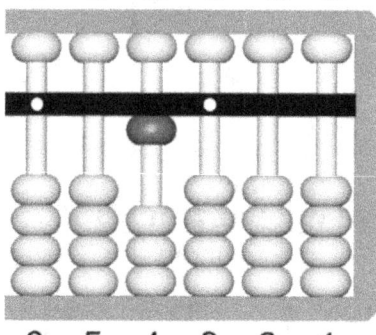

We will **register 10**

10 • Column 4, register 1 lower bead

Look how these make -5
(-10+5=-5)

The abacus reads 10

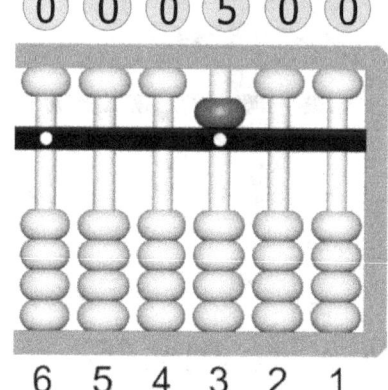

We will **subtract 5**

There are not enough beads in column 3 to subtract 5, so move to the next left column to help and think **-5=-10+5**

-10 • Column 4, unregister 1 lower bead
+5 • Column 3, register 1 upper bead

The abacus result is 5

More subtraction examples (when we don't have enough beads)

Example: 477 - 286

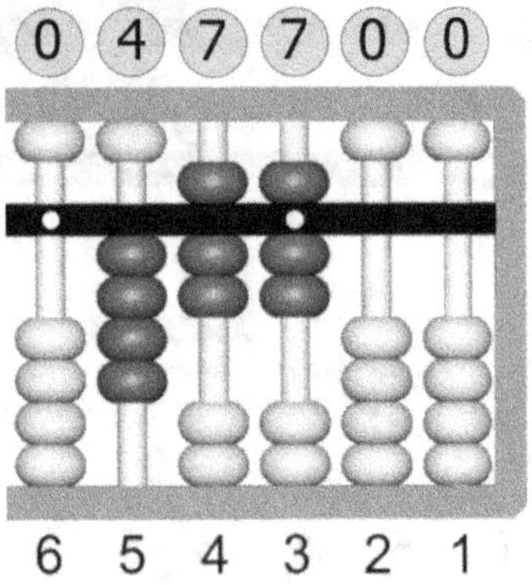

(0)(4)(7)(0)(0)

6 5 4 3 2 1

We will register 477

- 400 • Column 5, register 4 lower beads
- 70 • Column 4, register 1 upper bead and 2 lower beads
- 7 • Column 3, register 1 upper bead and 2 lower beads

The abacus reads 477

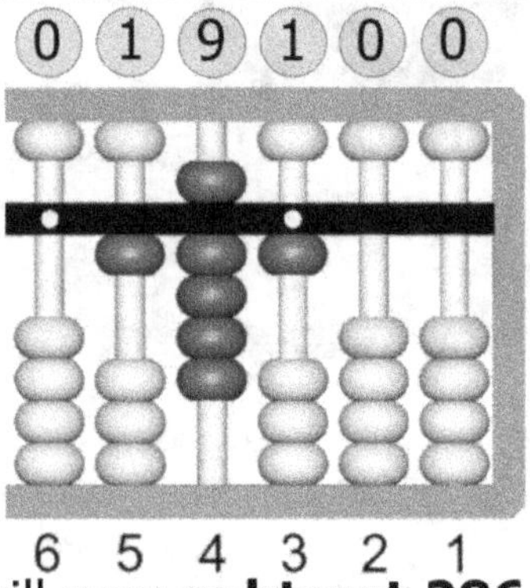

---

(0)(1)(9)(1)(0)(0)

6 5 4 3 2 1

We will now subtract 286

- -200 • Column 5, unregister 2 lower beads

There are not enough beads in column 4 to subtract 8, so move to the next left column to help and think **-8=-10+2**

- -100 • Column 5, unregister 1 lower bead
- +20 • Column 4, register 2 lower beads

- -6 • Column 3, unregister 1 upper and 1 lower bead

The abacus result is 191

Example: 463 - 386

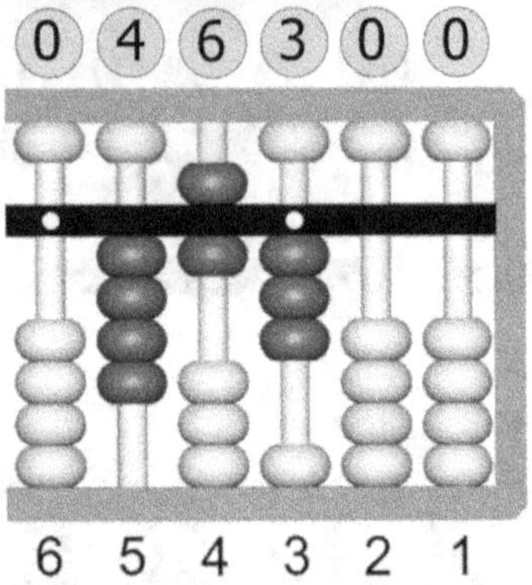

(0)(4)(6)(3)(0)(0)

6 5 4 3 2 1

We will register 463

- 400 • Column 5, register 4 lower beads
- 60 • Column 4, register 1 upper bead and 1 lower bead
- 3 • Column 3, register 3 lower beads

Look how these make -80 and these make -6

The abacus reads 463

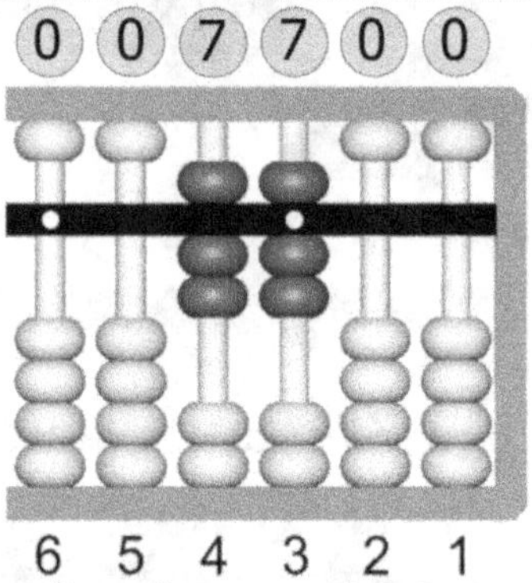

---

(0)(0)(7)(7)(0)(0)

6 5 4 3 2 1

We will subtract 386

- -300 • Column 5, unregister 3 lower beads

There are not enough beads in column 4 to subtract 8, so move to the next left column to help and think **-8=-10+2**

- -100 • Column 5, unregister 1 lower bead
- +20 • Column 4, register 2 lower beads

There are not enough beads in column 3 to subtract 6, so move to the next left column to help and think **-6=-10+4**

- -10 • Column 4, unregister 1 lower bead
- +4 • Column 3, register 1 upper bead and un-register 1 lower bead (+5-1=+4)

The abacus result is 77

More subtraction examples (when we don't have enough beads)

Example: 6533 - 600

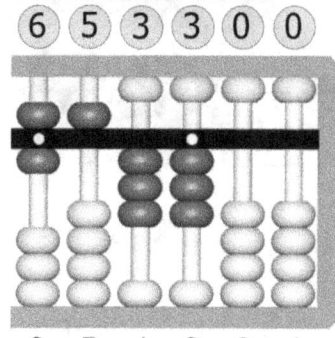

We will **register 6533**

- 6000 • Column 6, register 1 upper and 1 lower bead
- 500 • Column 5, register 1 upper bead
- 30 • Column 4, register 3 lower beads
- 3 • Column 3, register 3 lower beads

The abacus reads 6533

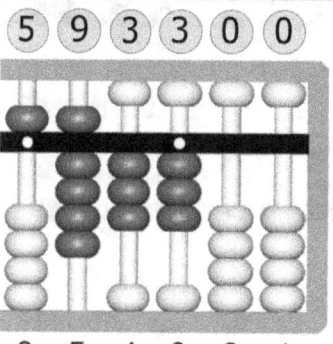

We will now **subtract 600**

There are not enough beads in column 5 to subtract 6, so move to the next left column to help and think **-6=-10+4**

- -1000 • Column 6, unregister 1 lower bead
- +400 • Column 5, register 4 lower beads
- • Columns 4 & 3, do nothing

The abacus result is 5933

Example: 5613 - 232

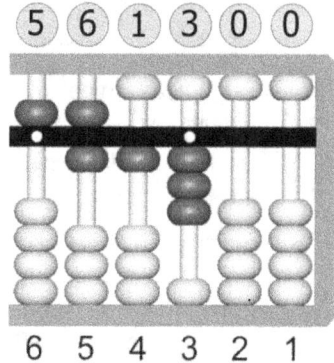

We will **register 5613**

- 5000 • Column 6, register 1 upper bead
- 600 • Column 5, register 1 upper and 1 lower bead
- 10 • Column 4, register 1 lower bead
- 3 • Column 3, register 3 lower beads

The abacus reads 5613

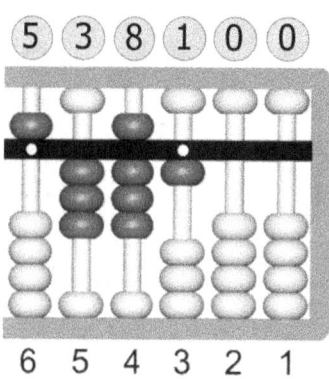

We will now **subtract 232**

- -200 • Column 5, unregister 1 upper bead and register 3 lower beads

Not enough beads in column 4 to subtract 3, so think **-3=-10+7**

- -100 • Column 5, unregister 1 lower bead
- +50 • Column 4, register 1 upper bead
- +20 • Column 4, register 2 lower beads
- -2 • Column 3, unregister 2 lower beads

The abacus result is 5381

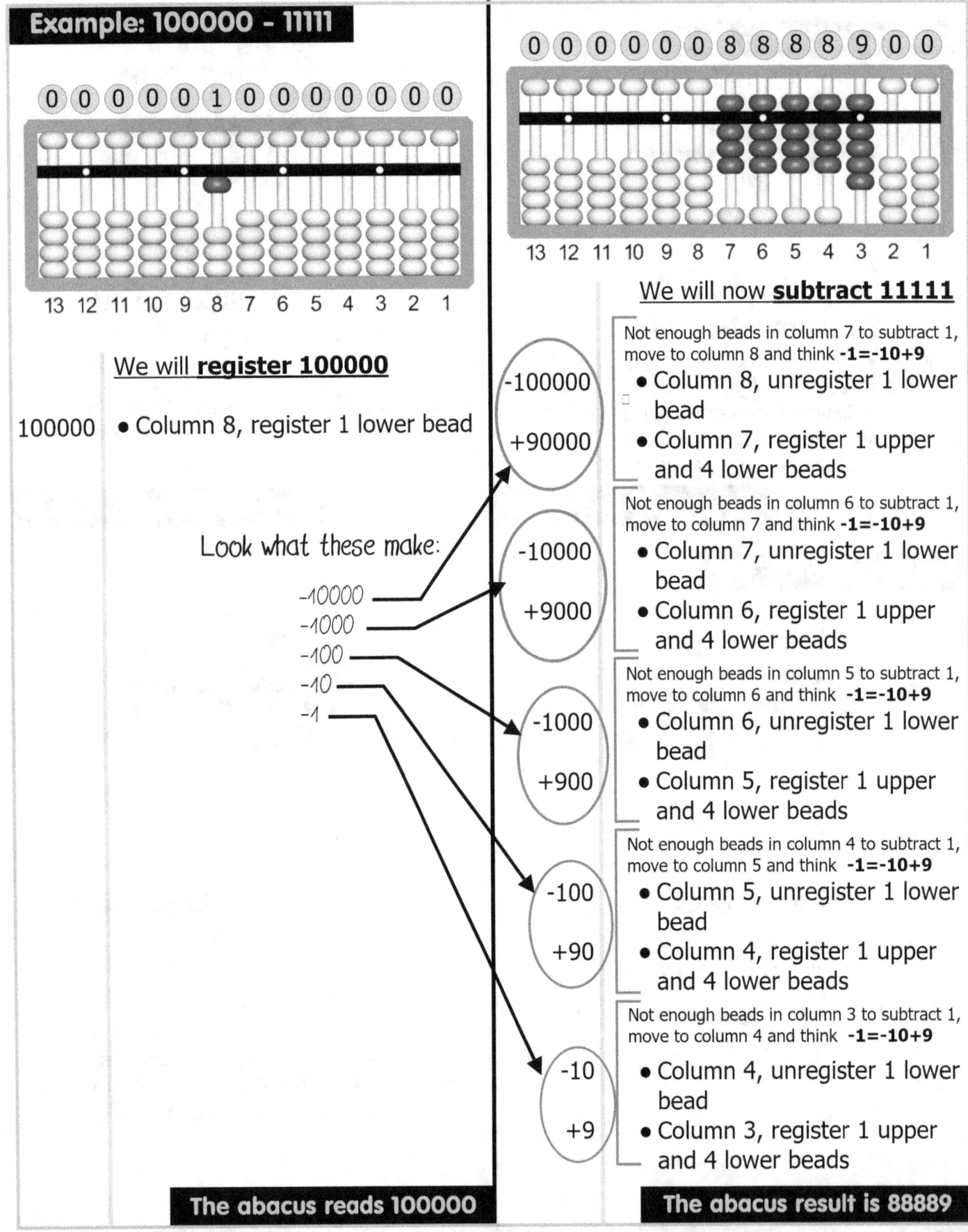

Some examples of what to imagine step-by-step

1) Subtract 12 - 3

0	12	-3	=9

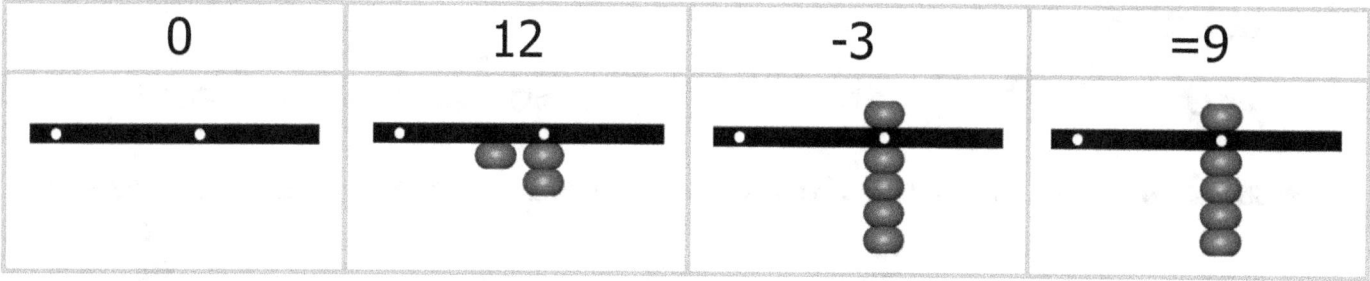

2) Subtract 16 - 7

0	16	-7	=9

3) Subtract 53 - 7

0	53	-7	=46

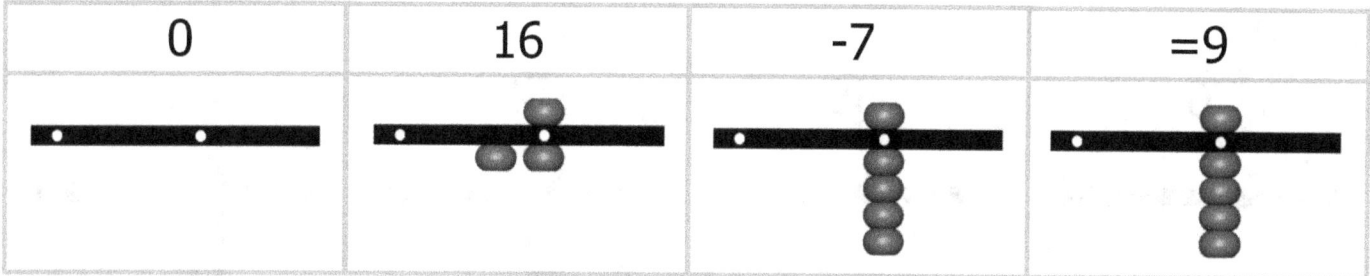

4) Subtract 85 - 16

0	85	-16	=69

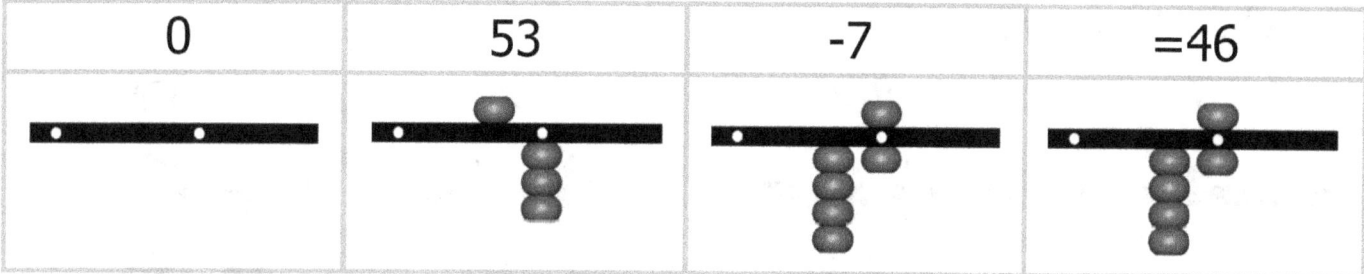

5) Subtract 44 - 18

0	44	-18	=26

Some examples of what to imagine step-by-step

⑥ Subtract 35 - 6

0	35	-6	=29

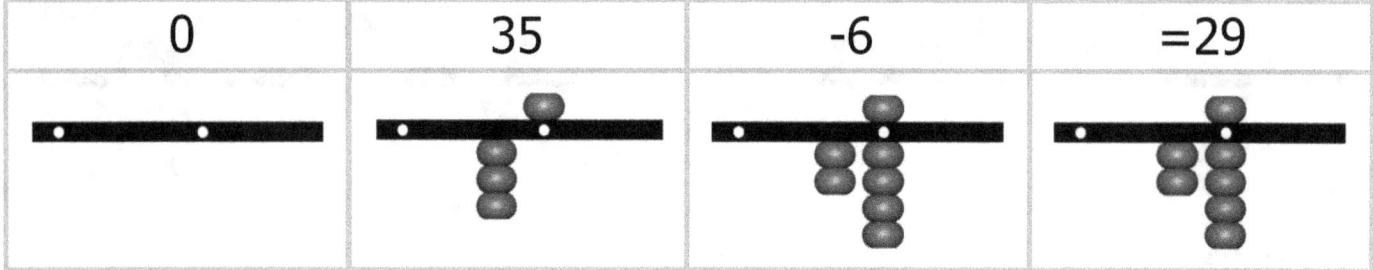

⑦ Subtract 155 - 65

0	155	-65	=90

⑧ Subtract 884 - 65

0	884	-65	=819

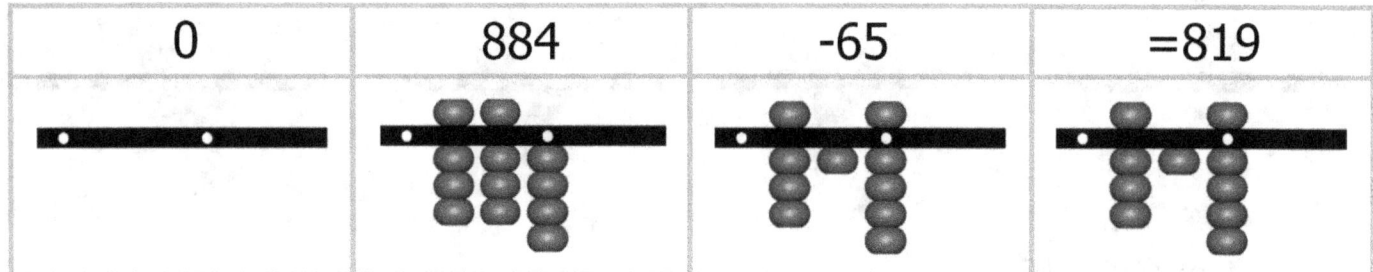

⑨ Subtract 995 - 76

0	995	-76	=919

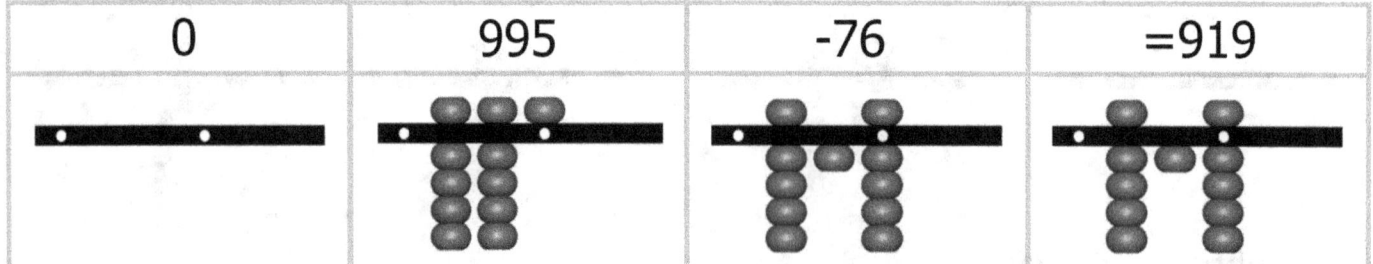

Time to do **workbook work 8**

WORKBOOK WORK – 8

(Answers to workbook work 8 are on pages 171 to 172)

1 Subtract the numbers with your abacus and write the answer in the white box.

Examples: Subtract these numbers / Write the answer here

	20
	-4
=	16

	112
	-9
=	103

	2354
	-235
=	2119

---

1) 26 / -7 / =

2) 58 / -19 / =

3) 123 / -24 / =

4) 454 / -64 / =

5) 771 / -192 / =

6) 887 / -19 / =

7) 6455 / -18 / =

8) 333 / -17 / =

9) 201 / -16 / =

10) 133 / -15 / =

11) 6033 / -100 / =

12) 174 / -19 / =

WORKBOOK WORK - 8

2 Subtract the numbers using an imaginary abacus and write the answer in the white box.

Examples:

Subtract these numbers
Write the answer here

	5
	-3
=	2

	12
	-4
=	8

	144
	-22
=	122

---

13. 13 / -4 / =
14. 55 / -6 / =
15. 125 / -33 / =
16. 66 / -7 / =

17. 82 / -13 / =
18. 48 / -9 / =
19. 63 / -54 / =
20. 45 / -36 / =

21. 18 / -9 / =
22. 25 / -16 / =
23. 12 / -8 / =
24. 92 / -8 / =

WORKBOOK - 8

25	46 -7 =

26	78 -9 =

27	65 -6 =

28	185 -86 =

29	45 -6 =

30	68 -9 =

31	56 -7 =

32	113 -9 =

33	120 -30 =

34	88 -9 =

35	20 -1 =

36	25 -7 =

37	96 -87 =

38	100 -20 =

39	45 -16 =

40	450 -360 =

Time to continue with the instruction work!

Skipped columns when subtracting

Part 9

Like we did with addition, sometimes with subtraction we have to SKIP a column. I'll explain why below.

When a column doesn't have enough beads left on it to make the subtraction, we move to the next LEFT column to help. Sometimes the next left column also doesn't have enough beads on it, so we **SKIP** this column and move again to the next left column until you reach a column that has enough beads to use. See below how it works.

Important!

- We will **SKIP** a column when there are not enough beads to use in that column.
- We will see this symbol when we need to **SKIP** ← a column (move on to the next left column).
- We will see this symbol when we need to **MOVE BACK** → a column (move on to the next right column).
- We will **REGISTER** all beads in any skipped columns (with addition we unregistered, here we do the opposite).

Example: 100 - 5

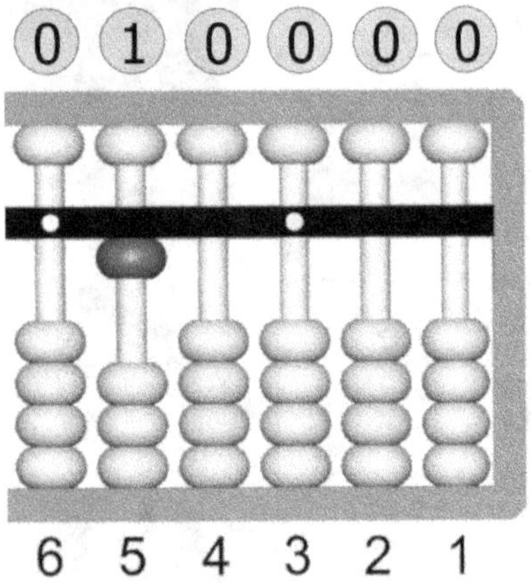

0 1 0 0 0 0

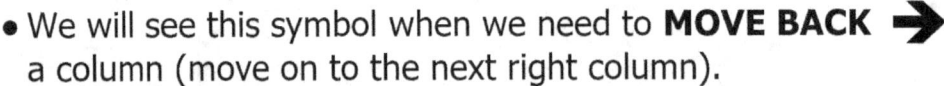

6 5 4 3 2 1

We will **register 100**

100 • Column 5, register 1 lower bead

This big arrow means SKIP

This big arrow means MOVE BACK

The abacus reads 100

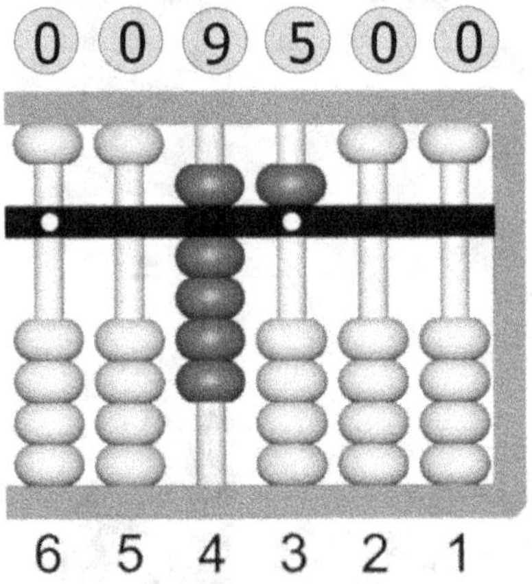

0 0 9 5 0 0

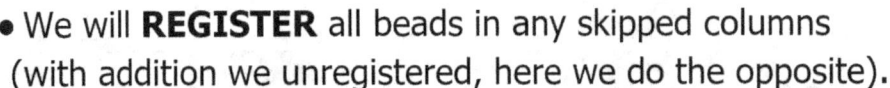

6 5 4 3 2 1

We will now **subtract 5**

There are not enough beads in column 3 to subtract 5, move to column 4, think **-5=-10+5**

+90 • Column 4, **SKIP** this column and register all beads

-100 • Column 5, unregister 1 lower bead

→ • **MOVE BACK** past the skipped column 4

+5 • Column 3, register 1 upper bead

The abacus result is 95

More skipped column examples

Example: 1000 − 1

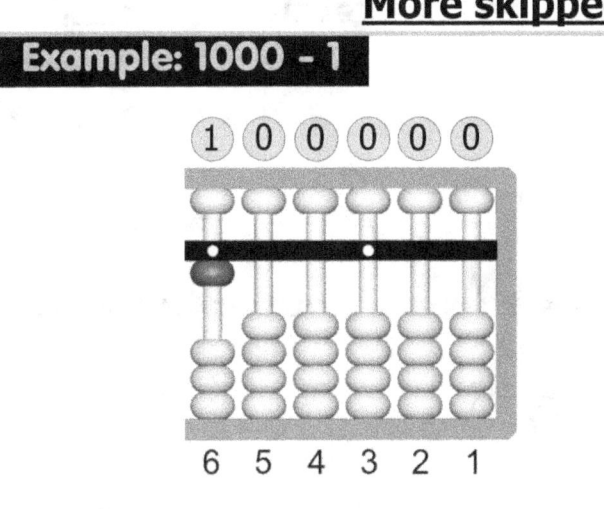

We will **register 1000**

1000 • Column 6, register 1 lower bead

Remember to move back past the skipped columns!

The abacus reads 1000

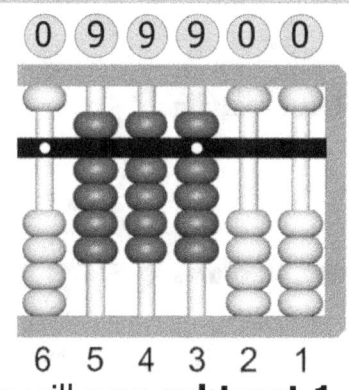

We will now **subtract 1**

There are not enough beads in column 3 to unregister 1, move to column 4, think **−1=−10+9**

← +90 • Column 4, **SKIP** this column and register all beads
← +900 • Column 5, **SKIP** this column and register all beads
−1000 • Column 6, unregister 1 lower bead
→ • **MOVE BACK** past the skipped columns 5 and 4
→ +9 • Column 3, register 1 upper and 4 lower beads

The abacus result is 999

Example: 204 − 5

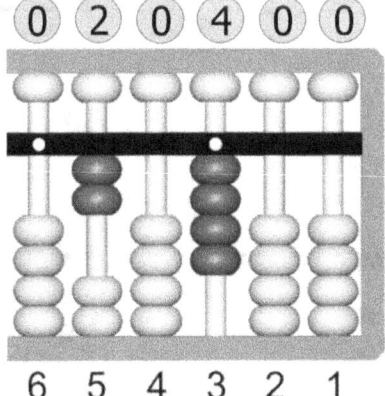

We will **register 204**

200 • Column 5, register 2 lower beads
• Column 4, do nothing
4 • Column 3, register 4 lower beads

The abacus reads 204

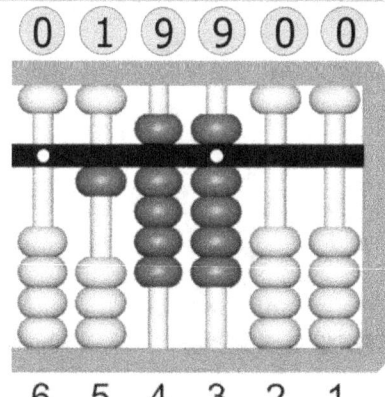

We will now **subtract 5**

There are not enough beads in column 3 to unregister 5, move to column 4, think **−5=−10+5**

← +90 • Column 4, **SKIP** this column and register all beads
−100 • Column 5, unregister 1 lower bead
→ • **MOVE BACK** past the skipped column 4
+5 • Column 3, register 1 upper bead

The abacus result is 199

Some examples of what to imagine step-by-step

① Subtract 304 - 5

0	304	-5	=299

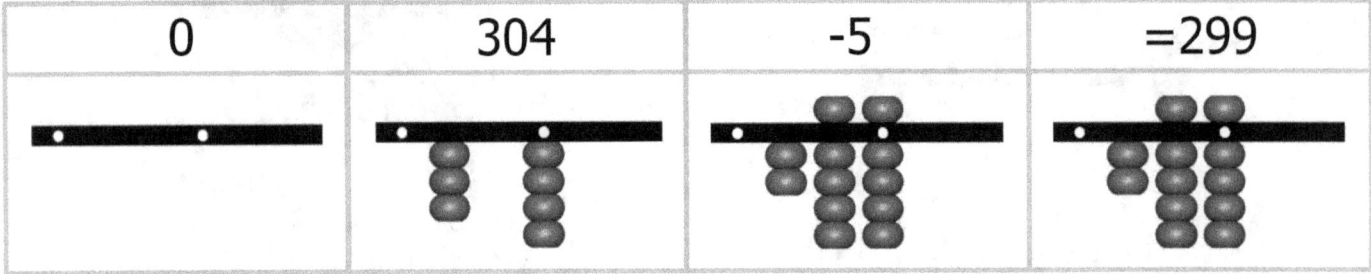

② Subtract 1000 - 7

0	1000	-7	=993

③ Subtract 108 - 9

0	108	-9	=99

④ Subtract 401 - 2

0	401	-2	=399

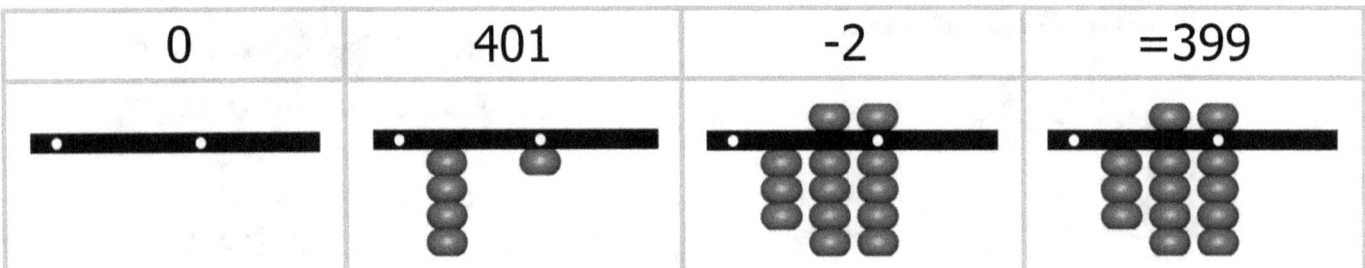

Time to do workbook work 9

WORKBOOK WORK - 9

(Answers to workbook work 9 are on pages 173 to 174)

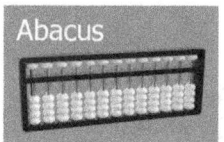

 Subtract the numbers with your abacus and write the answer in the white box.

Examples:

Subtract these numbers
Write the answer here

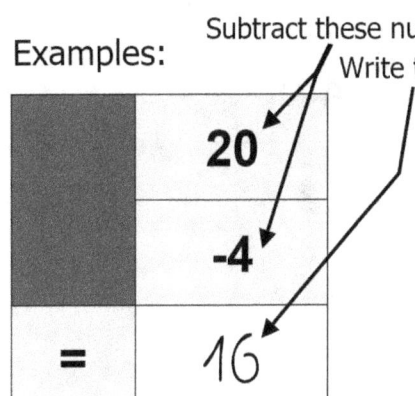

	112
	-9
=	103

	2354
	-235
=	2119

1
	163
	-13
=	

2
	100
	-5
=	

3
	772
	-18
=	

4
	1003
	-8
=	

5
	413
	-56
=	

6
	493
	-25
=	

7
	6546
	-109
=	

8
	606
	-27
=	

9
	117
	-8
=	

10
	1000
	-13
=	

11
	1010
	-15
=	

12
	100000
	-1
=	

WORKBOOK WORK - 9

2 Subtract the numbers using an imaginary abacus and write the answer in the white box.

Examples: *Subtract these numbers* / *Write the answer here*

	5
	-3
=	2

	12
	-4
=	8

	144
	-22
=	122

---

13 10 / -4 / =

14 100 / -6 / =

15 145 / -55 / =

16 75 / -7 / =

17 96 / -6 / =

18 47 / -17 / =

19 100 / -5 / =

20 1000 / -5 / =

21 444 / -240 / =

22 10000 / -1 / =

23 144 / -24 / =

24 80 / -8 / =

WORKBOOK - 9

25	55 -15 =	26	84 -12 =	27	63 -11 =	28	145 -36 =
29	125 -6 =	30	100 -9 =	31	200 -9 =	32	400 -10 =
33	555 -7 =	34	88 -25 =	35	165 -125 =	36	652 -318 =
37	241 -56 =	38	100 -22 =	39	599 -222 =	40	453 -240 =

Time to continue with the instruction work!

Subtraction of 3 or more numbers

Part 10

Sometimes we have to subtract 3 or more numbers, here's how.

When we subtract many numbers on the abacus, just find the difference between the first two numbers, then subtract the next number to get the new difference.

Keep subtracting one number from the difference of the previous numbers until all the numbers have been subtracted.

Example: 998 - 332 - 151

0 9 9 8 0 0

6 5 4 3 2 1

We will **register 998**

- 900 • Column 5, register 1 upper and 4 lower beads
- 90 • Column 4, register 1 upper and 4 lower beads
- 8 • Column 3, register 1 upper and 3 lower beads

The abacus reads 998

0 6 6 6 0 0

6 5 4 3 2 1

We will now **subtract 332 from 998**

- -300 • Column 5, unregister 3 lower beads
- -30 • Column 4, unregister 3 lower beads
- -2 • Column 3, unregister 2 lower beads

The abacus now displays 666

0 5 1 5 0 0

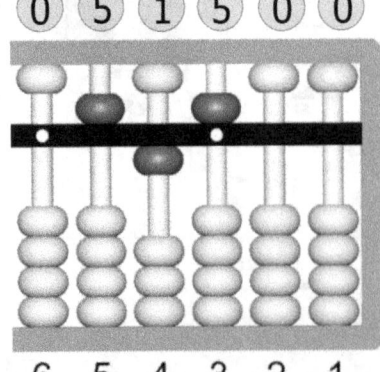

6 5 4 3 2 1

We will now **subtract 151 from 666**

- -100 • Column 5, unregister 1 lower bead
- -50 • Column 4, unregister 1 upper bead
- -1 • Column 3, unregister 1 lower bead

The abacus result is 515

Subtraction of 3 or more numbers

Example: 424662 - 212330 - 1240

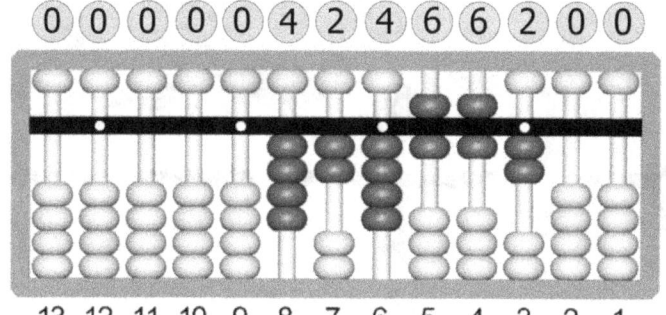

We will **register 424662**

400000	• Column 8, register 4 lower beads
20000	• Column 7, register 2 lower beads
4000	• Column 6, register 4 lower beads
600	• Column 5, register 1 upper and 1 lower bead
60	• Column 4, register 1 upper and 1 lower bead
2	• Column 3, register 2 lower beads

The abacus reads 424662

We will now **subtract 212330 from 424662**

-200000	• Column 8, unregister 2 lower beads
-10000	• Column 7, unregister 1 lower bead
-2000	• Column 6, unregister 2 lower beads
-300	• Column 5, unregister 1 upper bead and register 2 lower beads
-30	• Column 4, unregister 1 upper bead and register 2 lower beads
	• Column 3, do nothing

The abacus now displays 212332

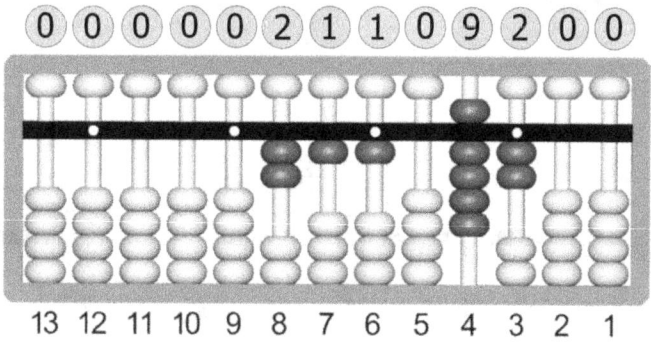

We will now **subtract 1240 from 212332**

-1000	• Column 6, unregister 1 lower bead
-200	• Column 5, unregister 2 lower beads
-100 +60	There are not enough beads in column 4 to unregister 4 more, move to column 5, think **-4=-10+6** • Column 5, unregister 1 lower bead • Column 4, register 1 upper and 1 lower bead
	• Column 3, do nothing

The abacus result is 211092

Some examples of what to imagine step-by-step

① Subtract 12 - 3 - 5

0	12	-3	-5	=4

② Subtract 45 - 15 - 5

0	45	-15	-5	=25

③ Subtract 89 - 29 - 40

0	89	-29	-40	=20

④ Subtract 105 - 15 - 3

0	105	-15	-3	=87

⑤ Subtract 54 - 3 - 21 - 20

0	54	-3	-21	-20	=10

Addition and Subtraction together

Now we will add and subtract numbers in the same calculation, here's how.

We just need to use a combination of adding and subtracting in the same way that we have already learnt to do.

Here are some examples:

Example: 75 - 44 + 11

0 0 7 5 0 0

6 5 4 3 2 1

<u>We will **register 75**</u>

70 • Column 4, register 1 upper and 2 lower beads

5 • Column 3, register 1 upper bead

The abacus reads 75

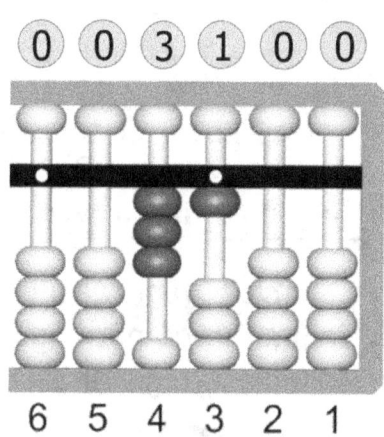

<u>We will now **subtract 44 from 75**</u>

-40 • Column 4, unregister 1 upper bead register 1 lower bead

-4 • Column 3, unregister 1 upper bead and register 1 lower bead

The abacus now displays 31

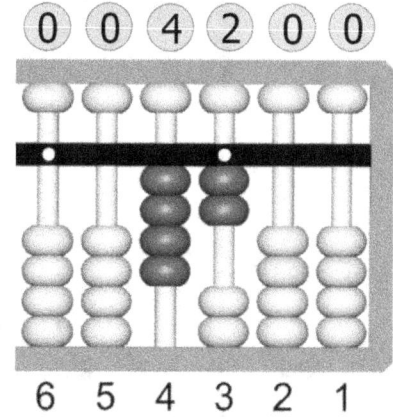

<u>We will now **add 11 to 31**</u>

+10 • Column 4, register 1 lower bead

+1 • Column 3, register 1 lower bead

The abacus result is 42

More addition and subtraction examples

Example: 205 - 82 + 71 - 61

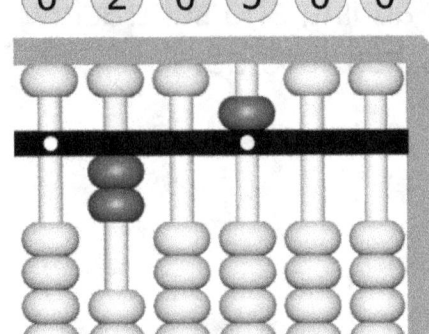

0 2 0 5 0 0

6 5 4 3 2 1

We will **register 205**

200 • Column 5, register 2 lower beads
• Column 4, do nothing
5 • Column 3, register 1 upper bead

The abacus reads 205

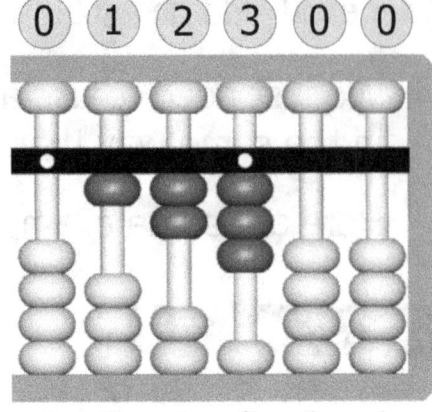

0 1 2 3 0 0

6 5 4 3 2 1

We will now **subtract 82**

There are not enough beads in column 4 to unregister 8 more, move to column 5, think **-8=-10+2**

-100 • Column 5, unregister 1 lower bead
+20 • Column 4, register 2 lower beads
-2 • Column 3, unregister 1 upper bead and register 3 lower beads

The abacus result is 123

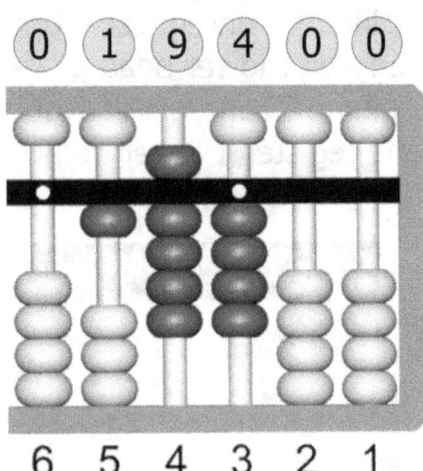

0 1 9 4 0 0

6 5 4 3 2 1

We will now **add 71**

70 • Column 4, register 1 upper and 2 lower beads
1 • Column 3, register 1 lower bead

The abacus reads 194

---

0 1 3 3 0 0

6 5 4 3 2 1

We will now **subtract 61**

-60 • Column 4, unregister 1 upper and 1 lower bead
-1 • Column 3, unregister 1 lower bead

The abacus result is 133

More addition and subtraction examples

121

Example: 357 + 121 - 263 + 173

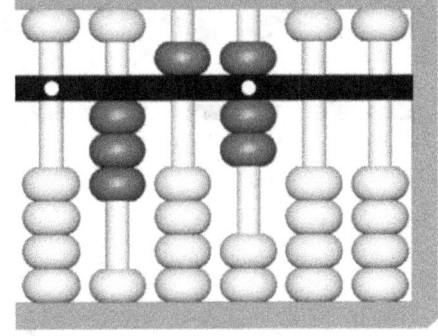

We will register 357

- 300 • Column 5, register 3 lower beads
- 50 • Column 4, register 1 upper bead
- 7 • Column 3, register 1 upper bead and 2 lower beads

The abacus reads 357

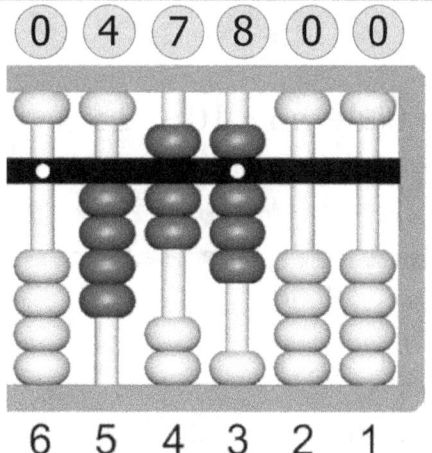

We will now **add 121**

- +100 • Column 5, register 1 lower bead
- +20 • Column 4, register 2 lower beads
- +1 • Column 3, register 1 lower bead

The abacus result is 478

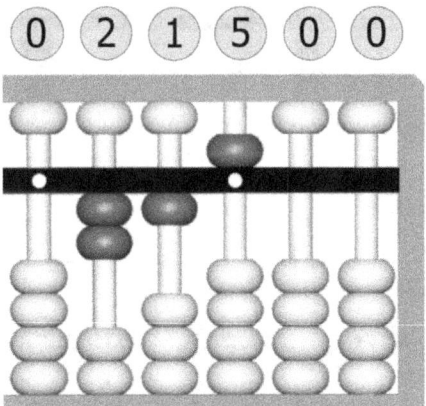

We will now **subtract 263**

- -200 • Column 5, unregister 2 lower beads
- -60 • Column 4, unregister 1 upper and 1 lower bead
- -3 • Column 3, unregister 3 lower beads

The abacus reads 215

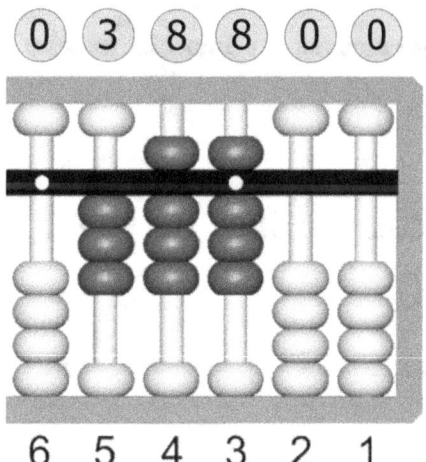

We will now **add 173**

- +100 • Column 5, register 1 lower bead
- +70 • Column 4, register 1 upper and 2 lower beads
- +3 • Column 3, register 3 lower beads

The abacus result is 388

Some examples of what to imagine step-by-step

① Calculate 55 - 10 + 13

0	55	-10	+13	=58

② Calculate 45 - 12 + 18

0	45	-12	+18	=51

③ Calculate 85 + 15 - 60

0	85	+15	-60	=40

④ Calculate 105 + 82 - 17

0	105	+82	-17	=170

⑤ Calculate 80 - 20 - 15 + 18

0	80	-20	-15	+18	=63

Time to do workbook work 10

WORKBOOK WORK – 10

(Answers to workbook work 10 are on pages 175 to 176)

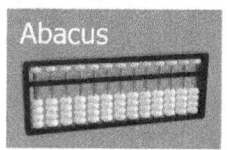

1 Calculate the result using your abacus and write the answer in the white box.

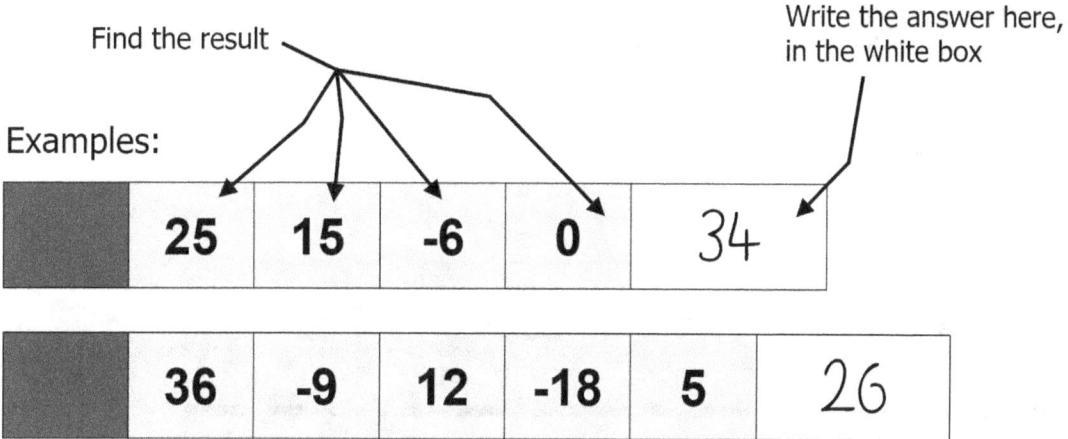

Examples:

	25	15	-6	0	34

	36	-9	12	-18	5	26

1	75	10	-15	-23	
2	85	-15	63	-35	
3	110	-35	20	-45	

4	254	125	45	-178	-52	
5	361	-117	-102	563		
6	855	-255	299	-320		

7	20	10	30	120	-80	104	

8	666	-333	44	-257	
9	810	189	-611		

WORKBOOK WORK – 10

2 Calculate the result using an imaginary abacus and write the answer in the white box.

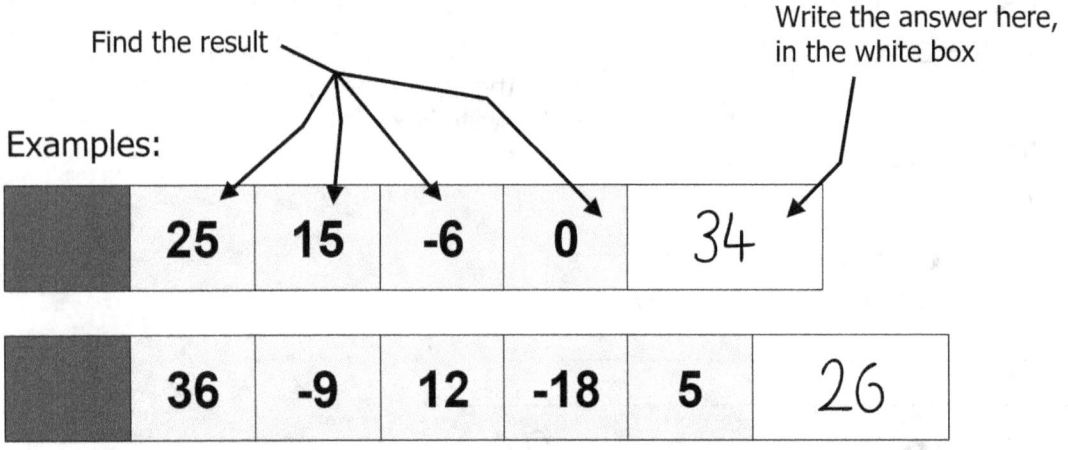

Examples:

25	15	-6	0	34	
36	-9	12	-18	5	26

#							
10	50	10	-15	-20			
11	85	-15	60	-35			
12	100	-15	20	-45			
13	254	100	-20	43	13		
14	42	-12	52	-22			
15	899	-202	-307	-300			
16	20	10	40	100	-65	-30	

REUSABLE WORKBOOK WORK

Using the reusable workbook pages

Part 11

In the last part of the workbook we will be using reusable work pages (see workbook pages 127 to 140). This means that they are meant to be done over-and-over until you are proficient at firstly the actual abacus and then finally the imaginary.

- Select a reusable workbook page of your choice
- Decide if you will make the calculations either with the abacus or with an imaginary abacus
- Select your column (A, B, C etc..)

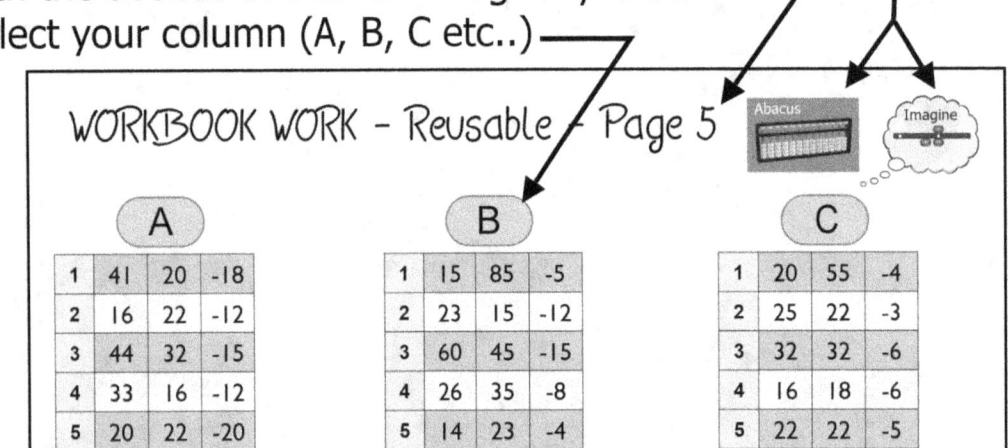

- Write down your Page / Column number on the answer sheet (see blank answer sheets pages 194 to 214 of the instruction book)
- Write down the answers in that column

- Check your answers with the answer sheet (pages 178 to 191 of the workbook)

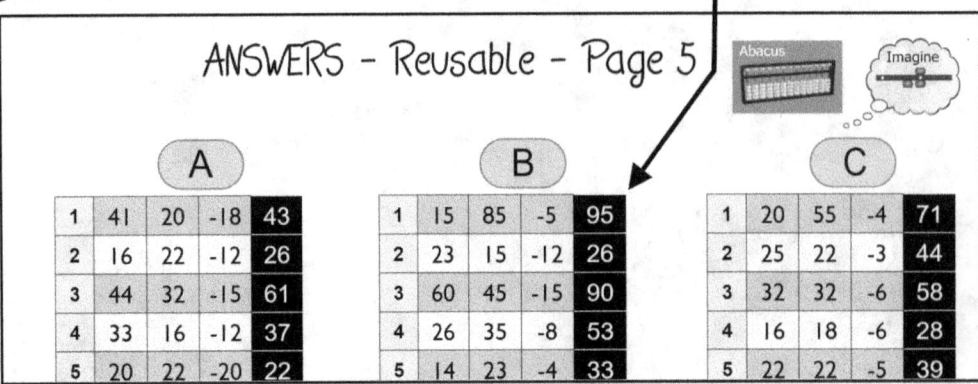

WORKBOOK WORK - Reusable - Page 1
(Answers to reusable workbook work are on pages 178 to 191)

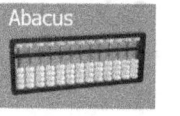

#	A	
1	25	20
2	25	22
3	52	33
4	16	12
5	25	22
6	44	20
7	52	41
8	39	25
9	12	9
10	79	75
11	95	82
12	32	14
13	65	42
14	12	32
15	72	45
16	85	65
17	25	22
18	10	8
19	11	5
20	51	21
21	64	64
22	48	45
23	85	65
24	48	18
25	12	8
26	8	3
27	21	1
28	99	98
29	47	12
30	76	3

#	B	
1	65	55
2	23	22
3	60	32
4	26	12
5	14	12
6	44	41
7	65	52
8	63	37
9	74	15
10	85	75
11	88	82
12	36	18
13	54	42
14	26	32
15	85	20
16	55	25
17	92	6
18	75	12
19	76	11
20	65	55
21	66	64
22	49	22
23	85	66
24	91	18
25	21	10
26	26	5
27	26	6
28	52	23
29	58	47
30	56	26

#	C	
1	56	55
2	66	25
3	41	32
4	45	16
5	12	10
6	65	44
7	13	12
8	55	36
9	96	12
10	85	79
11	30	19
12	30	32
13	25	24
14	30	12
15	65	72
16	54	32
17	47	6
18	60	12
19	13	11
20	56	55
21	96	64
22	55	45
23	44	23
24	22	18
25	45	10
26	85	3
27	58	9
28	99	12
29	90	47
30	88	3

#	D	
1	82	55
2	28	25
3	42	32
4	32	22
5	82	22
6	25	18
7	76	42
8	33	32
9	21	20
10	55	25
11	30	19
12	36	32
13	65	24
14	12	12
15	72	72
16	85	32
17	25	6
18	39	36
19	55	54
20	51	26
21	64	23
22	32	30
23	92	5
24	75	6
25	76	20
26	85	65
27	58	8
28	99	14
29	90	47
30	77	11

WORKBOOK WORK - Reusable - Page 2

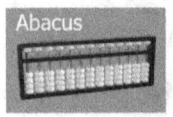

A

#		
1	21	55
2	31	25
3	41	32
4	18	22
5	25	36
6	45	18
7	52	66
8	32	32
9	12	12
10	77	25
11	95	21
12	31	32
13	65	25
14	12	13
15	72	77
16	85	32
17	85	6
18	10	66
19	11	54
20	52	26
21	64	23
22	48	32
23	85	9
24	78	6
25	12	22
26	8	55
27	21	8
28	99	15
29	88	47
30	76	12

B

#		
1	52	55
2	63	22
3	41	32
4	42	12
5	96	12
6	85	41
7	30	55
8	30	37
9	66	15
10	30	75
11	65	88
12	54	18
13	55	42
14	60	32
15	13	22
16	56	25
17	99	6
18	60	12
19	13	12
20	56	56
21	96	77
22	55	44
23	44	66
24	33	18
25	45	10
26	85	8
27	58	6
28	99	25
29	25	47
30	26	26

C

#		
1	56	65
2	66	23
3	41	60
4	45	26
5	12	14
6	65	44
7	13	65
8	55	63
9	96	74
10	85	85
11	30	88
12	30	36
13	25	54
14	30	26
15	65	85
16	54	55
17	47	92
18	60	75
19	13	76
20	56	65
21	96	66
22	55	49
23	44	85
24	22	91
25	45	21
26	85	26
27	58	26
28	99	52
29	90	58
30	76	56

D

#		
1	33	56
2	30	66
3	25	45
4	30	45
5	65	12
6	66	65
7	47	13
8	60	35
9	13	96
10	55	88
11	30	30
12	36	30
13	64	25
14	12	39
15	72	45
16	85	54
17	52	47
18	39	60
19	55	34
20	51	56
21	58	96
22	32	55
23	88	45
24	75	22
25	76	25
26	85	9
27	25	58
28	99	5
29	45	90
30	88	76

WORKBOOK WORK – Reusable – Page 3

A

#		
1	25	-20
2	25	-13
3	52	-30
4	85	-41
5	25	-9
6	66	-54
7	52	-13
8	39	-20
9	74	-20
10	79	-15
11	95	-65
12	32	-32
13	65	-7
14	12	-8
15	72	-45
16	85	-65
17	25	-22
18	10	-8
19	11	-5
20	51	-40
21	64	-33
22	48	-3
23	85	-2
24	48	-7
25	12	-5
26	88	-41
27	21	-14
28	99	-2
29	47	-12
30	76	-3

B

#		
1	42	-3
2	32	-6
3	45	-8
4	65	-4
5	22	-3
6	37	-15
7	64	-32
8	51	-41
9	64	-50
10	45	-6
11	65	-3
12	64	-23
13	12	-10
14	94	-4
15	55	-47
16	55	-30
17	92	-53
18	75	-23
19	76	-55
20	65	-5
21	85	-70
22	49	-19
23	85	-14
24	91	-5
25	21	-6
26	26	-1
27	26	-12
28	52	-7
29	58	-47
30	56	-26

C

#		
1	66	-33
2	63	-35
3	39	-12
4	45	-8
5	22	-12
6	65	-5
7	44	-41
8	55	-8
9	96	-15
10	85	-9
11	30	-4
12	30	-12
13	25	-16
14	88	-74
15	65	-33
16	98	-66
17	47	-6
18	60	-13
19	13	-2
20	56	-51
21	96	-12
22	55	-44
23	44	-33
24	22	-3
25	45	-2
26	85	-9
27	58	-5
28	99	-41
29	90	-14
30	76	-2

D

#		
1	55	-10
2	20	-8
3	40	-14
4	32	-13
5	82	-9
6	25	-18
7	76	-15
8	33	-14
9	66	-44
10	55	-12
11	30	-16
12	36	-16
13	65	-45
14	36	-12
15	72	-33
16	85	-25
17	25	-12
18	39	-10
19	55	-24
20	51	-8
21	64	-12
22	32	-5
23	92	-41
24	75	-8
25	76	-15
26	85	-9
27	58	-4
28	99	-12
29	90	-23
30	77	-6

WORKBOOK WORK – Reusable – Page 4

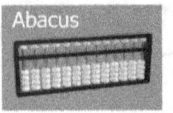 

#	A		#	B		#	C		#	D	
1	44	-10	1	55	-33	1	66	-3	1	67	-20
2	35	-8	2	55	-35	2	85	-13	2	55	-26
3	45	-14	3	77	-12	3	25	-7	3	92	-30
4	65	-13	4	85	-8	4	64	-4	4	75	-43
5	25	-9	5	30	-14	5	55	-18	5	84	-9
6	37	-4	6	44	-5	6	51	-15	6	65	-32
7	64	-15	7	99	-88	7	77	-32	7	97	-13
8	44	-14	8	88	-8	8	32	-21	8	33	-25
9	64	-25	9	65	-15	9	92	-50	9	94	-20
10	45	-12	10	78	-9	10	37	-6	10	55	-27
11	66	-16	11	47	-7	11	76	-3	11	99	-65
12	32	-16	12	64	-12	12	85	-23	12	36	-14
13	65	-32	13	85	-16	13	58	-10	13	66	-8
14	12	-12	14	94	-74	14	99	-9	14	36	-9
15	72	-33	15	55	-21	15	90	-47	15	84	-45
16	88	-25	16	87	-66	16	88	-30	16	85	-36
17	25	-12	17	92	-6	17	96	-53	17	25	-22
18	10	-8	18	75	-13	18	60	-5	18	39	-7
19	55	-25	19	76	-7	19	65	-55	19	49	-5
20	51	-8	20	77	-51	20	56	-5	20	51	-31
21	66	-12	21	85	-15	21	77	-70	21	64	-33
22	48	-8	22	21	-12	22	55	-35	22	91	-3
23	85	-41	23	85	-33	23	44	-14	23	92	-74
24	44	-8	24	91	-3	24	55	-5	24	83	-7
25	12	-11	25	21	-2	25	45	-7	25	76	-4
26	88	-9	26	55	-9	26	85	-15	26	73	-42
27	32	-4	27	26	-8	27	75	-64	27	58	-14
28	99	-14	28	52	-41	28	80	-7	28	99	-15
29	47	-23	29	78	-14	29	90	-80	29	90	-75
30	77	-6	30	56	-4	30	79	-26	30	82	-43

WORKBOOK WORK - Reusable - Page 5

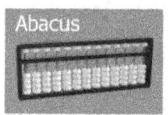

#	A				#	B				#	C		
1	41	20	-18		1	15	85	-5		1	20	55	-4
2	16	22	-12		2	23	15	-12		2	25	22	-3
3	44	32	-15		3	60	45	-15		3	32	32	-6
4	33	16	-12		4	26	35	-8		4	16	18	-6
5	20	22	-20		5	14	23	-4		5	22	22	-5
6	45	41	-12		6	44	45	-12		6	44	41	-2
7	72	52	-32		7	55	74	-12		7	52	52	-6
8	62	36	-41		8	63	62	-25		8	36	37	-10
9	80	12	-8		9	74	82	-9		9	12	12	-9
10	14	75	-55		10	46	14	-54		10	79	75	-22
11	23	82	-12		11	14	38	-13		11	19	82	-2
12	36	14	-19		12	36	33	-20		12	32	18	-12
13	20	42	-19		13	14	20	-20		13	24	42	-6
14	66	32	-15		14	26	65	-16		14	12	32	-4
15	45	45	-62		15	85	45	-65		15	72	20	-3
16	55	65	-32		16	55	54	-32		16	32	65	-10
17	12	22	-5		17	92	12	-7		17	64	6	-24
18	41	10	-8		18	75	12	-8		18	10	11	-13
19	25	11	-6		19	76	13	-3		19	11	11	-2
20	55	51	-2		20	65	55	-2		20	51	55	-51
21	99	64	-45		21	32	96	-45		21	64	64	-12
22	32	45	-15		22	26	32	-14		22	48	45	-44
23	15	65	-15		23	85	12	-33		23	65	66	-33
24	13	18	-6		24	91	13	-4		24	18	18	-3
25	47	12	-6		25	21	47	-2		25	12	10	-2
26	88	3	-12		26	26	85	-9		26	32	3	-9
27	66	1	-15		27	26	66	-5		27	35	1	-5
28	82	98	-75		28	4	82	-42		28	98	99	-41
29	92	47	-33		29	18	91	-14		29	47	47	-14
30	24	76	-66		30	9	23	-2		30	76	76	-2

WORKBOOK WORK – Reusable – Page 6

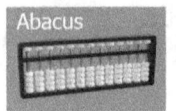

A

#			
1	52	74	-18
2	16	52	-12
3	33	82	-15
4	33	16	-12
5	20	38	-13
6	62	52	-12
7	72	21	-32
8	62	65	-32
9	80	40	-8
10	16	54	-55
11	23	12	-9
12	36	8	-19
13	44	13	-19
14	66	52	-15
15	45	96	-52
16	55	12	-32
17	44	8	-5
18	41	6	-8
19	25	47	-6
20	55	85	-2
21	99	66	-33
22	32	20	-15
23	15	91	-15
24	13	16	-6
25	47	12	-4
26	99	3	-12
27	66	3	-15
28	82	98	-13
29	92	47	-33
30	24	20	-23

B

#			
1	22	85	-5
2	23	82	-12
3	60	12	-16
4	16	12	-8
5	22	47	-4
6	20	85	-9
7	52	16	-8
8	36	88	-25
9	12	91	-9
10	79	23	-44
11	19	17	-13
12	32	9	-20
13	24	9	-18
14	12	28	-12
15	16	47	-15
16	32	76	-5
17	64	22	-20
18	10	55	-12
19	80	13	-32
20	14	30	-41
21	23	96	-6
22	36	32	-55
23	20	11	-12
24	66	11	-4
25	45	47	-16
26	55	55	-9
27	77	66	-25
28	4	82	-42
29	18	36	-14
30	9	39	-2

C

#			
1	10	55	-4
2	10	22	-3
3	32	36	-6
4	16	18	-3
5	22	22	-20
6	44	20	-12
7	64	50	-15
8	20	37	-12
9	11	12	-20
10	51	68	-12
11	64	55	-32
12	95	18	-41
13	85	42	-8
14	91	13	-55
15	21	5	-3
16	26	60	-10
17	28	6	-24
18	4	20	-13
19	11	41	-2
20	60	55	-51
21	64	64	-12
22	48	8	-44
23	65	76	-33
24	18	55	-3
25	99	10	-2
26	32	6	-9
27	35	12	-5
28	98	41	-41
29	47	20	-14
30	76	88	-2

WORKBOOK WORK - Reusable - Page 7

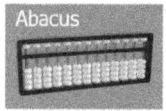 

#	A		
1	88	74	-3
2	15	52	-3
3	48	82	-6
4	35	16	-7
5	25	38	-5
6	45	55	-2
7	75	21	-6
8	62	25	-12
9	82	40	-9
10	14	54	-22
11	39	12	-15
12	33	8	-12
13	20	15	-6
14	65	52	-10
15	47	96	-3
16	54	12	-10
17	18	9	-24
18	12	6	-13
19	46	47	-2
20	55	85	-51
21	96	67	-12
22	32	20	-44
23	12	91	-33
24	13	16	-14
25	88	12	-2
26	85	3	-20
27	66	12	-5
28	82	98	-44
29	85	47	-14
30	23	26	-12

#	B		
1	66	85	-15
2	85	88	-12
3	25	12	-15
4	65	12	-18
5	55	47	-20
6	51	95	-13
7	85	16	-20
8	32	88	-41
9	92	99	-7
10	37	23	-45
11	88	17	-13
12	85	15	-15
13	58	9	-22
14	99	36	-15
15	90	47	-65
16	99	76	-13
17	96	22	-7
18	60	56	-6
19	65	15	-9
20	56	30	-4
21	87	96	-26
22	55	32	-12
23	44	15	-15
24	55	11	-7
25	46	47	-4
26	85	60	-12
27	85	66	-16
28	80	82	-44
29	90	37	-33
30	79	42	-55

#	C		
1	55	55	-6
2	30	25	-8
3	25	36	-7
4	33	18	-4
5	65	40	-12
6	66	20	-12
7	47	55	-22
8	60	37	-42
9	45	12	-30
10	55	72	-6
11	30	55	-3
12	36	18	-33
13	64	42	-10
14	24	13	-6
15	72	5	-35
16	85	60	-30
17	55	6	-42
18	39	25	-23
19	55	41	-55
20	51	55	-42
21	65	64	-12
22	32	28	-5
23	88	76	-72
24	85	55	-18
25	76	12	-12
26	85	6	-15
27	25	12	-9
28	88	52	-9
29	45	20	-7
30	75	88	-8

WORKBOOK WORK – Reusable – Page 8

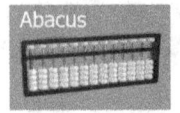

A

#				
1	10	20	-15	-5
2	30	22	-12	-3
3	40	32	-15	-2
4	5	16	-14	-4
5	10	22	-20	-5
6	30	41	-13	-1
7	10	52	-30	-5
8	30	36	-41	-10
9	10	12	-9	-9
10	30	78	-54	-20
11	10	19	-13	-2
12	30	32	-20	-12
13	10	24	-20	-5
14	30	6	-15	-4
15	10	72	-65	-3
16	30	32	-32	-17
17	42	6	-7	-24
18	30	10	-8	-13
19	10	11	-3	-4
20	30	51	-2	-51
21	10	64	-45	-12
22	30	45	-12	-40
23	10	65	-15	-33
24	30	18	-6	-3
25	10	12	-4	-2
26	30	3	-12	-7
27	47	1	-15	-5
28	30	98	-74	-41
29	10	47	-33	-14
30	30	76	-66	-2

B

#				
1	15	-3	63	-5
2	22	-6	15	-3
3	60	-8	42	-2
4	26	-4	35	-4
5	12	-3	27	-5
6	44	-12	45	-1
7	52	-32	65	-5
8	63	-41	75	-10
9	74	-50	82	-9
10	21	-5	14	-20
11	12	-3	38	-2
12	36	-23	32	-12
13	14	-10	20	-5
14	25	-7	65	-4
15	85	-47	41	-3
16	52	-30	54	-17
17	92	-53	12	-24
18	74	-23	9	-13
19	76	-55	13	-4
20	65	-42	54	-51
21	32	-14	96	-12
22	25	-6	32	-40
23	85	-70	9	-6
24	91	-19	2	-3
25	21	-14	47	-2
26	25	-3	85	-7
27	26	-6	61	-5
28	2	-1	82	-41
29	18	-14	90	-14
30	9	-7	23	-2

C

#				
1	20	20	-10	-5
2	65	22	-8	-12
3	41	32	-13	-15
4	54	16	-14	-6
5	12	22	-7	-4
6	9	41	-8	-12
7	13	52	-3	-15
8	54	36	-2	-74
9	96	12	-45	-9
10	30	75	-12	-54
11	10	82	-15	-13
12	30	14	-6	-20
13	10	42	-4	-20
14	30	32	-12	-15
15	65	20	-32	-45
16	54	65	-35	-32
17	45	6	-12	-7
18	60	10	-7	-8
19	13	11	-12	-3
20	54	51	-5	-2
21	96	64	-41	-45
22	32	45	-8	-12
23	9	65	-15	-33
24	2	18	-6	-3
25	47	12	-4	-2
26	85	3	-12	-7
27	61	1	-15	-5
28	82	98	-74	-41
29	90	47	-33	-14
30	23	76	-66	-2

WORKBOOK WORK - Reusable - Page 9

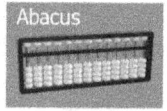 

A

1	85	20	-15	-5
2	15	22	-12	-3
3	45	32	-15	-2
4	35	16	-14	-4
5	23	22	-20	-5
6	45	41	-13	-1
7	74	52	-30	-5
8	62	36	-41	-10
9	82	12	-9	-9
10	14	75	-54	-20
11	38	82	-13	-2
12	33	14	-20	-12
13	20	42	-20	-5
14	65	32	-15	-4
15	45	45	-65	-3
16	54	65	-32	-17
17	12	22	-7	-24
18	12	10	-8	-13
19	13	11	-3	-4
20	55	51	-2	-51
21	96	64	-45	-12
22	32	45	-12	-40
23	12	65	-15	-33
24	13	18	-6	-3
25	47	12	-4	-2
26	85	3	-12	-7
27	66	1	-15	-5
28	82	98	-74	-41
29	91	47	-33	-14
30	23	76	-66	-2

B

1	15	-3	20	-5
2	23	-6	25	-12
3	60	-8	32	-15
4	26	-4	16	-8
5	14	-3	22	-4
6	44	-15	44	-12
7	55	-32	52	-12
8	63	-41	36	-25
9	74	-50	12	-9
10	21	-6	79	-54
11	14	-3	19	-13
12	36	-23	32	-20
13	14	-10	24	-20
14	26	-4	12	-16
15	85	-47	72	-65
16	55	-30	32	-32
17	92	-53	6	-7
18	75	-23	10	-8
19	76	-55	11	-3
20	65	-42	51	-2
21	32	-14	64	-45
22	26	-5	48	-14
23	85	-70	65	-33
24	91	-19	18	-4
25	21	-14	12	-2
26	26	-5	3	-9
27	26	-6	1	-5
28	4	-1	98	-42
29	18	-12	47	-14
30	9	-7	76	-2

C

1	21	55	-10	-4
2	66	22	-8	-3
3	41	32	-14	-6
4	45	18	-14	-6
5	12	22	-9	-5
6	9	41	-8	-2
7	13	52	-3	-6
8	55	37	-2	-10
9	96	12	-44	-9
10	31	75	-12	-22
11	10	82	-16	-2
12	30	18	-6	-12
13	12	42	-4	-6
14	30	32	-12	-4
15	65	20	-33	-3
16	54	65	-35	-10
17	47	6	-12	-24
18	60	11	-8	-13
19	13	11	-12	-2
20	54	55	-5	-51
21	96	64	-41	-12
22	32	45	-8	-44
23	11	66	-15	-33
24	2	18	-9	-3
25	45	10	-4	-2
26	85	3	-12	-9
27	58	1	-16	-5
28	82	99	-74	-41
29	90	47	-33	-14
30	25	76	-66	-2

WORKBOOK WORK - Reusable - Page 10

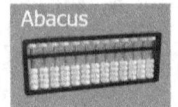 

A

#				
1	30	20	-15	-4
2	65	22	-15	-3
3	41	25	-15	-5
4	54	16	-23	-4
5	14	22	-20	-5
6	9	44	-14	-1
7	16	52	-30	-7
8	54	74	-39	-10
9	99	12	-9	-9
10	30	77	-54	-20
11	12	82	-13	-12
12	30	15	-21	-12
13	10	42	-20	-5
14	66	32	-12	-4
15	65	52	-65	-3
16	54	65	-25	-17
17	52	22	-7	-24
18	60	12	-9	-13
19	13	11	-3	-4
20	54	44	-6	-51
21	78	64	-45	-15
22	60	32	-15	-40
23	9	65	-15	-33
24	2	25	-6	-3
25	52	12	-4	-2
26	85	3	-12	-11
27	61	1	-15	-5
28	82	88	-74	-41
29	99	47	-33	-16
30	23	80	-66	-3

B

#				
1	40	-5	40	-5
2	22	-15	25	-10
3	32	-32	25	-12
4	16	-8	16	-8
5	41	-5	22	-4
6	55	-25	26	-12
7	52	-40	53	-14
8	36	-23	33	-25
9	12	-11	15	-9
10	75	-45	70	-54
11	87	-11	20	-13
12	63	-27	33	-20
13	42	-20	13	-20
14	32	-18	54	-16
15	84	-74	72	-66
16	65	-25	60	-32
17	16	-8	20	-7
18	10	-8	15	-8
19	11	-5	12	-3
20	66	-2	12	-2
21	64	-20	64	-45
22	45	-14	24	-14
23	65	-25	66	-33
24	18	-9	18	-4
25	24	-2	21	-2
26	35	-10	9	-9
27	36	-6	3	-5
28	98	-3	98	-42
29	47	-14	54	-14
30	45	-7	25	-2

C

#				
1	36	55	-4	-15
2	25	32	-3	-20
3	56	32	-6	-15
4	16	19	-6	-13
5	62	22	-20	-20
6	25	42	-12	-13
7	52	52	-17	-30
8	33	52	-12	-32
9	12	35	-20	-9
10	74	75	-10	-54
11	19	88	-32	-13
12	52	18	-42	-20
13	32	42	-8	-20
14	54	32	-45	-15
15	72	20	-3	-12
16	60	55	-10	-32
17	18	18	-24	-7
18	15	11	-13	-8
19	12	11	-2	-3
20	12	65	-51	-2
21	64	25	-12	-45
22	48	45	-40	-12
23	66	66	-33	-9
24	18	27	-3	-6
25	88	10	-2	-4
26	18	3	-5	-12
27	20	8	-5	-15
28	98	99	-32	-74
29	36	47	-14	-51
30	35	25	-2	-33

WORKBOOK WORK - Reusable - Page 11

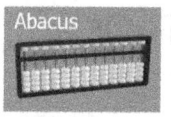 

A

#					
1	88	20	-12	-2	-5
2	17	22	-12	-4	-3
3	44	33	-15	-4	-2
4	30	16	-16	-4	-4
5	30	22	-20	-9	-5
6	44	44	-13	-1	-1
7	77	52	-20	-5	-5
8	63	26	-41	-12	-10
9	82	12	-9	-12	-9
10	15	78	-45	-22	-20
11	33	82	-13	-3	-2
12	35	15	-15	-12	-12
13	25	42	-20	-5	-5
14	66	33	-15	-4	-4
15	44	45	-65	-6	-3
16	50	66	-16	-17	-17
17	40	22	-9	-24	-24
18	30	12	-9	-13	-13
19	78	11	-9	-4	-4
20	90	51	-12	-25	-51
21	95	64	-25	-12	-12
22	67	47	-12	-30	-40
23	46	65	-15	-33	-33
24	28	78	-7	-9	-3
25	82	12	-4	-2	-2
26	65	36	-12	-17	-7
27	46	6	-16	-5	-5
28	95	14	-44	-21	-41
29	52	55	-33	-33	-14
30	32	85	-55	-6	-2

B

#					
1	15	-6	40	-5	14
2	22	-6	25	-12	25
3	60	-7	33	-32	30
4	26	-4	16	-8	16
5	15	-12	22	-4	36
6	44	-15	25	-12	44
7	56	-22	52	-40	52
8	63	-41	33	-25	36
9	74	-30	12	-9	12
10	22	-6	70	-54	79
11	14	-3	19	-11	19
12	35	-23	33	-20	33
13	15	-10	24	-20	24
14	26	-6	54	-16	12
15	88	-47	72	-70	62
16	55	-30	60	-35	33
17	99	-42	6	-8	6
18	75	-23	12	-8	14
19	85	-50	12	-3	11
20	65	-42	12	-2	52
21	32	-12	64	-60	66
22	13	-5	48	-14	44
23	85	-70	66	-30	65
24	91	-18	18	-4	44
25	20	-12	22	-2	12
26	26	-9	9	-10	8
27	36	-9	3	-5	1
28	14	-9	98	-25	44
29	18	-6	25	-14	25
30	10	-8	25	-6	12

WORKBOOK WORK - Reusable - Page 12

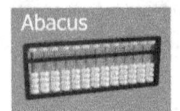

A

#					
1	20	20	-4	-2	20
2	65	22	-3	-4	22
3	41	33	-6	-4	32
4	54	16	-3	-4	16
5	12	22	-20	-9	22
6	9	44	-12	-1	41
7	13	52	-15	-5	52
8	54	26	-12	-12	36
9	96	12	-20	-12	12
10	30	78	-12	-22	75
11	10	82	-32	-3	82
12	30	33	-41	-12	14
13	10	42	-8	-5	42
14	30	33	-55	-4	32
15	65	45	-3	-6	20
16	54	66	-10	-17	65
17	45	22	-24	-24	6
18	60	12	-13	-13	10
19	13	11	-2	-4	11
20	54	51	-51	-25	51
21	96	64	-12	-12	64
22	60	47	-44	-30	45
23	9	65	-33	-33	65
24	2	78	-3	-9	18
25	47	12	-2	-2	12
26	85	36	-9	-17	3
27	61	6	-5	-5	1
28	82	14	-41	-21	98
29	90	55	-14	-33	47
30	23	85	-2	-6	76

B

#					
1	41	-15	40	-5	14
2	16	-12	25	-12	25
3	44	-15	33	-32	30
4	33	-14	16	-8	16
5	20	-20	22	-4	36
6	45	-13	25	-26	44
7	72	-30	52	-40	52
8	62	-41	33	-25	36
9	80	-9	12	-9	12
10	64	-54	70	-54	79
11	23	-13	19	-11	19
12	36	-20	33	-38	33
13	36	-20	22	-20	24
14	66	-15	54	-16	12
15	45	-3	72	-70	62
16	55	-32	60	-35	33
17	85	-7	6	-8	6
18	41	-8	12	-8	14
19	25	-3	12	-3	11
20	55	-2	12	-2	52
21	99	-45	64	-60	66
22	32	-12	48	-14	44
23	16	-15	66	-30	65
24	13	-6	18	-4	44
25	47	-4	22	-2	12
26	88	-12	9	-10	8
27	66	-15	3	-5	1
28	82	-74	98	-25	44
29	92	-33	25	-14	25
30	99	-66	25	-6	12

WORKBOOK WORK - Reusable - Page 13

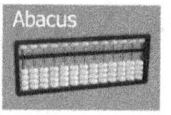

A

#					
1	102	242	-3	-200	20
2	22	12	-6	-4	22
3	123	62	-8	-4	32
4	18	121	-100	-4	16
5	22	6	-3	-9	22
6	441	14	-15	-210	41
7	225	11	-32	-5	52
8	550	111	-41	-221	36
9	12	66	-50	-12	12
10	321	44	-6	-22	75
11	82	65	-3	-3	82
12	18	623	-23	-12	14
13	42	42	-10	-22	42
14	251	33	-4	-4	32
15	20	45	-47	-6	20
16	65	412	-30	-17	65
17	333	22	-53	-120	6
18	412	12	-23	-13	10
19	11	223	-55	-4	11
20	550	51	-400	-25	51
21	213	821	-70	-300	64
22	45	90	-19	-60	45
23	166	65	-121	-33	65
24	18	78	-5	-9	18
25	362	12	-6	-2	12
26	875	36	-418	-17	3
27	365	6	-12	-5	1
28	999	14	-555	-21	98
29	400	55	-47	-33	47
30	76	288	-200	-6	76

B

#					
1	300	-15	40	-10	14
2	22	-12	520	-8	25
3	152	-140	33	-14	30
4	36	-14	160	-13	16
5	220	-20	22	-9	36
6	75	-13	125	-18	44
7	882	-255	52	-15	52
8	140	-41	33	-44	36
9	425	-250	12	-44	12
10	632	-155	70	-120	79
11	120	-13	19	-16	19
12	65	-20	33	-16	33
13	600	-200	22	-310	24
14	100	-15	54	-12	12
15	110	-35	72	-33	62
16	665	-32	60	-150	33
17	452	-200	6	-120	6
18	210	-8	12	-10	14
19	110	-3	130	-24	11
20	230	-25	12	-8	52
21	64	-45	64	-12	66
22	125	-12	233	-155	44
23	610	-250	66	-200	65
24	180	-80	18	-8	44
25	120	-4	22	-15	12
26	125	-25	9	-9	8
27	225	-106	3	-40	1
28	99	-25	188	-12	44
29	850	-450	25	-23	25
30	320	-120	25	-6	12

WORKBOOK WORK - Reusable - Page 14

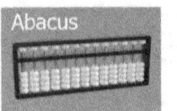

A

1	120	242	-3	-12	20
2	222	100	-120	-4	22
3	133	62	-8	-25	32
4	16	121	-100	-4	16
5	250	6	-120	-9	22
6	44	320	-15	-120	41
7	520	225	-365	-5	52
8	26	111	-41	-12	36
9	120	66	-50	-120	12
10	780	44	-400	-22	75
11	82	665	-3	-3	82
12	330	623	-23	-12	14
13	42	250	-25	-5	42
14	124	33	-4	-24	32
15	450	45	-200	-6	20
16	66	412	-30	-17	65
17	222	22	-30	-24	6
18	12	444	-23	-44	10
19	110	223	-55	-4	11
20	51	515	-400	-25	51
21	132	821	-70	-520	64
22	165	90	-19	-30	45
23	65	241	-121	-14	65
24	136	78	-5	-9	18
25	12	444	-6	-2	12
26	950	555	-418	-600	3
27	963	6	-12	-540	1
28	652	100	-555	-21	98
29	55	200	-47	-33	47
30	425	288	-200	-6	76

B

1	240	-6	120	-10	14
2	125	-6	420	-8	25
3	130	-7	55	-14	30
4	160	-4	160	-13	16
5	360	-12	140	-145	36
6	440	-15	125	-250	44
7	225	-200	52	-15	52
8	635	-410	33	-44	36
9	127	-30	12	-44	12
10	790	-650	70	-120	79
11	250	-54	19	-16	19
12	330	-23	33	-16	33
13	240	-110	200	-310	24
14	120	-60	54	-12	12
15	665	-470	72	-33	62
16	352	-300	500	-150	33
17	362	-320	600	-120	6
18	145	-23	12	-10	14
19	110	-50	130	-24	11
20	520	-420	12	-8	52
21	660	-500	64	-12	66
22	415	-350	233	-155	44
23	254	-145	66	-20	65
24	400	-200	18	-8	44
25	120	-25	22	-15	12
26	880	-741	9	-9	8
27	199	-99	3	-40	1
28	420	-145	188	-12	44
29	250	-125	25	-23	25
30	150	-50	25	-6	12

ANSWERS

ANSWERS - 1

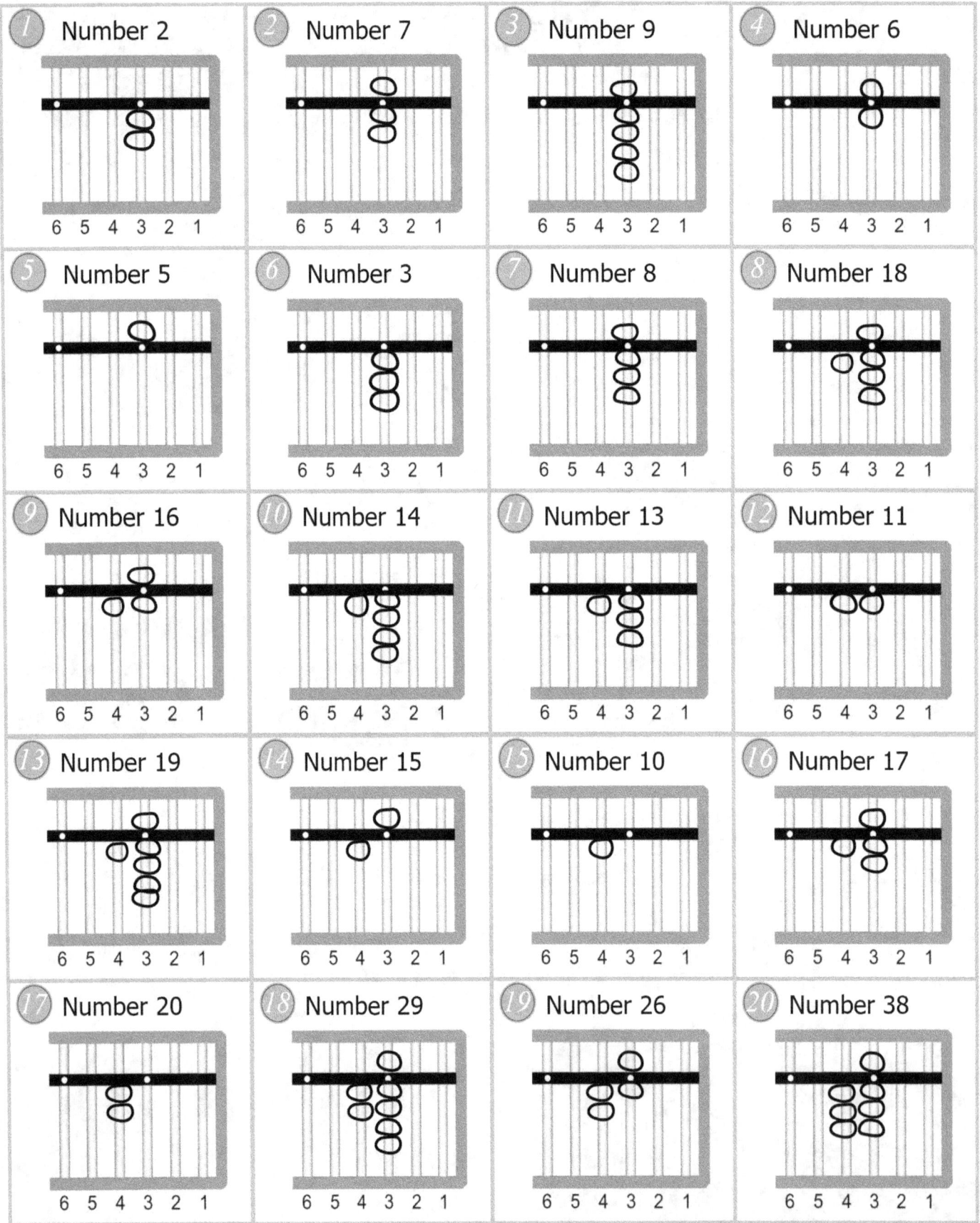

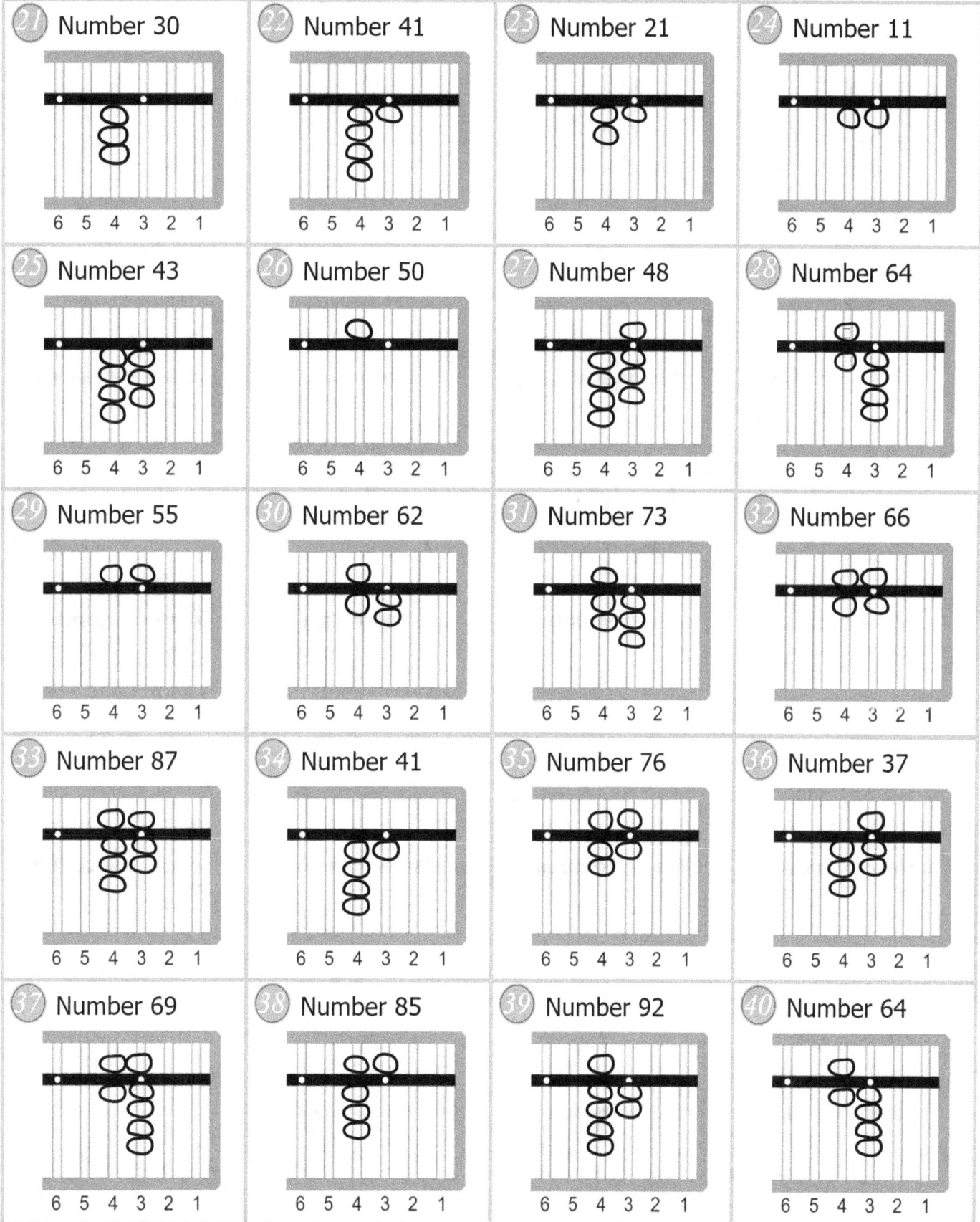

ANSWERS - 1

(41) Number 95

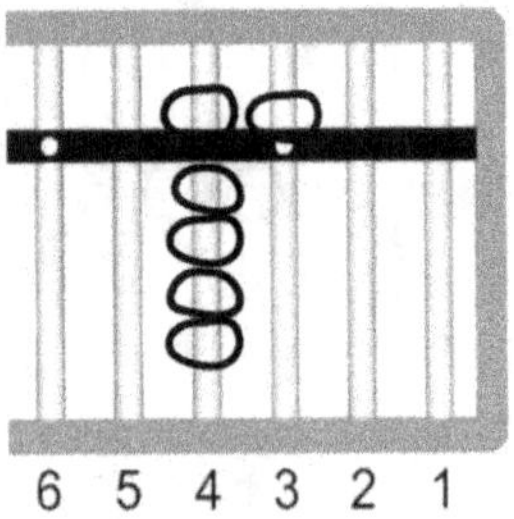

(42) Number 99

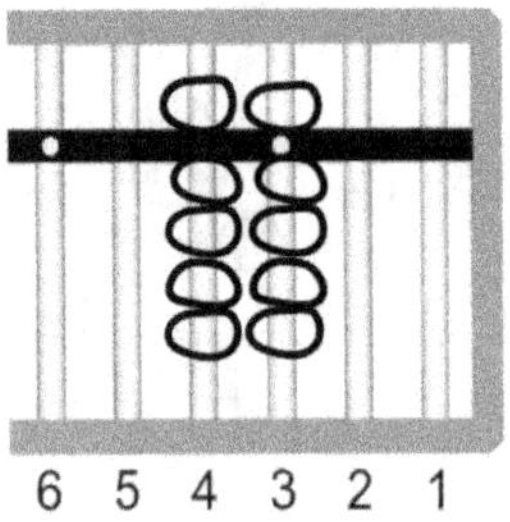

(43) Digit 8 of number 8

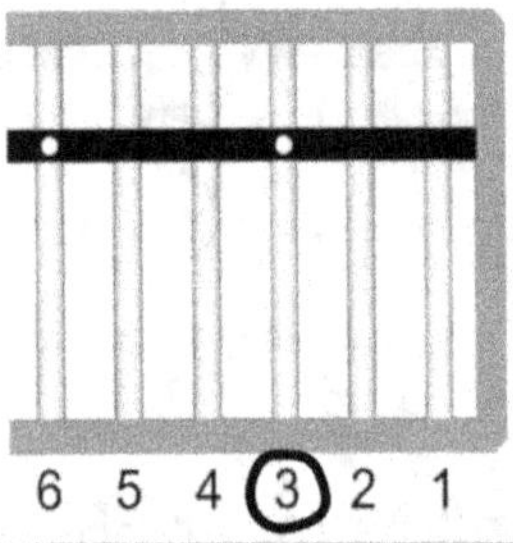

(44) Digit 5 of number 35

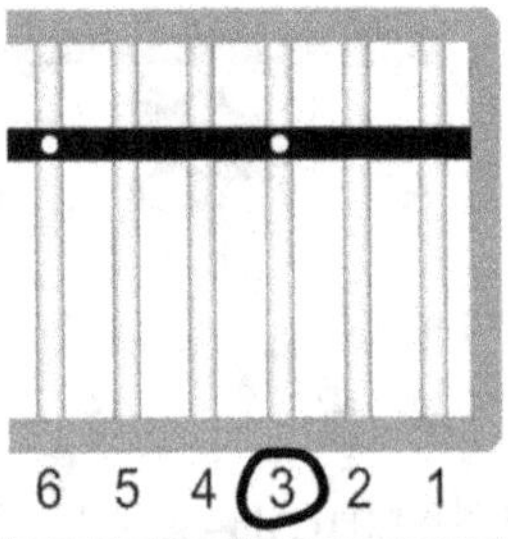

(45) Digit 3 of number 35

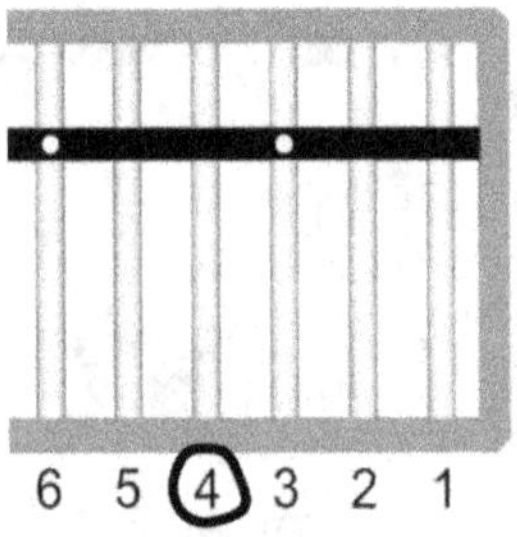

(46) Digit 2 of number 28

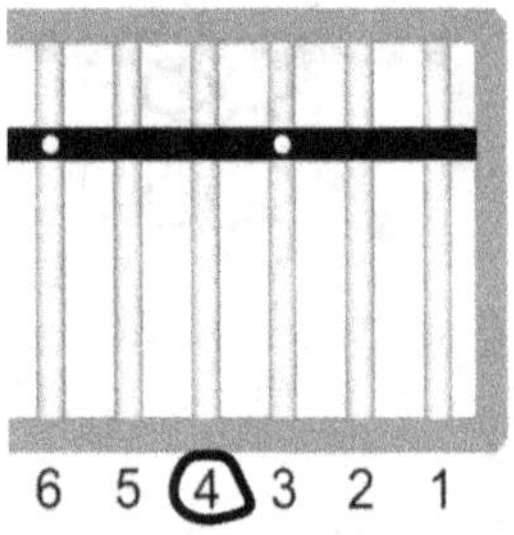

(47) Digit 6 of number 65

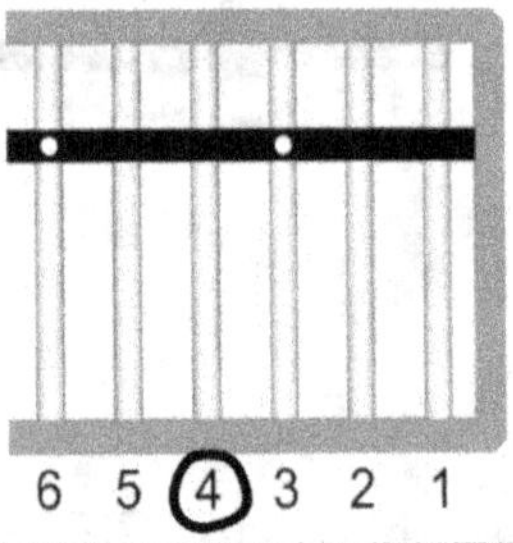

(48) Digit 8 of number 78

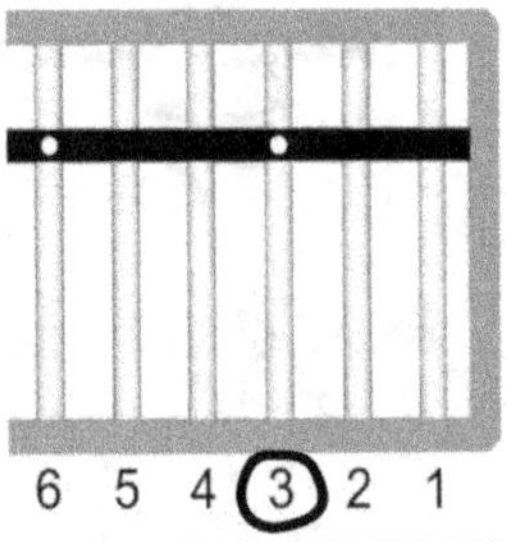

(49) Digit 7 of number 27

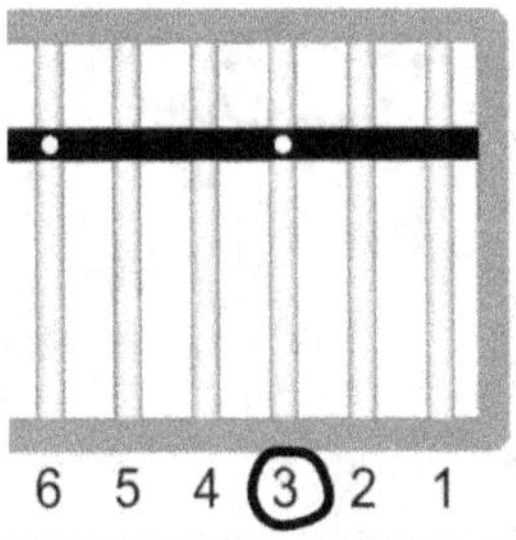

(50) Digit 8 of number 48

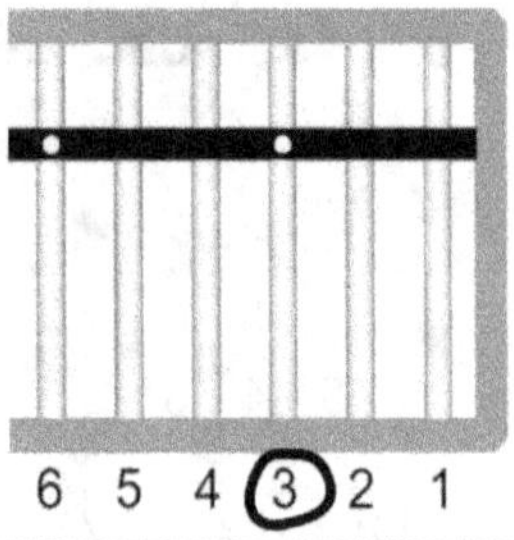

(51) Digit 5 of number 56

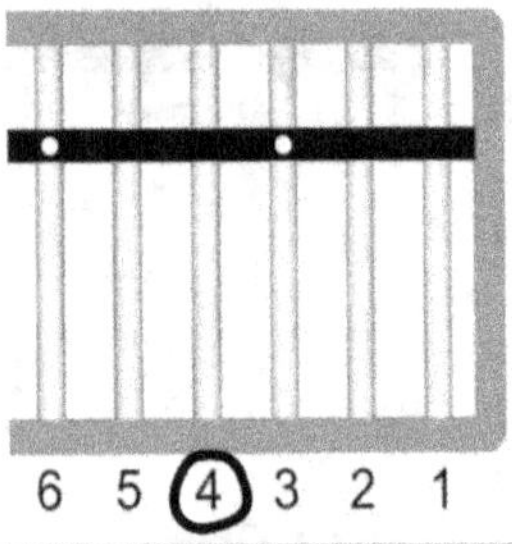

(52) Digit 6 of number 61

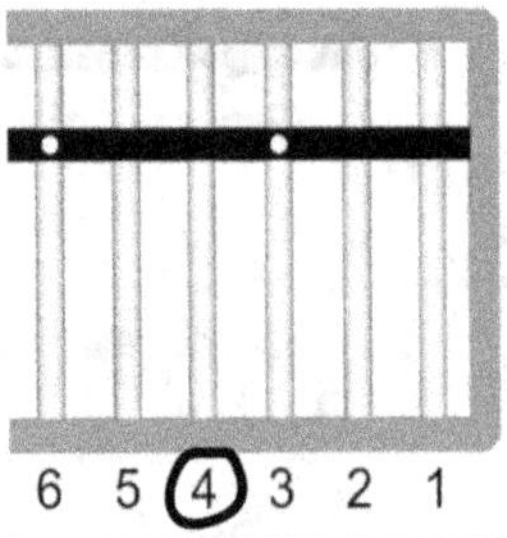

(53) Digit 3 of number 83

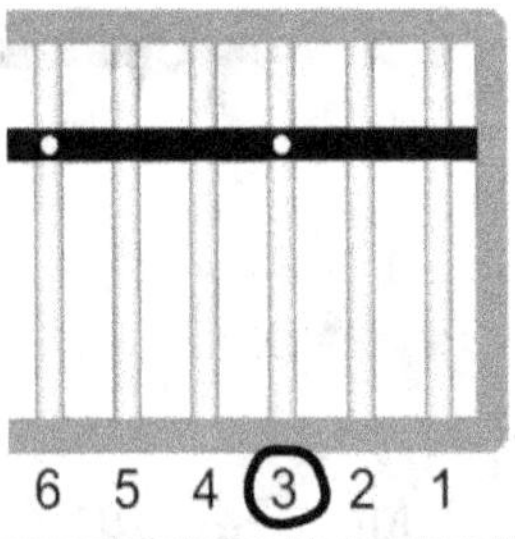

(54) Digit 4 of number 42

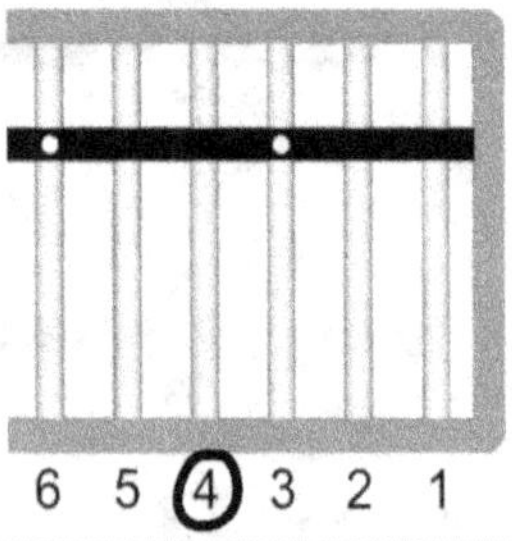

(55) Digit 1 of number 21

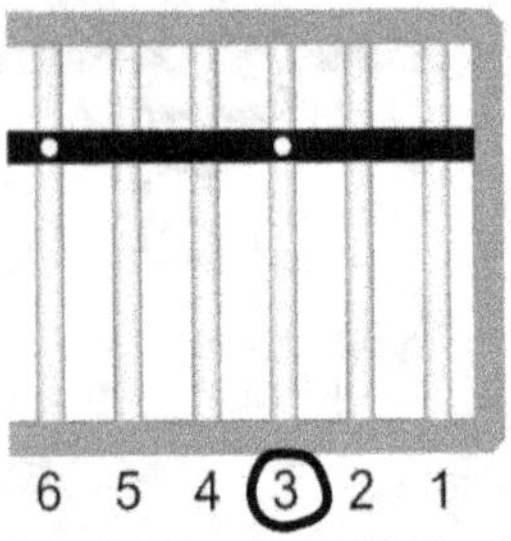

(56) Digit 1 of number 15

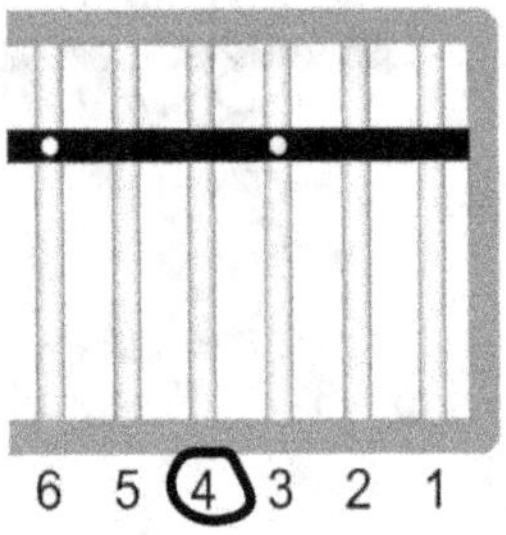

(57) Digit 9 of number 94

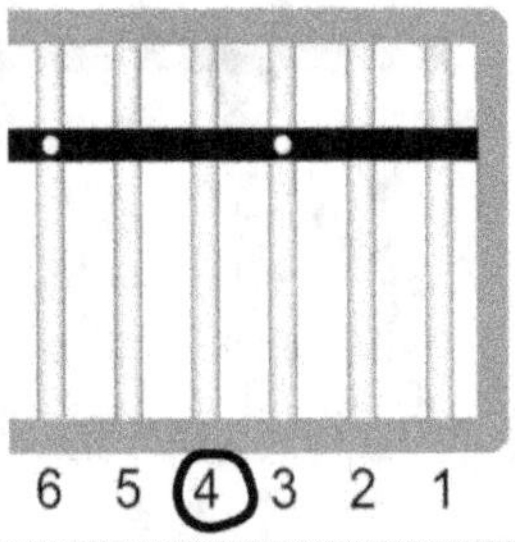

ANSWERS - 2

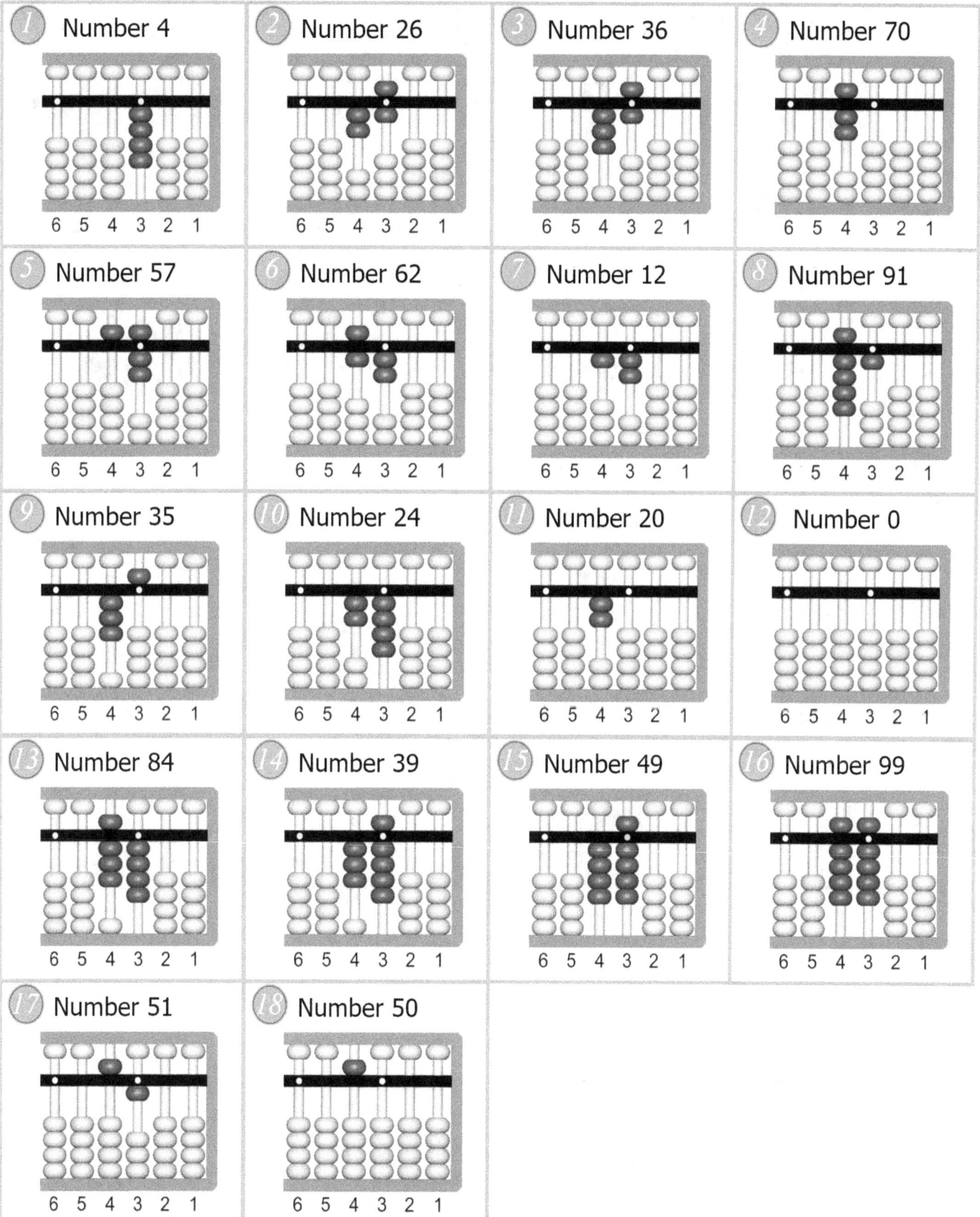

ANSWERS - 3

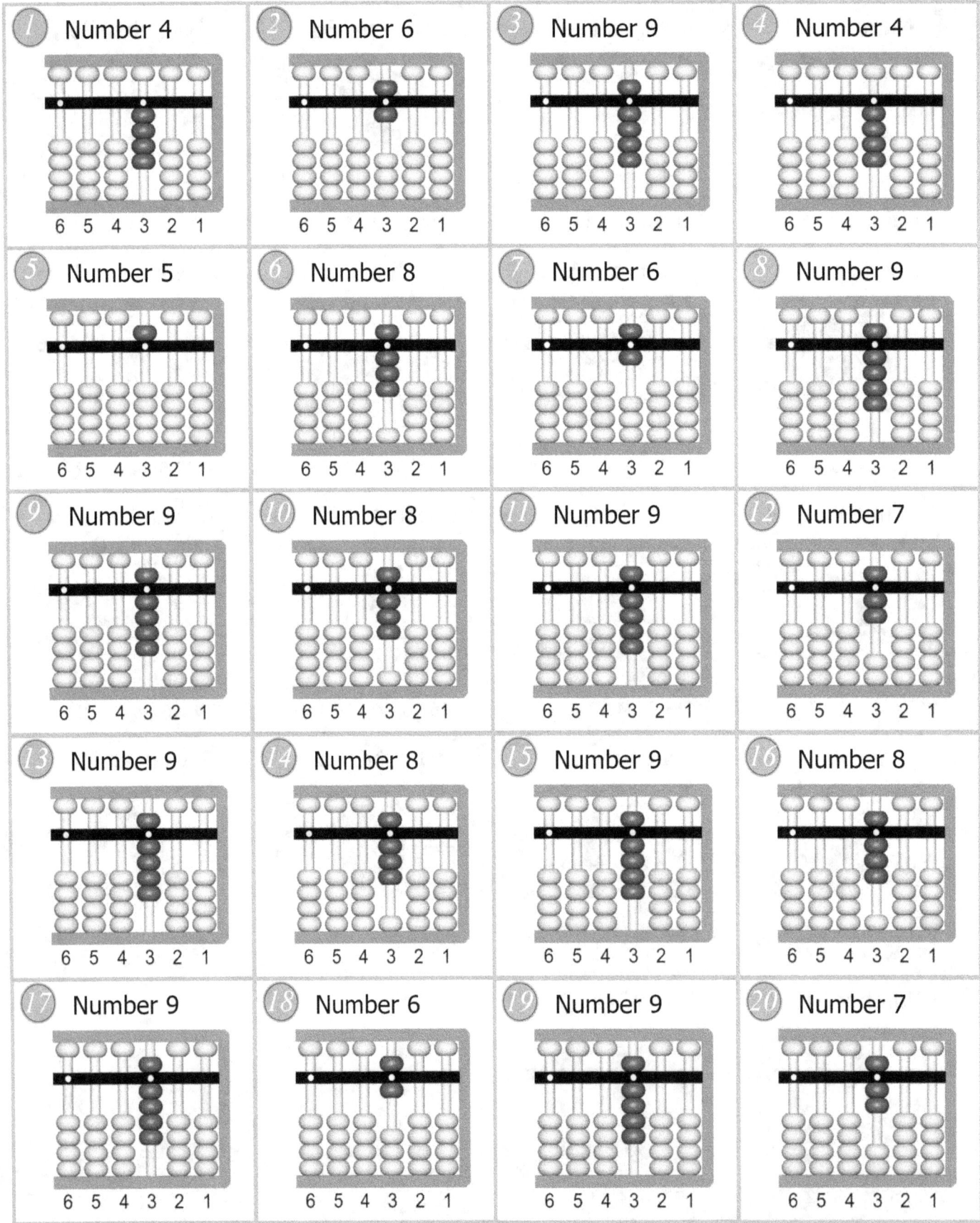

ANSWERS - 3

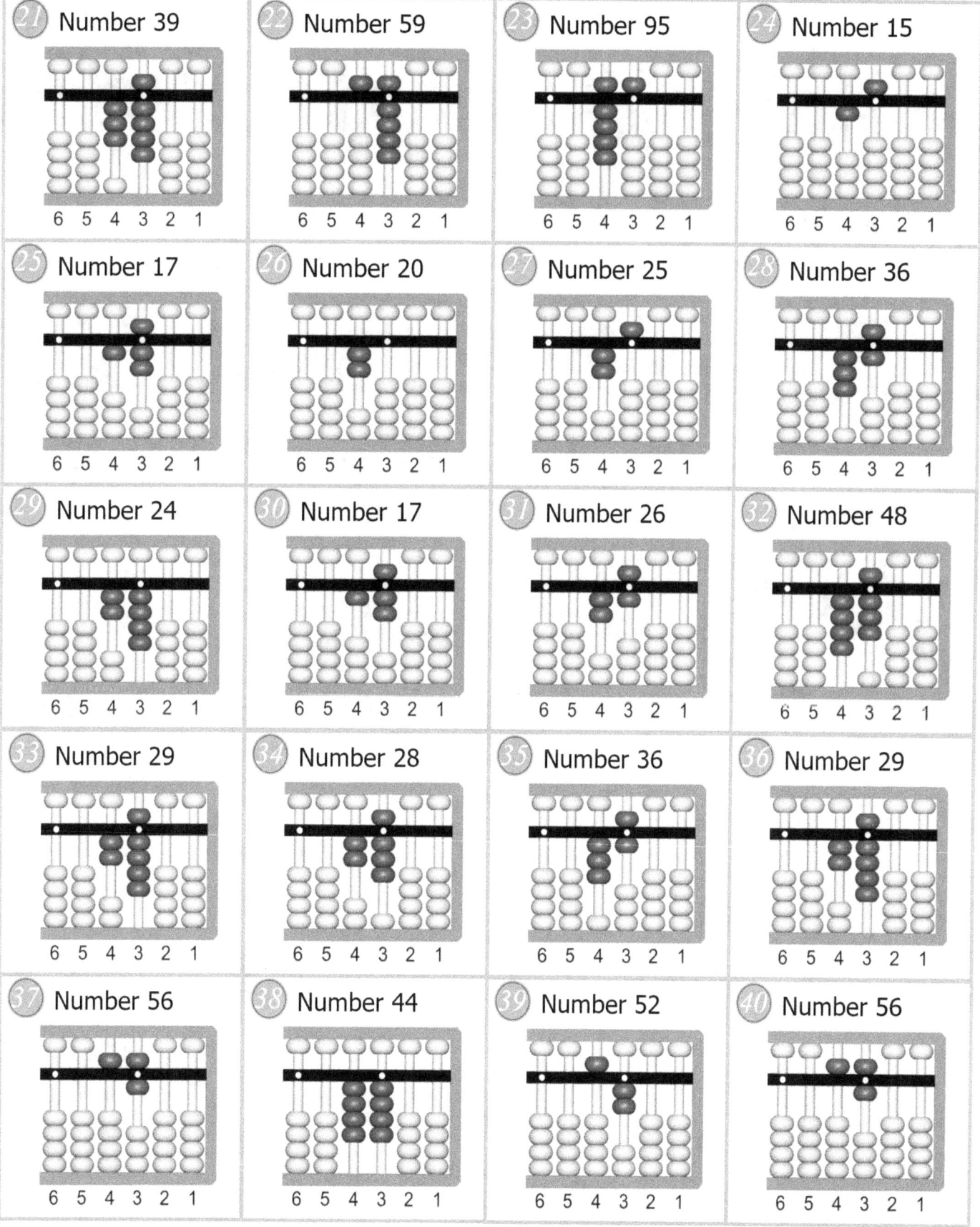

ANSWERS - 3

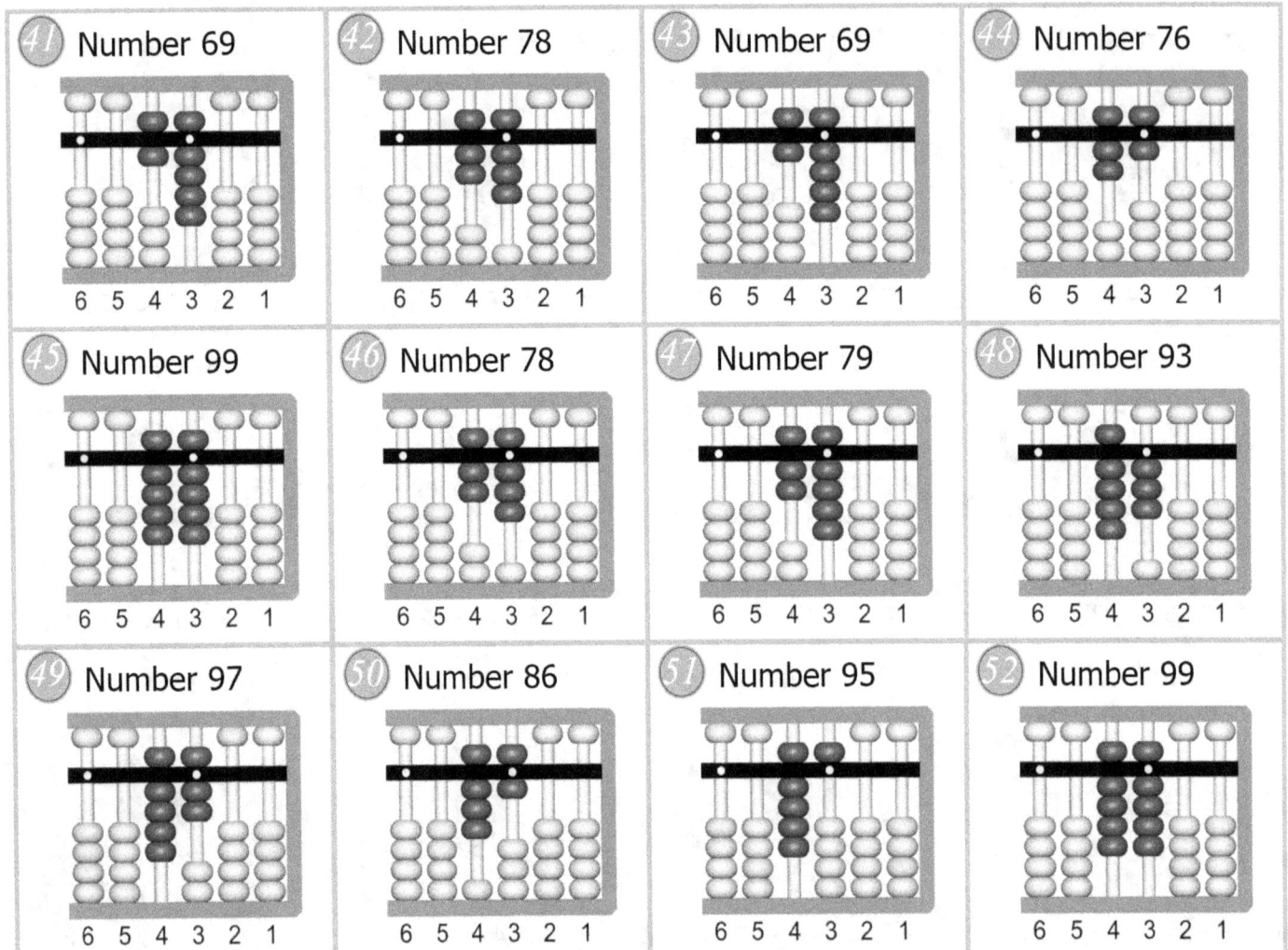

ANSWERS - 3

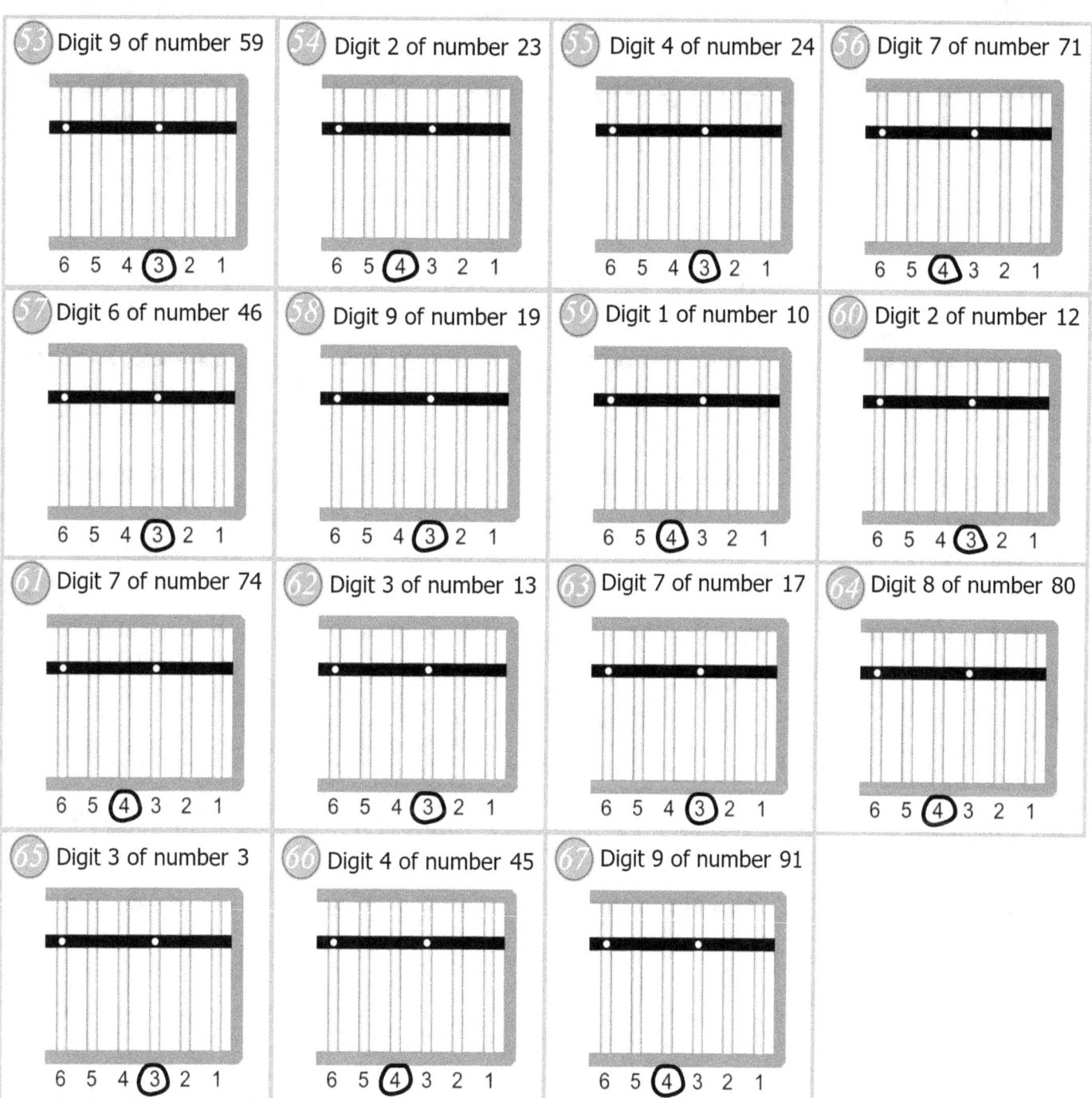

ANSWERS - 4

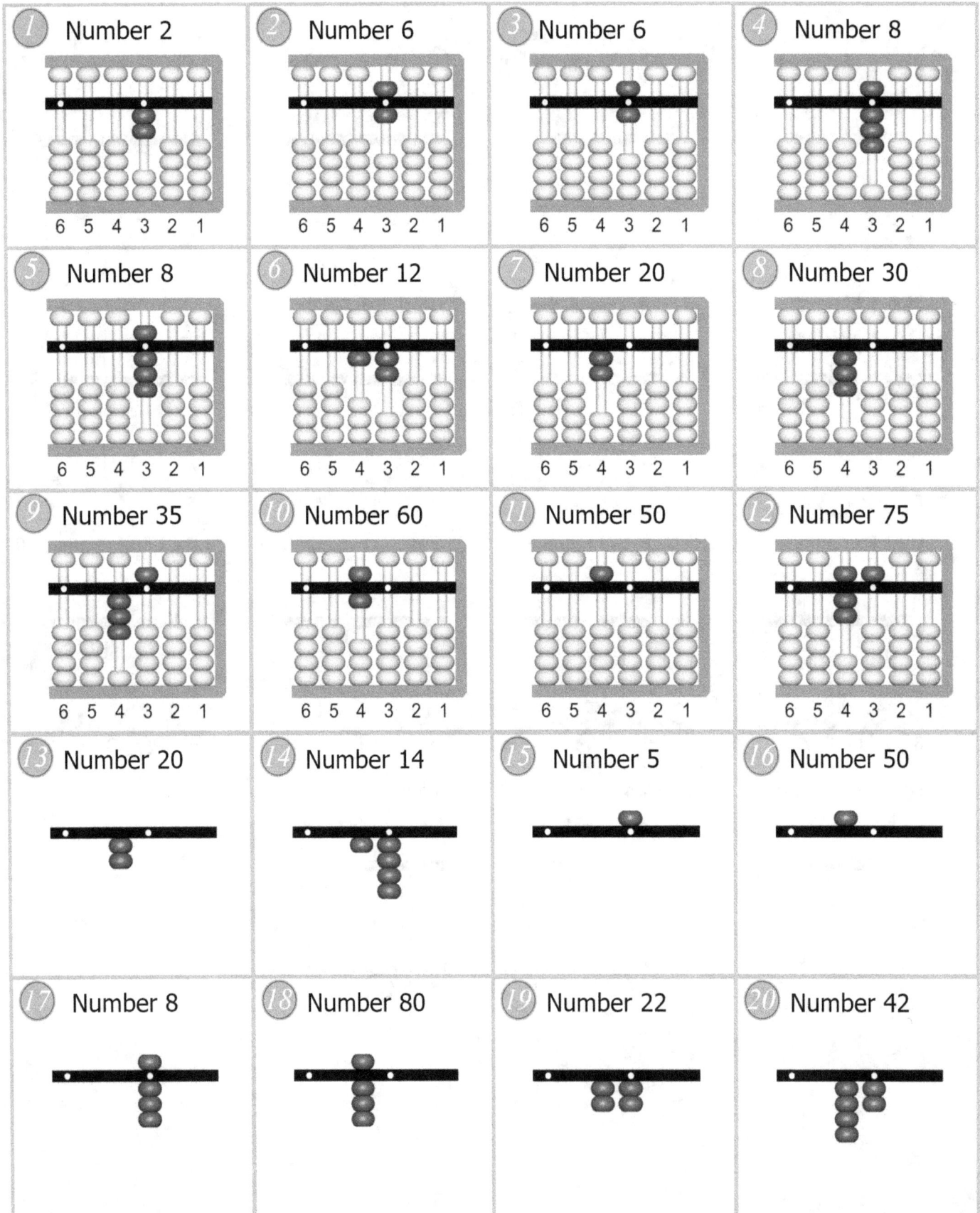

ANSWERS - 4

㉑ Number 49	㉒ Number 16	㉓ Number 0	㉔ Number 87
㉕ Number 10	㉖ Number 25	㉗ Number 41	㉘ Number 9
㉙ Number 74	㉚ Number 12	㉛ Number 22	㉜ Number 78
㉝ Number 14	㉞ Number 95	㉟ Number 58	㊱ Number 66
㊲ Number 4	㊳ Number 55	㊴ Number 92	㊵ Number 2

ANSWERS - 4

41) Number 20	42) Number 33	43) Number 55	44) Number 63
45) Number 15	46) Number 7	47) Number 36	48) Number 39
49) Number 94	50) Number 57	51) Number 27	52) Number 82
53) Number 13	54) Number 88	55) Number 4	56) Number 6
57) Number 9	58) Number 4	59) Number 5	60) Number 11

ANSWERS - 4

61) Number 6	62) Number 9	63) Number 9	64) Number 11
65) Number 13	66) Number 10	67) Number 14	68) Number 11
69) Number 13	70) Number 8	71) Number 12	72) Number 12
73) Number 16	74) Number 17	75) Number 13	76) Number 15
77) Number 18	78) Number 15	79) Number 17	80) Number 20

ANSWERS - 4

81 Number 25	**82** Number 36	**83** Number 24	**84** Number 17
85 Number 21	**86** Number 48	**87** Number 27	**88** Number 33
89 Number 36	**90** Number 33	**91** Number 60	**92** Number 52
93 Number 52	**94** Number 61	**95** Number 66	**96** Number 81
97 Number 77	**98** Number 83	**99** Number 99	**100** Number 78

ANSWERS - 4

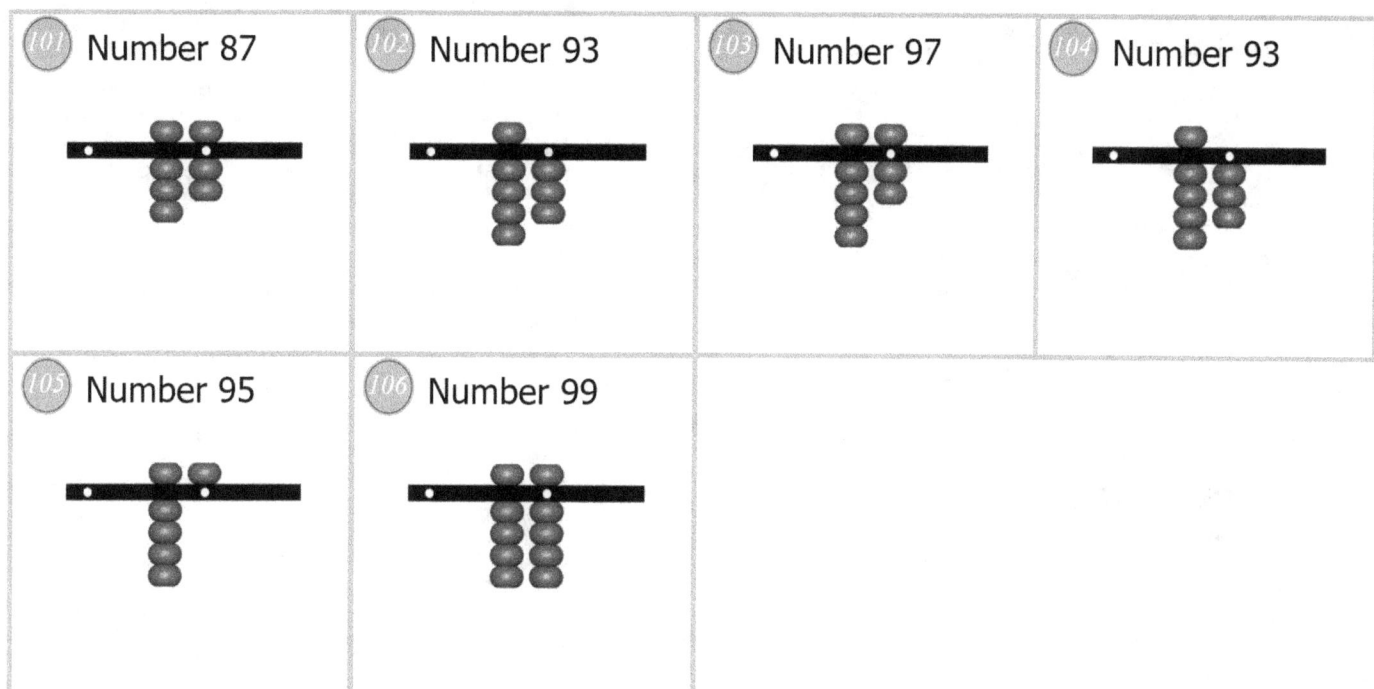

ANSWERS - 5

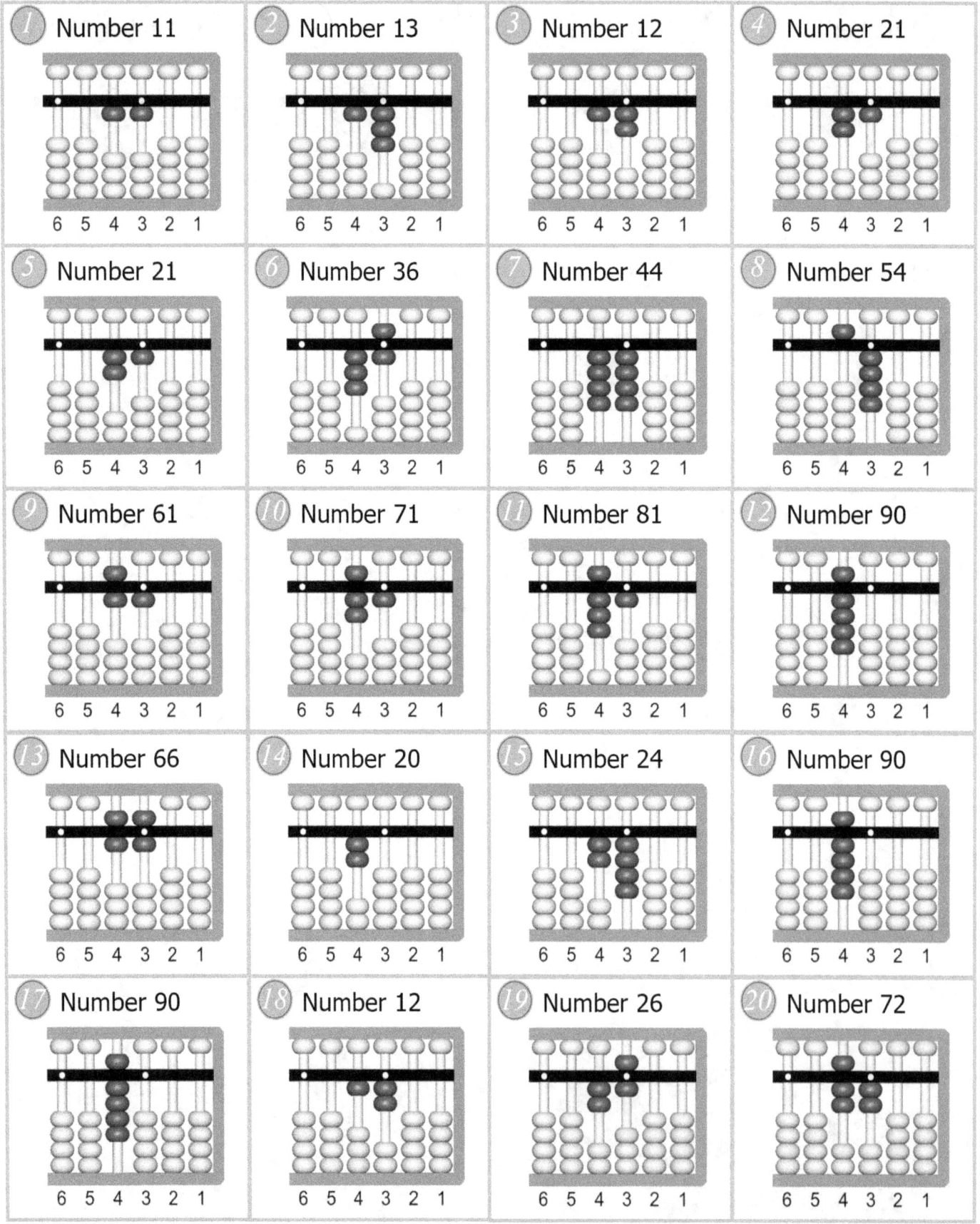

ANSWERS - 5

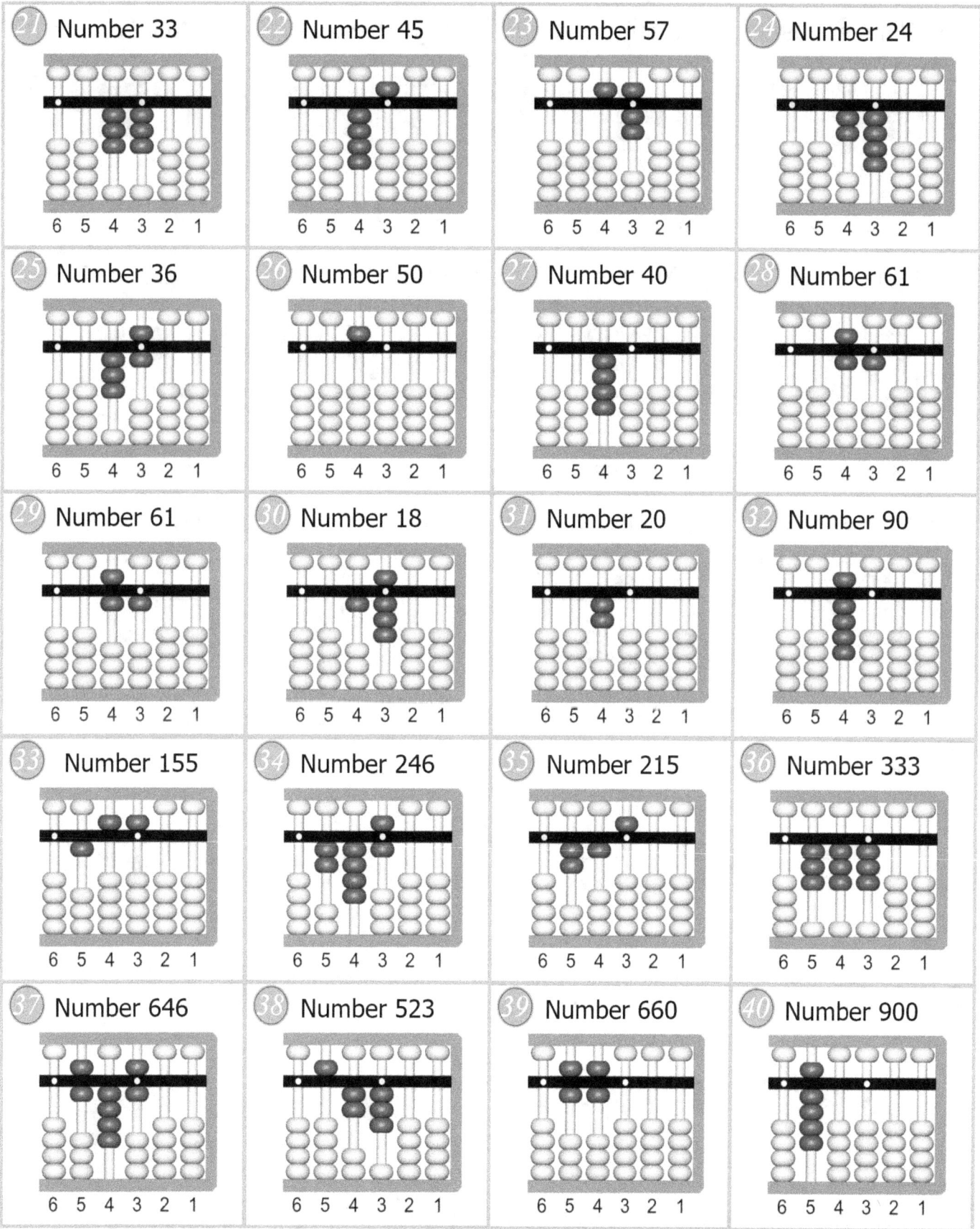

ANSWERS - 5

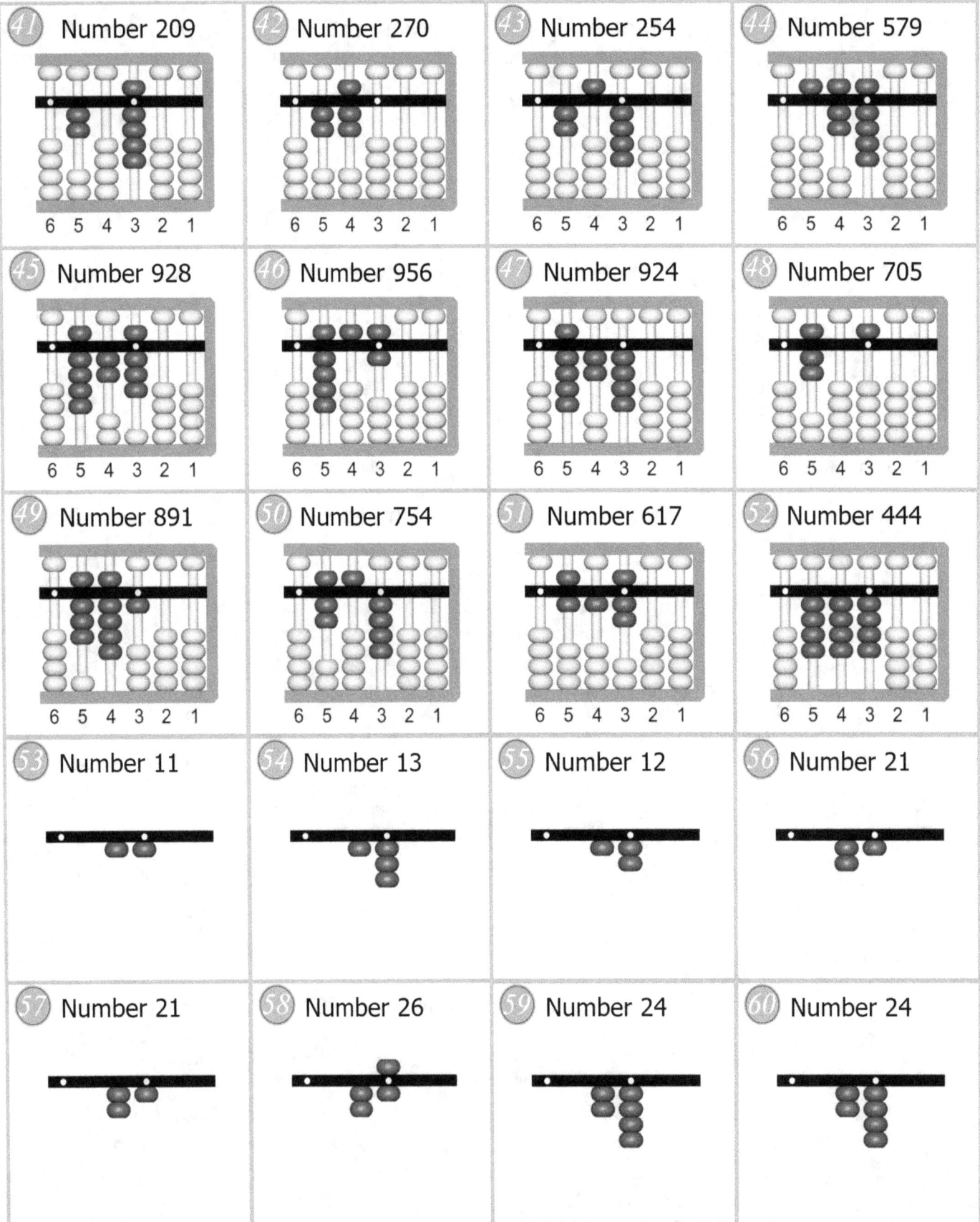

ANSWERS - 5

⑥¹ Number 31	⑥² Number 32	⑥³ Number 23	⑥⁴ Number 18
⑥⁵ Number 27	⑥⁶ Number 24	⑥⁷ Number 34	⑥⁸ Number 35
⑥⁹ Number 43	⑦⁰ Number 34	⑦¹ Number 31	⑦² Number 61
⑦³ Number 64	⑦⁴ Number 72	⑦⁵ Number 77	⑦⁶ Number 75
⑦⁷ Number 81	⑦⁸ Number 81	⑦⁹ Number 87	⁸⁰ Number 81

ANSWERS - 5

81) Number 61	82) Number 43	83) Number 23	84) Number 41
85) Number 22	86) Number 20	87) Number 82	88) Number 91
89) Number 74	90) Number 44	91) Number 21	92) Number 62
93) Number 74	94) Number 80	95) Number 91	96) Number 99
97) Number 60	98) Number 72	99) Number 86	100) Number 93

ANSWERS - 5

| 101 Number 20 | 102 Number 31 | 103 Number 41 | 104 Number 51 |

ANSWERS - 6

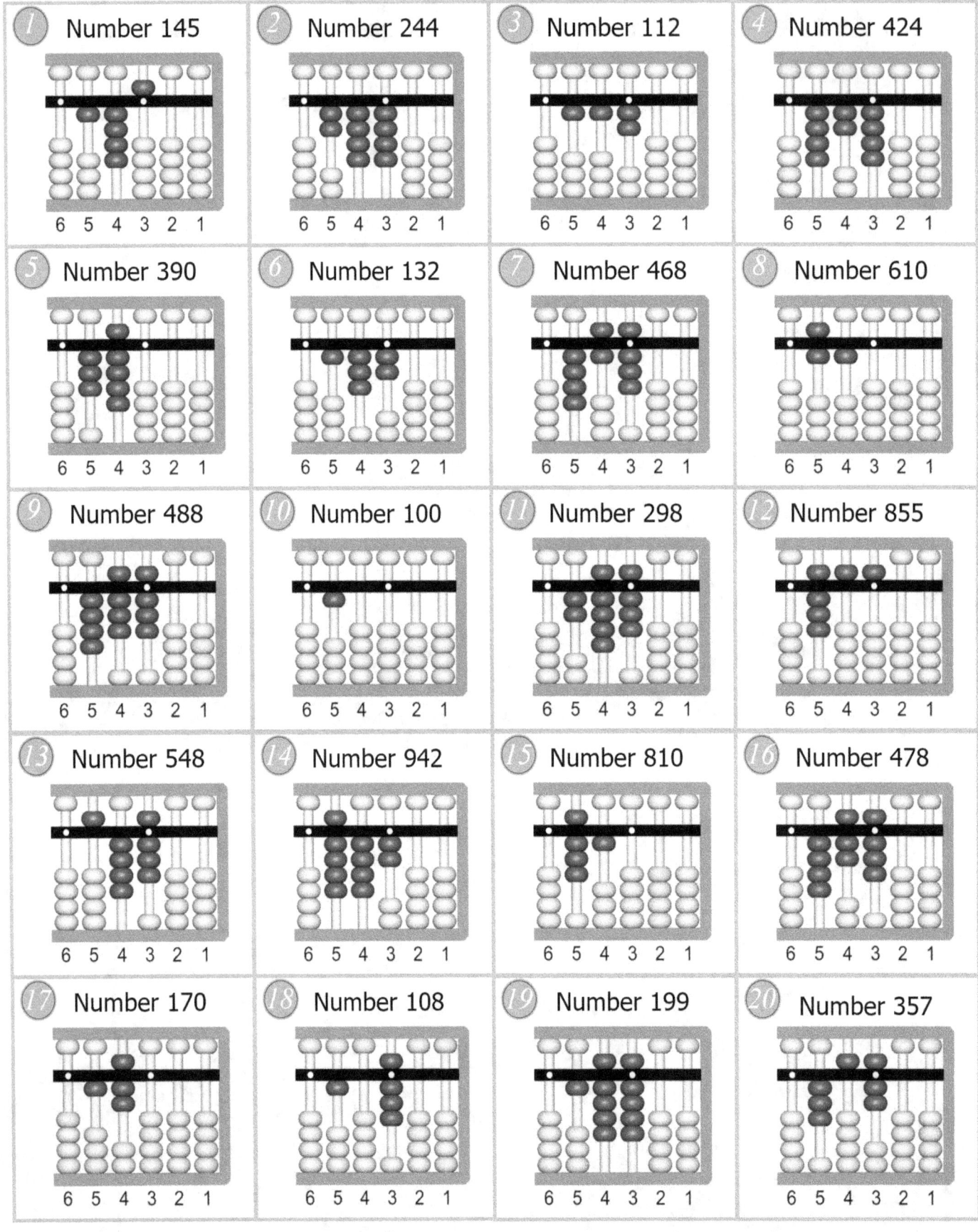

ANSWERS - 6

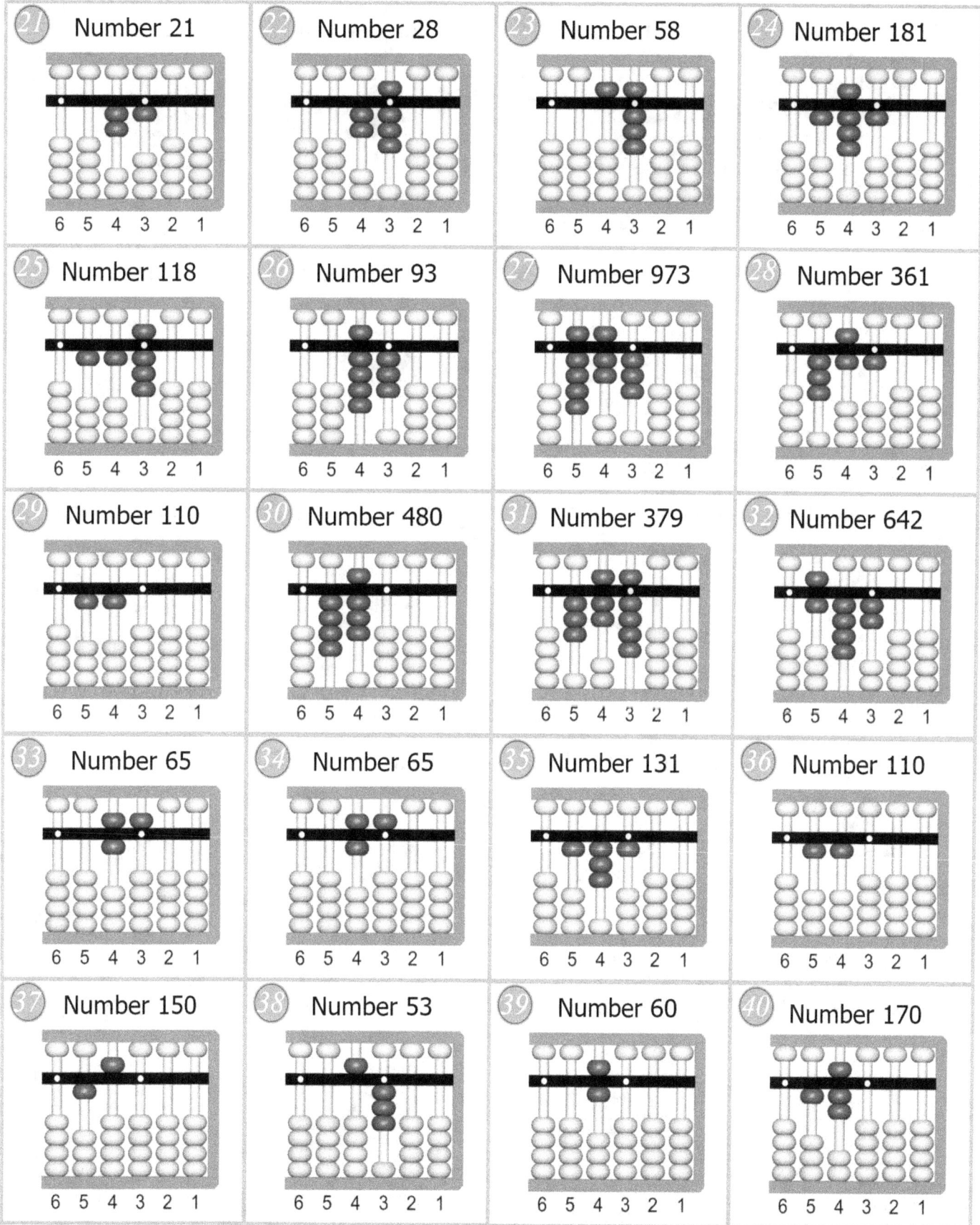

ANSWERS - 6

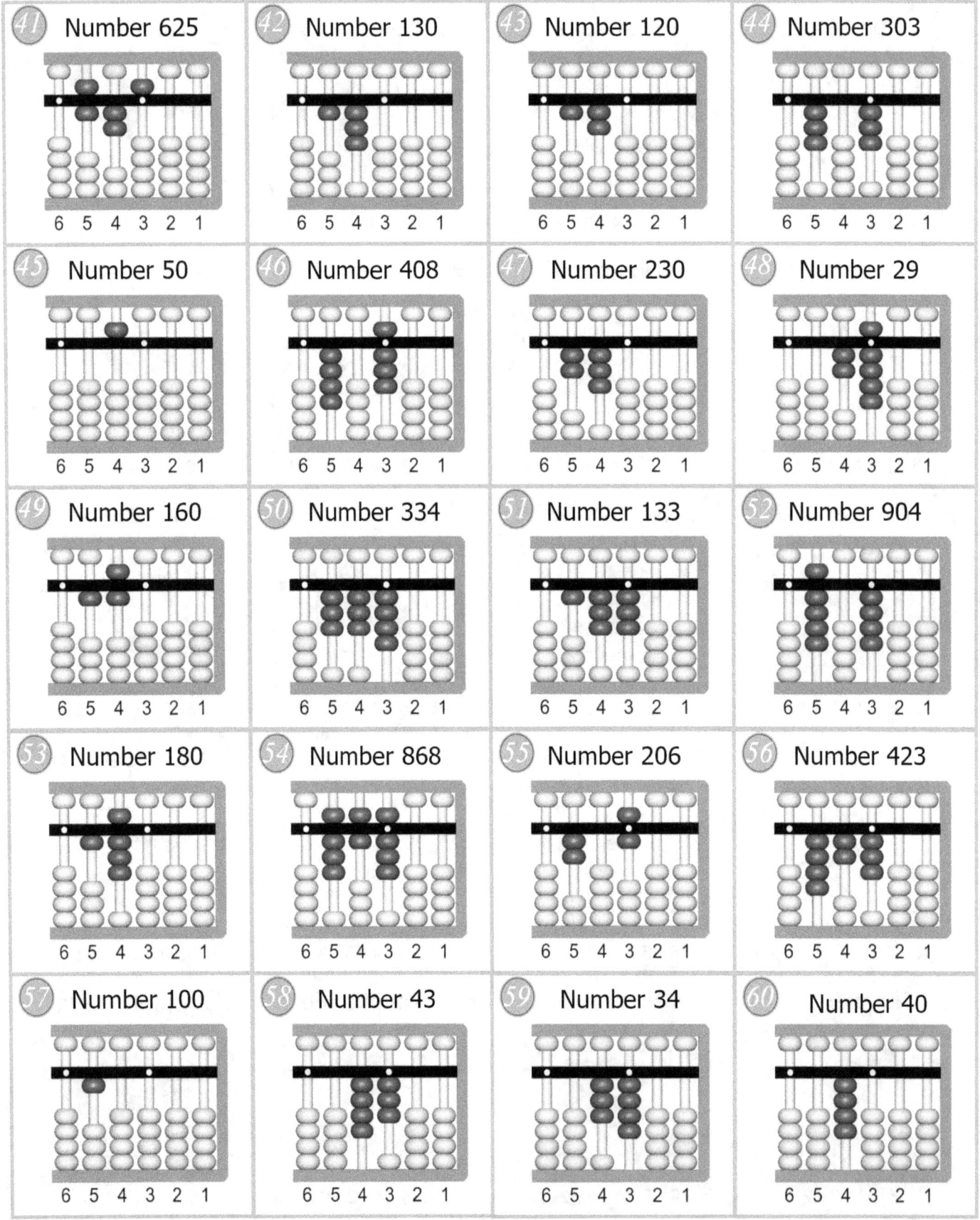

ANSWERS - 6

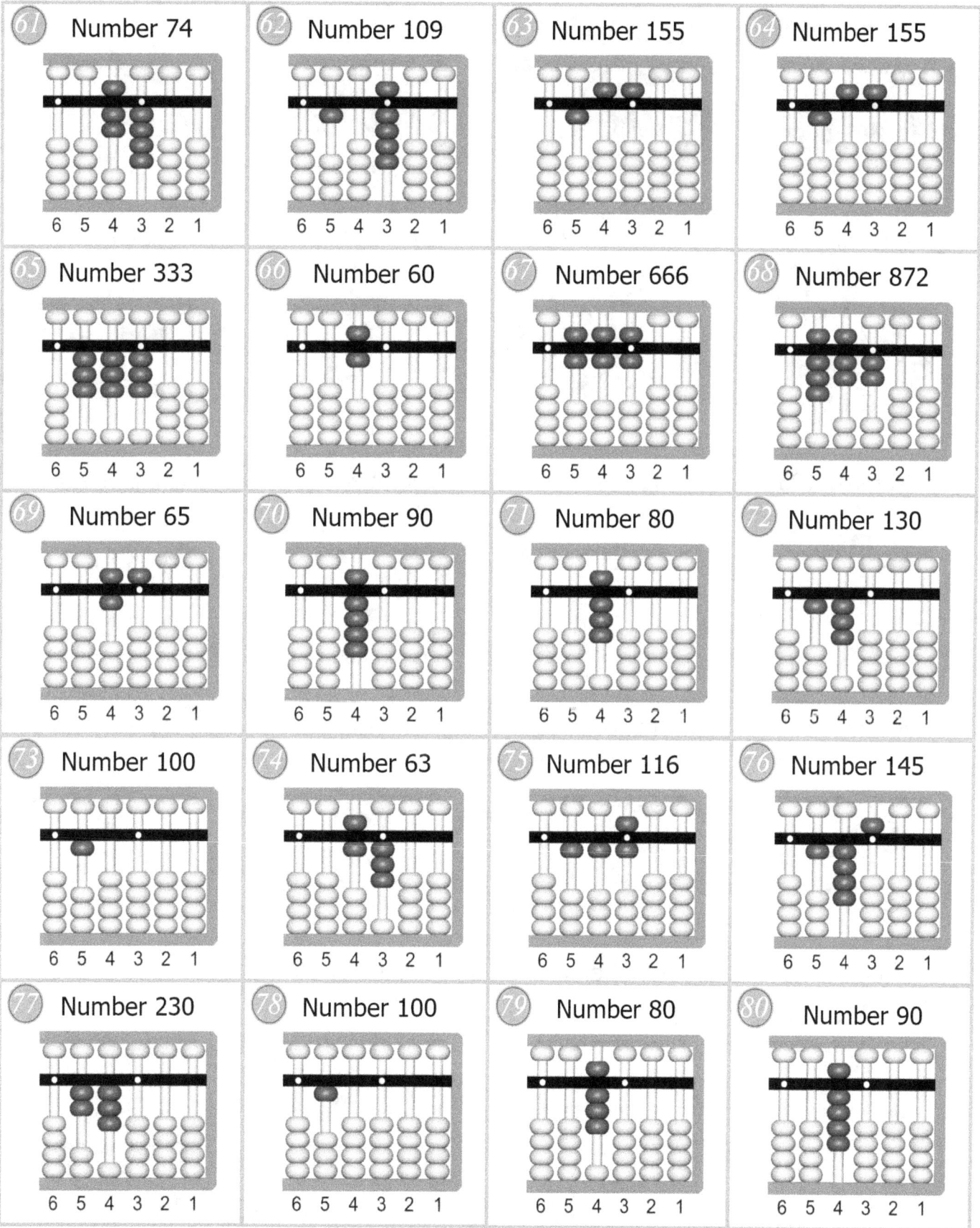

ANSWERS - 6

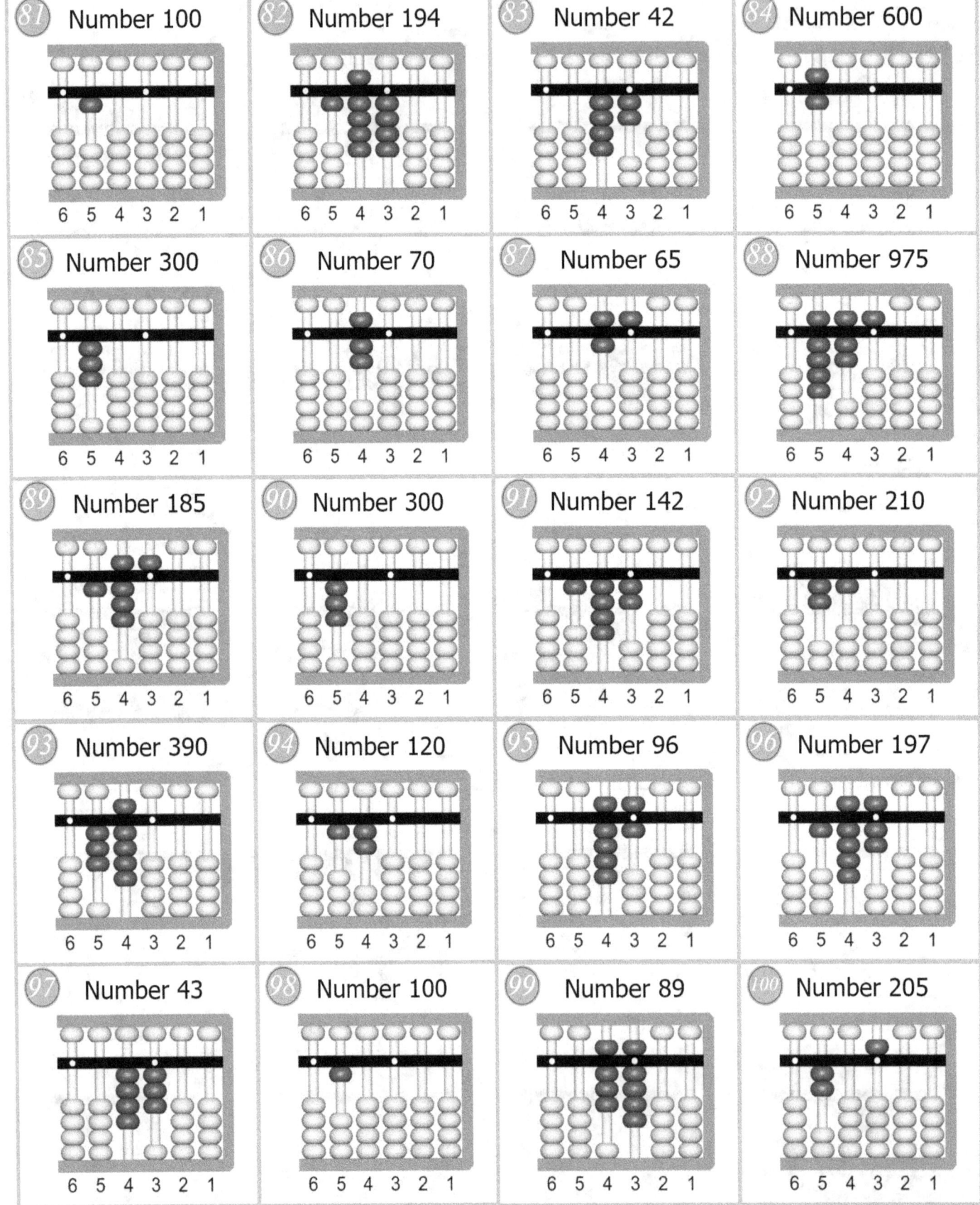

ANSWERS - 7

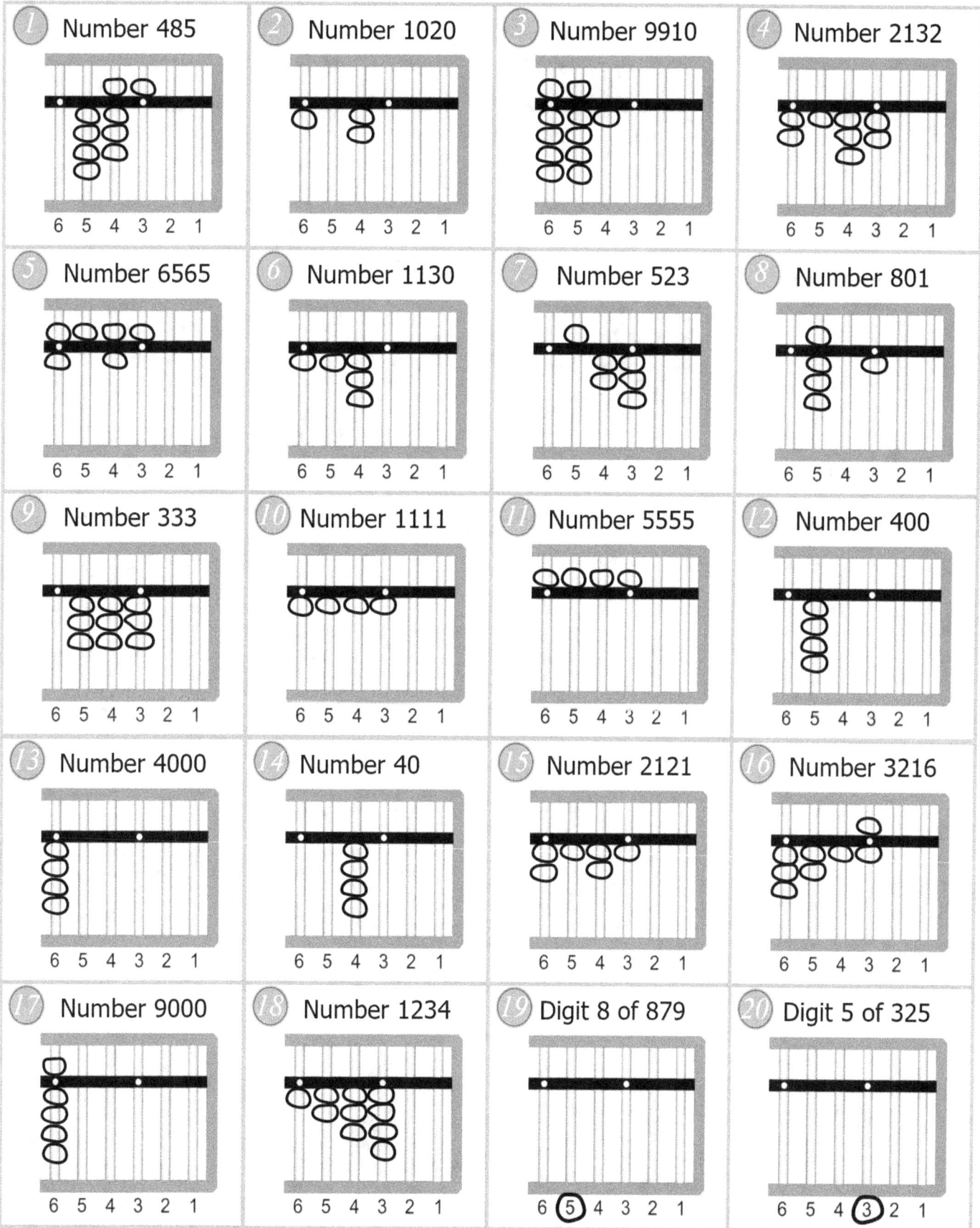

ANSWERS - 7

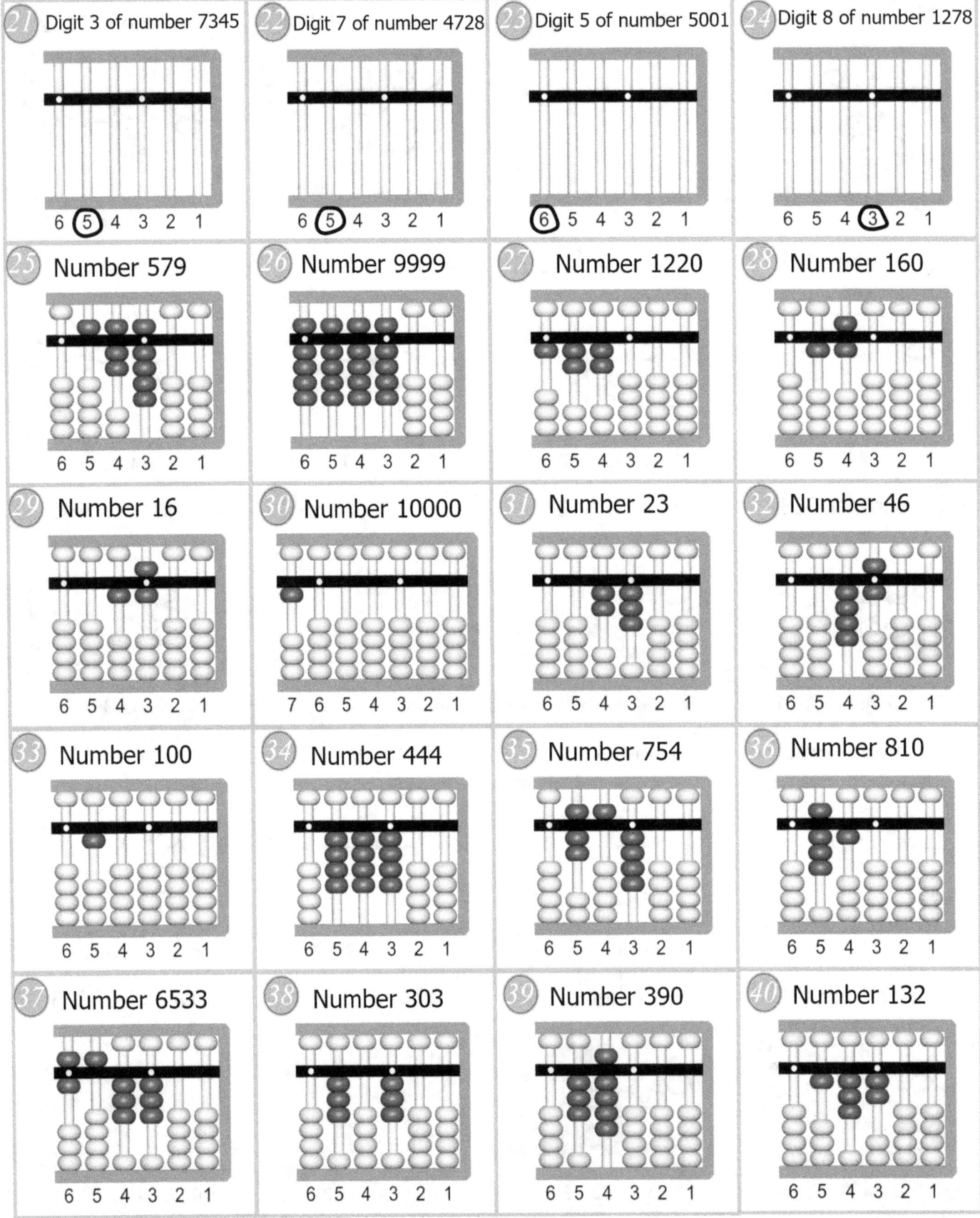

ANSWERS - 7

41 Number 6533	**42** Number 244	**43** Number 4	**44** Number 50
45 Number 112	**46** Number 33	**47** Number 55	**48** Number 55
49 Number 131	**50** Number 133	**51** Number 424	**52** Number 13
53 Number 46	**54** Number 33	**55** Number 21	**56** Number 23
57 Number 50	**58** Number 160	**59** Number 244	**60** Number 334

ANSWERS - 7

170

61) Number 523	**62)** Number 100	**63)** Number 10	**64)** Number 70
65) Number 254	**66)** Number 705	**67)** Number 194	**68)** Number 523
69) Number 868	**70)** Number 300	**71)** Number 104	**72)** Number 22
73) Number 210	**74)** Number 130		

ANSWERS - 8

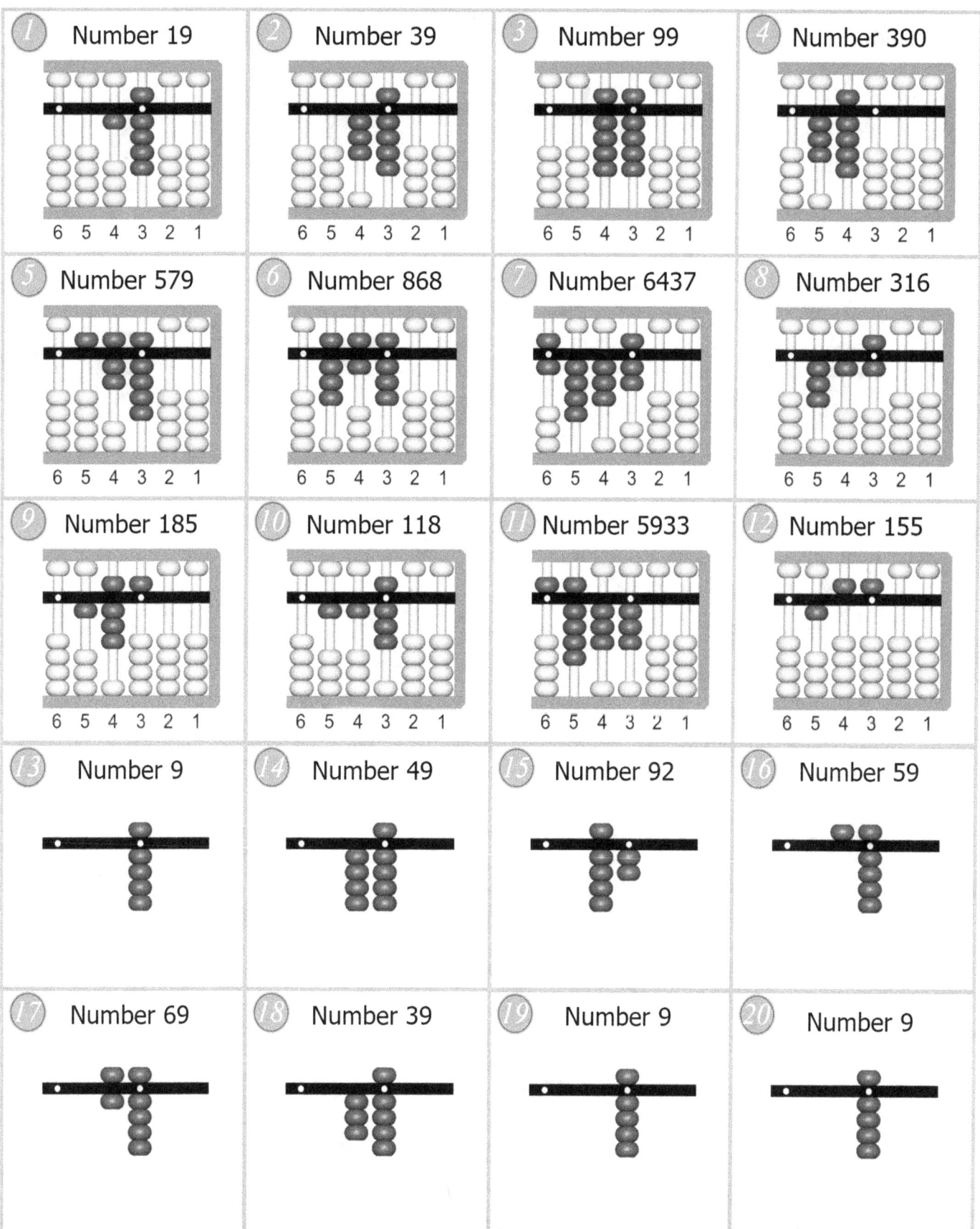

ANSWERS - 8

21) Number 9	22) Number 9	23) Number 4	24) Number 84
25) Number 39	26) Number 69	27) Number 59	28) Number 99
29) Number 39	30) Number 59	31) Number 49	32) Number 104
33) Number 90	34) Number 79	35) Number 19	36) Number 18
37) Number 9	38) Number 80	39) Number 29	40) Number 90

ANSWERS - 9

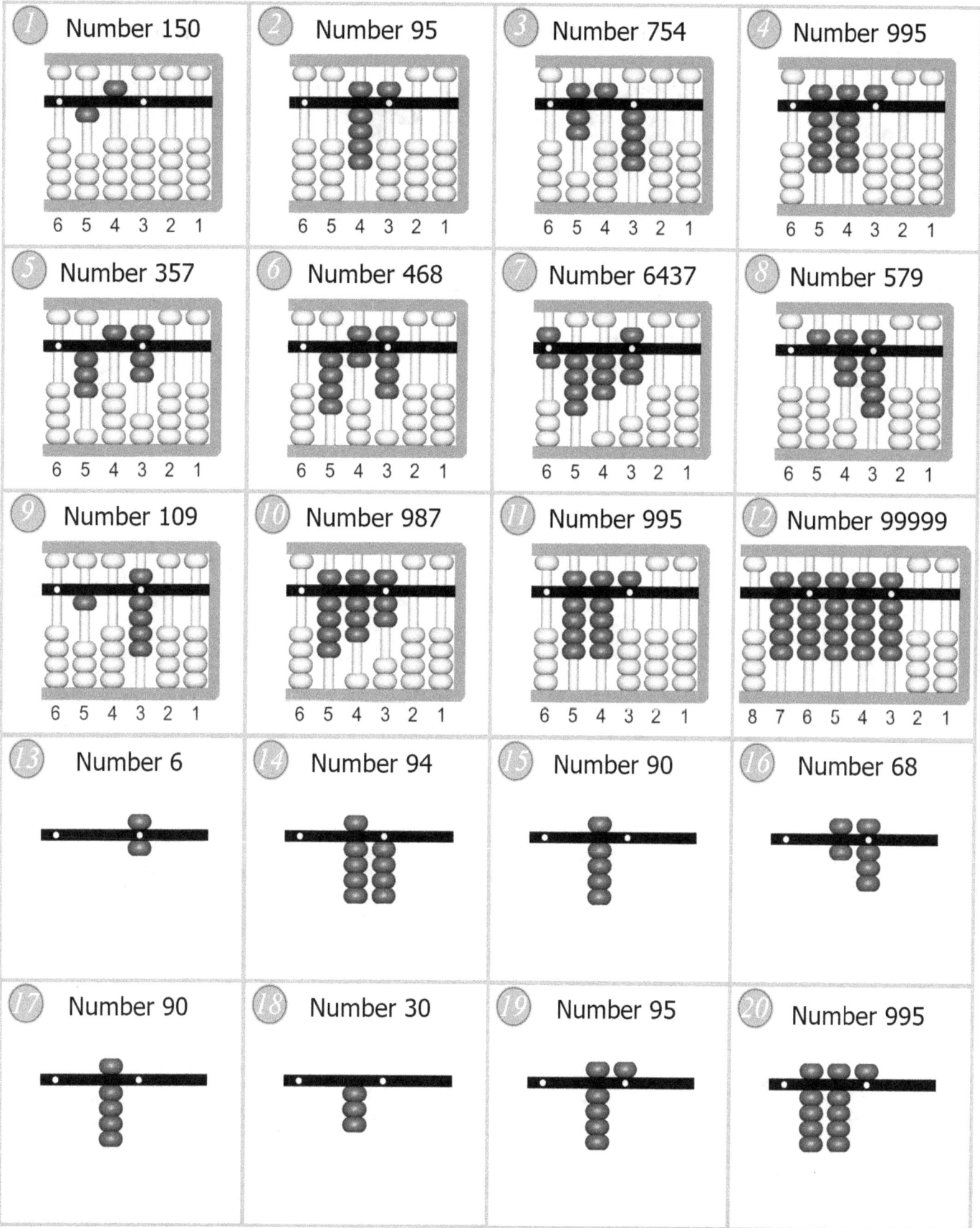

ANSWERS - 9

21 Number 204	**22** Number 9999	**23** Number 120	**24** Number 72
25 Number 40	**26** Number 72	**27** Number 52	**28** Number 109
29 Number 119	**30** Number 91	**31** Number 191	**32** Number 390
33 Number 548	**34** Number 63	**35** Number 40	**36** Number 334
37 Number 185	**38** Number 78	**39** Number 377	**40** Number 213

ANSWERS - 10

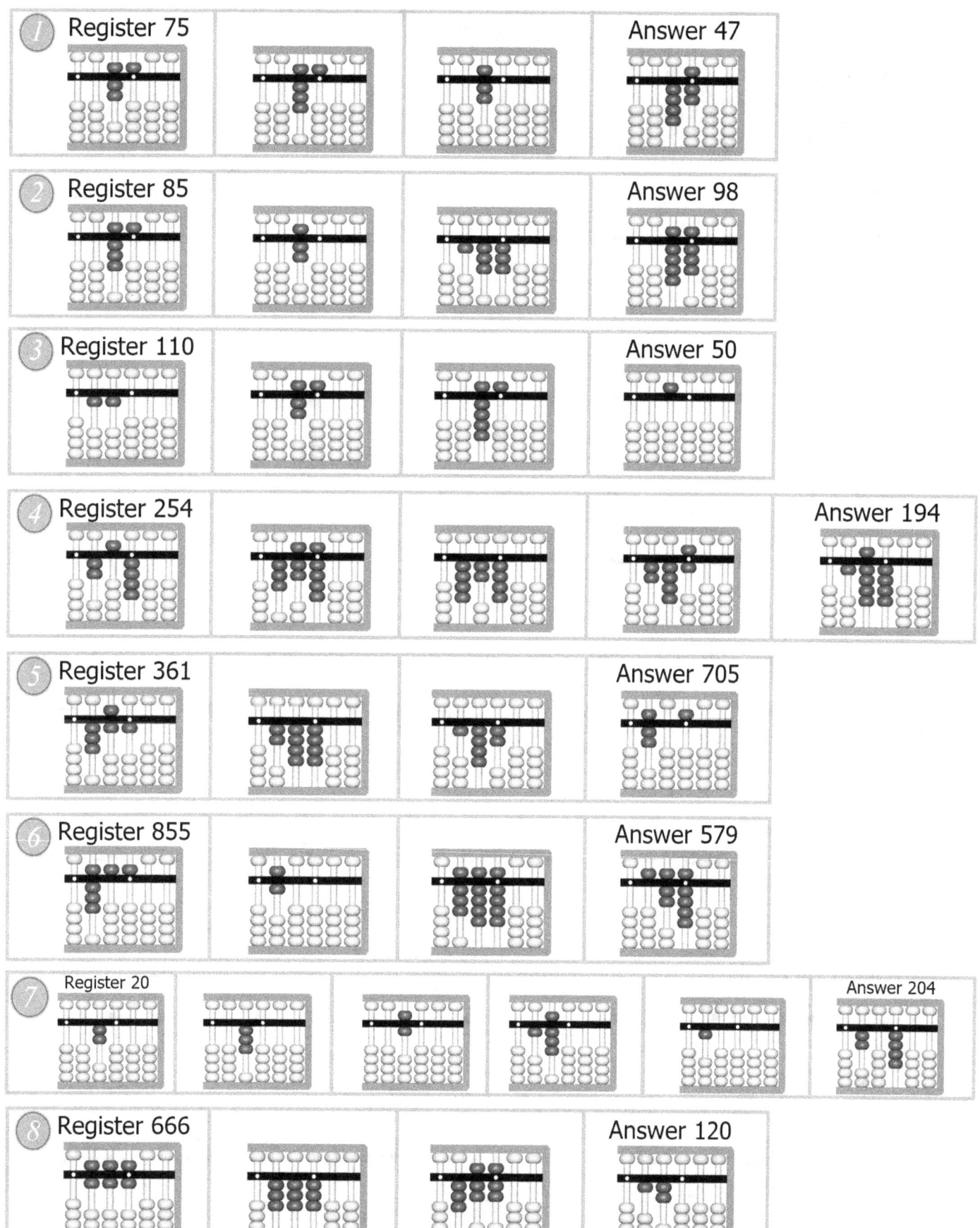

ANSWERS - 10

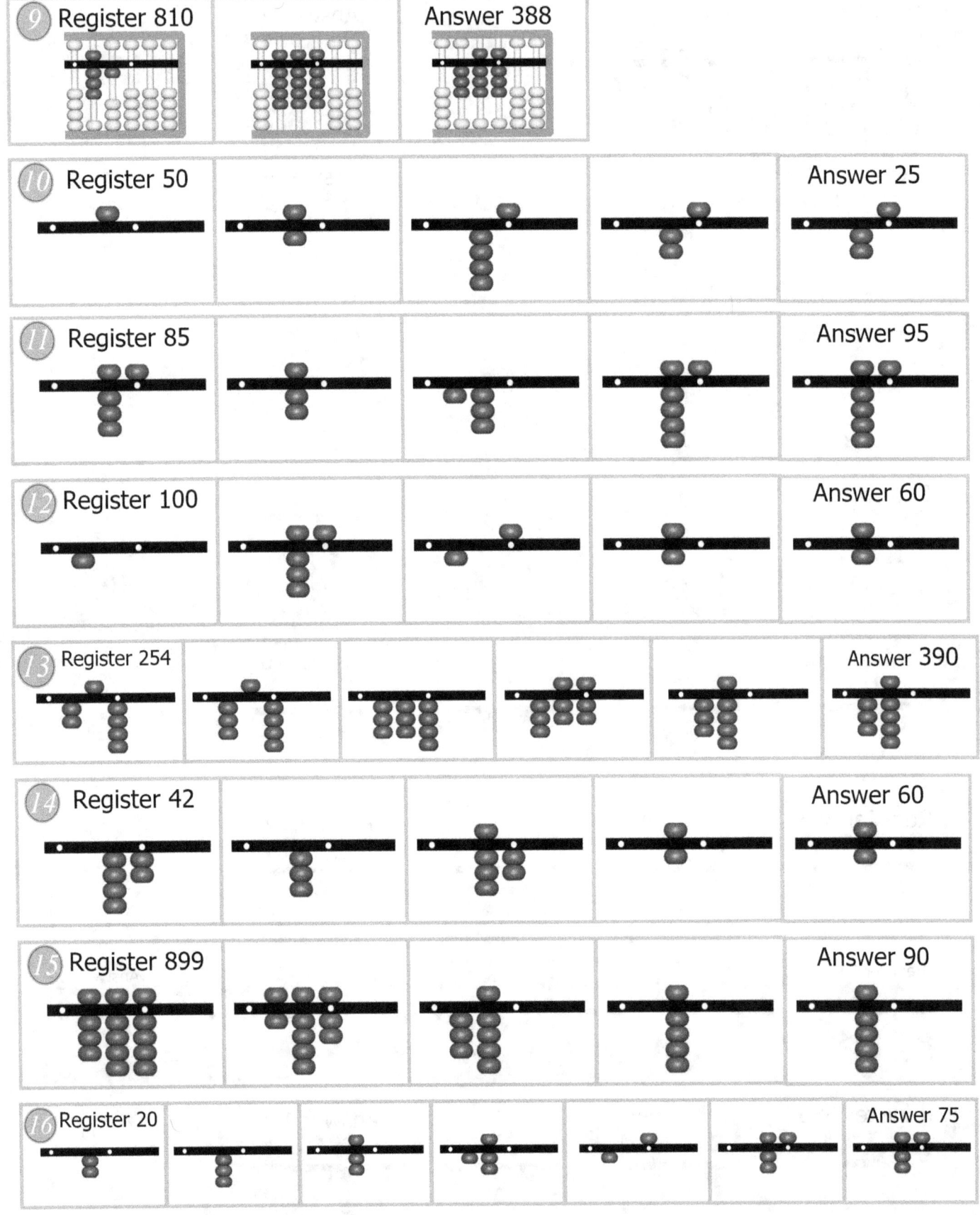

ANSWERS TO REUSABLE WORK

ANSWERS - Reusable - Page 1

A

#			
1	25	20	45
2	25	22	47
3	52	33	85
4	16	12	28
5	25	22	47
6	44	20	64
7	52	41	93
8	39	25	64
9	12	9	21
10	79	75	154
11	95	82	177
12	32	14	46
13	65	42	107
14	12	32	44
15	72	45	117
16	85	65	150
17	25	22	47
18	10	8	18
19	11	5	16
20	51	21	72
21	64	64	128
22	48	45	93
23	85	65	150
24	48	18	66
25	12	8	20
26	8	3	11
27	21	1	22
28	99	98	197
29	47	12	59
30	76	3	79

B

#			
1	65	55	120
2	23	22	45
3	60	32	92
4	26	12	38
5	14	12	26
6	44	41	85
7	65	52	117
8	63	37	100
9	74	15	89
10	85	75	160
11	88	82	170
12	36	18	54
13	54	42	96
14	26	32	58
15	85	20	105
16	55	25	80
17	92	6	98
18	75	12	87
19	76	11	87
20	65	55	120
21	66	64	130
22	49	22	71
23	85	66	151
24	91	18	109
25	21	10	31
26	26	5	31
27	26	6	32
28	52	23	75
29	58	47	105
30	56	26	82

C

#			
1	56	55	111
2	66	25	91
3	41	32	73
4	45	16	61
5	12	10	22
6	65	44	109
7	13	12	25
8	55	36	91
9	96	12	108
10	85	79	164
11	30	19	49
12	30	32	62
13	25	24	49
14	30	12	42
15	65	72	137
16	54	32	86
17	47	6	53
18	60	12	72
19	13	11	24
20	56	55	111
21	96	64	160
22	55	45	100
23	44	23	67
24	22	18	40
25	45	10	55
26	85	3	88
27	58	9	67
28	99	12	111
29	90	47	137
30	88	3	91

D

#			
1	82	55	137
2	28	25	53
3	42	32	74
4	32	22	54
5	82	22	104
6	25	18	43
7	76	42	118
8	33	32	65
9	21	20	41
10	55	25	80
11	30	19	49
12	36	32	68
13	65	24	89
14	12	12	24
15	72	72	144
16	85	32	117
17	25	6	31
18	39	36	75
19	55	54	109
20	51	26	77
21	64	23	87
22	32	30	62
23	92	5	97
24	75	6	81
25	76	20	96
26	85	65	150
27	58	8	66
28	99	14	113
29	90	47	137
30	77	11	88

ANSWERS - Reusable - Page 2

A

#			
1	21	55	76
2	31	25	56
3	41	32	73
4	18	22	40
5	25	36	61
6	45	18	63
7	52	66	118
8	32	32	64
9	12	12	24
10	77	25	102
11	95	21	116
12	31	32	63
13	65	25	90
14	12	13	25
15	72	77	149
16	85	32	117
17	85	6	91
18	10	66	76
19	11	54	65
20	52	26	78
21	64	23	87
22	48	32	80
23	85	9	94
24	78	6	84
25	12	22	34
26	8	55	63
27	21	8	29
28	99	15	114
29	88	47	135
30	76	12	88

B

#			
1	52	55	107
2	63	22	85
3	41	32	73
4	42	12	54
5	96	12	108
6	85	41	126
7	30	55	85
8	30	37	67
9	66	15	81
10	30	75	105
11	65	88	153
12	54	18	72
13	55	42	97
14	60	32	92
15	13	22	35
16	56	25	81
17	99	6	105
18	60	12	72
19	13	12	25
20	56	56	112
21	96	77	173
22	55	44	99
23	44	66	110
24	33	18	51
25	45	10	55
26	85	8	93
27	58	6	64
28	99	25	124
29	25	47	72
30	26	26	52

C

#			
1	56	65	121
2	66	23	89
3	41	60	101
4	45	26	71
5	12	14	26
6	65	44	109
7	13	65	78
8	55	63	118
9	96	74	170
10	85	85	170
11	30	88	118
12	30	36	66
13	25	54	79
14	30	26	56
15	65	85	150
16	54	55	109
17	47	92	139
18	60	75	135
19	13	76	89
20	56	65	121
21	96	66	162
22	55	49	104
23	44	85	129
24	22	91	113
25	45	21	66
26	85	26	111
27	58	26	84
28	99	52	151
29	90	58	148
30	76	56	132

D

#			
1	33	56	89
2	30	66	96
3	25	45	70
4	30	45	75
5	65	12	77
6	66	65	131
7	47	13	60
8	60	35	95
9	13	96	109
10	55	88	143
11	30	30	60
12	36	30	66
13	64	25	89
14	12	39	51
15	72	45	117
16	85	54	139
17	52	47	99
18	39	60	99
19	55	34	89
20	51	56	107
21	58	96	154
22	32	55	87
23	88	45	133
24	75	22	97
25	76	25	101
26	85	9	94
27	25	58	83
28	99	5	104
29	45	90	135
30	88	76	164

ANSWERS – Reusable – Page 3

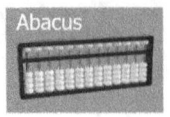

A

#			
1	25	-20	5
2	25	-13	12
3	52	-30	22
4	85	-41	44
5	25	-9	16
6	66	-54	12
7	52	-13	39
8	39	-20	19
9	74	-20	54
10	79	-15	64
11	95	-65	30
12	32	-32	0
13	65	-7	58
14	12	-8	4
15	72	-45	27
16	85	-65	20
17	25	-22	3
18	10	-8	2
19	11	-5	6
20	51	-40	11
21	64	-33	31
22	48	-3	45
23	85	-2	83
24	48	-7	41
25	12	-5	7
26	88	-41	47
27	21	-14	7
28	99	-2	97
29	47	-12	35
30	76	-3	73

B

#			
1	42	-3	39
2	32	-6	26
3	45	-8	37
4	65	-4	61
5	22	-3	19
6	37	-15	22
7	64	-32	32
8	51	-41	10
9	64	-50	14
10	45	-6	39
11	65	-3	62
12	64	-23	41
13	12	-10	2
14	94	-4	90
15	55	-47	8
16	55	-30	25
17	92	-53	39
18	75	-23	52
19	76	-55	21
20	65	-5	60
21	85	-70	15
22	49	-19	30
23	85	-14	71
24	91	-5	86
25	21	-6	15
26	26	-1	25
27	26	-12	14
28	52	-7	45
29	58	-47	11
30	56	-26	30

C

#			
1	66	-33	33
2	63	-35	28
3	39	-12	27
4	45	-8	37
5	22	-12	10
6	65	-5	60
7	44	-41	3
8	55	-8	47
9	96	-15	81
10	85	-9	76
11	30	-4	26
12	30	-12	18
13	25	-16	9
14	88	-74	14
15	65	-33	32
16	98	-66	32
17	47	-6	41
18	60	-13	47
19	13	-2	11
20	56	-51	5
21	96	-12	84
22	55	-44	11
23	44	-33	11
24	22	-3	19
25	45	-2	43
26	85	-9	76
27	58	-5	53
28	99	-41	58
29	90	-14	76
30	76	-2	74

D

#			
1	55	-10	45
2	20	-8	12
3	40	-14	26
4	32	-13	19
5	82	-9	73
6	25	-18	7
7	76	-15	61
8	33	-14	19
9	66	-44	22
10	55	-12	43
11	30	-16	14
12	36	-16	20
13	65	-45	20
14	36	-12	24
15	72	-33	39
16	85	-25	60
17	25	-12	13
18	39	-10	29
19	55	-24	31
20	51	-8	43
21	64	-12	52
22	32	-5	27
23	92	-41	51
24	75	-8	67
25	76	-15	61
26	85	-9	76
27	58	-4	54
28	99	-12	87
29	90	-23	67
30	77	-6	71

ANSWERS - Reusable - Page 4

A

#			
1	44	-10	34
2	35	-8	27
3	45	-14	31
4	65	-13	52
5	25	-9	16
6	37	-4	33
7	64	-15	49
8	44	-14	30
9	64	-25	39
10	45	-12	33
11	66	-16	50
12	32	-16	16
13	65	-32	33
14	12	-12	0
15	72	-33	39
16	88	-25	63
17	25	-12	13
18	10	-8	2
19	55	-25	30
20	51	-8	43
21	66	-12	54
22	48	-8	40
23	85	-41	44
24	44	-8	36
25	12	-11	1
26	88	-9	79
27	32	-4	28
28	99	-14	85
29	47	-23	24
30	77	-6	71

B

#			
1	55	-33	22
2	55	-35	20
3	77	-12	65
4	85	-8	77
5	30	-14	16
6	44	-5	39
7	99	-88	11
8	88	-8	80
9	65	-15	50
10	78	-9	69
11	47	-7	40
12	64	-12	52
13	85	-16	69
14	94	-74	20
15	55	-21	34
16	87	-66	21
17	92	-6	86
18	75	-13	62
19	76	-7	69
20	77	-51	26
21	85	-15	70
22	21	-12	9
23	85	-33	52
24	91	-3	88
25	21	-2	19
26	55	-9	46
27	26	-8	18
28	52	-41	11
29	78	-14	64
30	56	-4	52

C

#			
1	66	-3	63
2	85	-13	72
3	25	-7	18
4	64	-4	60
5	55	-18	37
6	51	-15	36
7	77	-32	45
8	32	-21	11
9	92	-50	42
10	37	-6	31
11	76	-3	73
12	85	-23	62
13	58	-10	48
14	99	-9	90
15	90	-47	43
16	88	-30	58
17	96	-53	43
18	60	-5	55
19	65	-55	10
20	56	-5	51
21	77	-70	7
22	55	-35	20
23	44	-14	30
24	55	-5	50
25	45	-7	38
26	85	-15	70
27	75	-64	11
28	80	-7	73
29	90	-80	10
30	79	-26	53

D

#			
1	67	-20	47
2	55	-26	29
3	92	-30	62
4	75	-43	32
5	84	-9	75
6	65	-32	33
7	97	-13	84
8	33	-25	8
9	94	-20	74
10	55	-27	28
11	99	-65	34
12	36	-14	22
13	66	-8	58
14	36	-9	27
15	84	-45	39
16	85	-36	49
17	25	-22	3
18	39	-7	32
19	49	-5	44
20	51	-31	20
21	64	-33	31
22	91	-3	88
23	92	-74	18
24	83	-7	76
25	76	-4	72
26	73	-42	31
27	58	-14	44
28	99	-15	84
29	90	-75	15
30	82	-43	39

ANSWERS – Reusable – Page 5

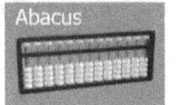

A

#				
1	41	20	-18	43
2	16	22	-12	26
3	44	32	-15	61
4	33	16	-12	37
5	20	22	-20	22
6	45	41	-12	74
7	72	52	-32	92
8	62	36	-41	57
9	80	12	-8	84
10	14	75	-55	34
11	23	82	-12	93
12	36	14	-19	31
13	20	42	-19	43
14	66	32	-15	83
15	45	45	-62	28
16	55	65	-32	88
17	12	22	-5	29
18	41	10	-8	43
19	25	11	-6	30
20	55	51	-2	104
21	99	64	-45	118
22	32	45	-15	62
23	15	65	-15	65
24	13	18	-6	25
25	47	12	-6	53
26	88	3	-12	79
27	66	1	-15	52
28	82	98	-75	105
29	92	47	-33	106
30	24	76	-66	34

B

#				
1	15	85	-5	95
2	23	15	-12	26
3	60	45	-15	90
4	26	35	-8	53
5	14	23	-4	33
6	44	45	-12	77
7	55	74	-12	117
8	63	62	-25	100
9	74	82	-9	147
10	46	14	-54	6
11	14	38	-13	39
12	36	33	-20	49
13	14	20	-20	14
14	26	65	-16	75
15	85	45	-65	65
16	55	54	-32	77
17	92	12	-7	97
18	75	12	-8	79
19	76	13	-3	86
20	65	55	-2	118
21	32	96	-45	83
22	26	32	-14	44
23	85	12	-33	64
24	91	13	-4	100
25	21	47	-2	66
26	26	85	-9	102
27	26	66	-5	87
28	4	82	-42	44
29	18	91	-14	95
30	9	23	-2	30

C

#				
1	20	55	-4	71
2	25	22	-3	44
3	32	32	-6	58
4	16	18	-6	28
5	22	22	-5	39
6	44	41	-2	83
7	52	52	-6	98
8	36	37	-10	63
9	12	12	-9	15
10	79	75	-22	132
11	19	82	-2	99
12	32	18	-12	38
13	24	42	-6	60
14	12	32	-4	40
15	72	20	-3	89
16	32	65	-10	87
17	64	6	-24	46
18	10	11	-13	8
19	11	11	-2	20
20	51	55	-51	55
21	64	64	-12	116
22	48	45	-44	49
23	65	66	-33	98
24	18	18	-3	33
25	12	10	-2	20
26	32	3	-9	26
27	35	1	-5	31
28	98	99	-41	156
29	47	47	-14	80
30	76	76	-2	150

ANSWERS – Reusable – Page 6

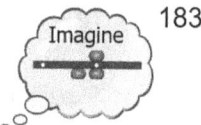

A

#				
1	52	74	-18	108
2	16	52	-12	56
3	33	82	-15	100
4	33	16	-12	37
5	20	38	-13	45
6	62	52	-12	102
7	72	21	-32	61
8	62	65	-32	95
9	80	40	-8	112
10	16	54	-55	15
11	23	12	-9	26
12	36	8	-19	25
13	44	13	-19	38
14	66	52	-15	103
15	45	96	-52	89
16	55	12	-32	35
17	44	8	-5	47
18	41	6	-8	39
19	25	47	-6	66
20	55	85	-2	138
21	99	66	-33	132
22	32	20	-15	37
23	15	91	-15	91
24	13	16	-6	23
25	47	12	-4	55
26	99	3	-12	90
27	66	3	-15	54
28	82	98	-13	167
29	92	47	-33	106
30	24	20	-23	21

B

#				
1	22	85	-5	102
2	23	82	-12	93
3	60	12	-16	56
4	16	12	-8	20
5	22	47	-4	65
6	20	85	-9	96
7	52	16	-8	60
8	36	88	-25	99
9	12	91	-9	94
10	79	23	-44	58
11	19	17	-13	23
12	32	9	-20	21
13	24	9	-18	15
14	12	28	-12	28
15	16	47	-15	48
16	32	76	-5	103
17	64	22	-20	66
18	10	55	-12	53
19	80	13	-32	61
20	14	30	-41	3
21	23	96	-6	113
22	36	32	-55	13
23	20	11	-12	19
24	66	11	-4	73
25	45	47	-16	76
26	55	55	-9	101
27	77	66	-25	118
28	4	82	-42	44
29	18	36	-14	40
30	9	39	-2	46

C

#				
1	10	55	-4	61
2	10	22	-3	29
3	32	36	-6	62
4	16	18	-3	31
5	22	22	-20	24
6	44	20	-12	52
7	64	50	-15	99
8	20	37	-12	45
9	11	12	-20	3
10	51	68	-12	107
11	64	55	-32	87
12	95	18	-41	72
13	85	42	-8	119
14	91	13	-55	49
15	21	5	-3	23
16	26	60	-10	76
17	28	6	-24	10
18	4	20	-13	11
19	11	41	-2	50
20	60	55	-51	64
21	64	64	-12	116
22	48	8	-44	12
23	65	76	-33	108
24	18	55	-3	70
25	99	10	-2	107
26	32	6	-9	29
27	35	12	-5	42
28	98	41	-41	98
29	47	20	-14	53
30	76	88	-2	162

ANSWERS – Reusable – Page 7

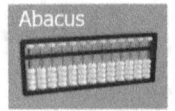

A

#				
1	88	74	-3	159
2	15	52	-3	64
3	48	82	-6	124
4	35	16	-7	44
5	25	38	-5	58
6	45	55	-2	98
7	75	21	-6	90
8	62	25	-12	75
9	82	40	-9	113
10	14	54	-22	46
11	39	12	-15	36
12	33	8	-12	29
13	20	15	-6	29
14	65	52	-10	107
15	47	96	-3	140
16	54	12	-10	56
17	18	9	-24	3
18	12	6	-13	5
19	46	47	-2	91
20	55	85	-51	89
21	96	67	-12	151
22	32	20	-44	8
23	12	91	-33	70
24	13	16	-14	15
25	88	12	-2	98
26	85	3	-20	68
27	66	12	-5	73
28	82	98	-44	136
29	85	47	-14	118
30	23	26	-12	37

B

#				
1	66	85	-15	136
2	85	88	-12	161
3	25	12	-15	22
4	65	12	-18	59
5	55	47	-20	82
6	51	95	-13	133
7	85	16	-20	81
8	32	88	-41	79
9	92	99	-7	184
10	37	23	-45	15
11	88	17	-13	92
12	85	15	-15	85
13	58	9	-22	45
14	99	36	-15	120
15	90	47	-65	72
16	99	76	-13	162
17	96	22	-7	111
18	60	56	-6	110
19	65	15	-9	71
20	56	30	-4	82
21	87	96	-26	157
22	55	32	-12	75
23	44	15	-15	44
24	55	11	-7	59
25	46	47	-4	89
26	85	60	-12	133
27	85	66	-16	135
28	80	82	-44	118
29	90	37	-33	94
30	79	42	-55	66

C

#				
1	55	55	-6	104
2	30	25	-8	47
3	25	36	-7	54
4	33	18	-4	47
5	65	40	-12	93
6	66	20	-12	74
7	47	55	-22	80
8	60	37	-42	55
9	45	12	-30	27
10	55	72	-6	121
11	30	55	-3	82
12	36	18	-33	21
13	64	42	-10	96
14	24	13	-6	31
15	72	5	-35	42
16	85	60	-30	115
17	55	6	-42	19
18	39	25	-23	41
19	55	41	-55	41
20	51	55	-42	64
21	65	64	-12	117
22	32	28	-5	55
23	88	76	-72	92
24	85	55	-18	122
25	76	12	-12	76
26	85	6	-15	76
27	25	12	-9	28
28	88	52	-9	131
29	45	20	-7	58
30	75	88	-8	155

ANSWERS - Reusable - Page 8

A

#					
1	10	20	-15	-5	10
2	30	22	-12	-3	37
3	40	32	-15	-2	55
4	5	16	-14	-4	3
5	10	22	-20	-5	7
6	30	41	-13	-1	57
7	10	52	-30	-5	27
8	30	36	-41	-10	15
9	10	12	-9	-9	4
10	30	78	-54	-20	34
11	10	19	-13	-2	14
12	30	32	-20	-12	30
13	10	24	-20	-5	9
14	30	6	-15	-4	17
15	10	72	-65	-3	14
16	30	32	-32	-17	13
17	42	6	-7	-24	17
18	30	10	-8	-13	19
19	10	11	-3	-4	14
20	30	51	-2	-51	28
21	10	64	-45	-12	17
22	30	45	-12	-40	23
23	10	65	-15	-33	27
24	30	18	-6	-3	39
25	10	12	-4	-2	16
26	30	3	-12	-7	14
27	47	1	-15	-5	28
28	30	98	-74	-41	13
29	10	47	-33	-14	10
30	30	76	-66	-2	38

B

#					
1	15	-3	63	-5	70
2	22	-6	15	-3	28
3	60	-8	42	-2	92
4	26	-4	35	-4	53
5	12	-3	27	-5	31
6	44	-12	45	-1	76
7	52	-32	65	-5	80
8	63	-41	75	-10	87
9	74	-50	82	-9	97
10	21	-5	14	-20	10
11	12	-3	38	-2	45
12	36	-23	32	-12	33
13	14	-10	20	-5	19
14	25	-7	65	-4	79
15	85	-47	41	-3	76
16	52	-30	54	-17	59
17	92	-53	12	-24	27
18	74	-23	9	-13	47
19	76	-55	13	-4	30
20	65	-42	54	-51	26
21	32	-14	96	-12	102
22	25	-6	32	-40	11
23	85	-70	9	-6	18
24	91	-19	2	-3	71
25	21	-14	47	-2	52
26	25	-3	85	-7	100
27	26	-6	61	-5	76
28	2	-1	82	-41	42
29	18	-14	90	-14	80
30	9	-7	23	-2	23

C

#					
1	20	20	-10	-5	35
2	65	22	-8	-12	75
3	41	32	-13	-15	58
4	54	16	-14	-6	50
5	12	22	-7	-4	23
6	9	41	-8	-12	30
7	13	52	-3	-15	47
8	54	36	-2	-74	14
9	96	12	-45	-9	54
10	30	75	-12	-54	39
11	10	82	-15	-13	64
12	30	14	-6	-20	18
13	10	42	-4	-20	28
14	30	32	-12	-15	35
15	65	20	-32	-45	8
16	54	65	-35	-32	52
17	45	6	-12	-7	32
18	60	10	-7	-8	55
19	13	11	-12	-3	9
20	54	51	-5	-2	98
21	96	64	-41	-45	74
22	32	45	-8	-12	57
23	9	65	-15	-33	26
24	2	18	-6	-3	11
25	47	12	-4	-2	53
26	85	3	-12	-7	69
27	61	1	-15	-5	42
28	82	98	-74	-41	65
29	90	47	-33	-14	90
30	23	76	-66	-2	31

ANSWERS - Reusable - Page 9

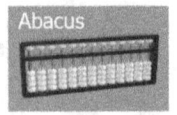

A

#					
1	85	20	-15	-5	85
2	15	22	-12	-3	22
3	45	32	-15	-2	60
4	35	16	-14	-4	33
5	23	22	-20	-5	20
6	45	41	-13	-1	72
7	74	52	-30	-5	91
8	62	36	-41	-10	47
9	82	12	-9	-9	76
10	14	75	-54	-20	15
11	38	82	-13	-2	105
12	33	14	-20	-12	15
13	20	42	-20	-5	37
14	65	32	-15	-4	78
15	45	45	-65	-3	22
16	54	65	-32	-17	70
17	12	22	-7	-24	3
18	12	10	-8	-13	1
19	13	11	-3	-4	17
20	55	51	-2	-51	53
21	96	64	-45	-12	103
22	32	45	-12	-40	25
23	12	65	-15	-33	29
24	13	18	-6	-3	22
25	47	12	-4	-2	53
26	85	3	-12	-7	69
27	66	1	-15	-5	47
28	82	98	-74	-41	65
29	91	47	-33	-14	91
30	23	76	-66	-2	31

B

#					
1	15	-3	20	-5	27
2	23	-6	25	-12	30
3	60	-8	32	-15	69
4	26	-4	16	-8	30
5	14	-3	22	-4	29
6	44	-15	44	-12	61
7	55	-32	52	-12	63
8	63	-41	36	-25	33
9	74	-50	12	-9	27
10	21	-6	79	-54	40
11	14	-3	19	-13	17
12	36	-23	32	-20	25
13	14	-10	24	-20	8
14	26	-4	12	-16	18
15	85	-47	72	-65	45
16	55	-30	32	-32	25
17	92	-53	6	-7	38
18	75	-23	10	-8	54
19	76	-55	11	-3	29
20	65	-42	51	-2	72
21	32	-14	64	-45	37
22	26	-5	48	-14	55
23	85	-70	65	-33	47
24	91	-19	18	-4	86
25	21	-14	12	-2	17
26	26	-5	3	-9	15
27	26	-6	1	-5	16
28	4	-1	98	-42	59
29	18	-12	47	-14	39
30	9	-7	76	-2	76

C

#					
1	21	55	-10	-4	72
2	66	22	-8	-3	85
3	41	32	-14	-6	67
4	45	18	-14	-6	43
5	12	22	-9	-5	20
6	9	41	-8	-2	40
7	13	52	-3	-6	56
8	55	37	-2	-10	80
9	96	12	-44	-9	55
10	31	75	-12	-22	72
11	10	82	-16	-2	74
12	30	18	-6	-12	30
13	12	42	-4	-6	44
14	30	32	-12	-4	46
15	65	20	-33	-3	49
16	54	65	-35	-10	74
17	47	6	-12	-24	17
18	60	11	-8	-13	50
19	13	11	-12	-2	10
20	54	55	-5	-51	53
21	96	64	-41	-12	107
22	32	45	-8	-44	25
23	11	66	-15	-33	29
24	2	18	-9	-3	8
25	45	10	-4	-2	49
26	85	3	-12	-9	67
27	58	1	-16	-5	38
28	82	99	-74	-41	66
29	90	47	-33	-14	90
30	25	76	-66	-2	33

ANSWERS – Reusable – Page 10

A

#					=
1	30	20	-15	-4	31
2	65	22	-15	-3	69
3	41	25	-15	-5	46
4	54	16	-23	-4	43
5	14	22	-20	-5	11
6	9	44	-14	-1	38
7	16	52	-30	-7	31
8	54	74	-39	-10	79
9	99	12	-9	-9	93
10	30	77	-54	-20	33
11	12	82	-13	-12	69
12	30	15	-21	-12	12
13	10	42	-20	-5	27
14	66	32	-12	-4	82
15	65	52	-65	-3	49
16	54	65	-25	-17	77
17	52	22	-7	-24	43
18	60	12	-9	-13	50
19	13	11	-3	-4	17
20	54	44	-6	-51	41
21	78	64	-45	-15	82
22	60	32	-15	-40	37
23	9	65	-15	-33	26
24	2	25	-6	-3	18
25	52	12	-4	-2	58
26	85	3	-12	-11	65
27	61	1	-15	-5	42
28	82	88	-74	-41	55
29	99	47	-33	-16	97
30	23	80	-66	-3	34

B

#					=
1	40	-5	40	-5	70
2	22	-15	25	-10	22
3	32	-32	25	-12	13
4	16	-8	16	-8	16
5	41	-5	22	-4	54
6	55	-25	26	-12	44
7	52	-40	53	-14	51
8	36	-23	33	-25	21
9	12	-11	15	-9	7
10	75	-45	70	-54	46
11	87	-11	20	-13	83
12	63	-27	33	-20	49
13	42	-20	13	-20	15
14	32	-18	54	-16	52
15	84	-74	72	-66	16
16	65	-25	60	-32	68
17	16	-8	20	-7	21
18	10	-8	15	-8	9
19	11	-5	12	-3	15
20	66	-2	12	-2	74
21	64	-20	64	-45	63
22	45	-14	24	-14	41
23	65	-25	66	-33	73
24	18	-9	18	-4	23
25	24	-2	21	-2	41
26	35	-10	9	-9	25
27	36	-6	3	-5	28
28	98	-3	98	-42	151
29	47	-14	54	-14	73
30	45	-7	25	-2	61

C

#					=
1	36	55	-4	-15	72
2	25	32	-3	-20	34
3	56	32	-6	-15	67
4	16	19	-6	-13	16
5	62	22	-20	-20	44
6	25	42	-12	-13	42
7	52	52	-17	-30	57
8	33	52	-12	-32	41
9	12	35	-20	-9	18
10	74	75	-10	-54	85
11	19	88	-32	-13	62
12	52	18	-42	-20	8
13	32	42	-8	-20	46
14	54	32	-45	-15	26
15	72	20	-3	-12	77
16	60	55	-10	-32	73
17	18	18	-24	-7	5
18	15	11	-13	-8	5
19	12	11	-2	-3	18
20	12	65	-51	-2	24
21	64	25	-12	-45	32
22	48	45	-40	-12	41
23	66	66	-33	-9	90
24	18	27	-3	-6	36
25	88	10	-2	-4	92
26	18	3	-5	-12	4
27	20	8	-5	-15	8
28	98	99	-32	-74	91
29	36	47	-14	-51	18
30	35	25	-2	-33	25

ANSWERS – Reusable – Page 11

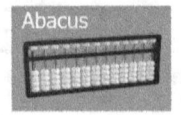

A

#						
1	88	20	-12	-2	-5	89
2	17	22	-12	-4	-3	20
3	44	33	-15	-4	-2	56
4	30	16	-16	-4	-4	22
5	30	22	-20	-9	-5	18
6	44	44	-13	-1	-1	73
7	77	52	-20	-5	-5	99
8	63	26	-41	-12	-10	26
9	82	12	-9	-12	-9	64
10	15	78	-45	-22	-20	6
11	33	82	-13	-3	-2	97
12	35	15	-15	-12	-12	11
13	25	42	-20	-5	-5	37
14	66	33	-15	-4	-4	76
15	44	45	-65	-6	-3	15
16	50	66	-16	-17	-17	66
17	40	22	-9	-24	-24	5
18	30	12	-9	-13	-13	7
19	78	11	-9	-4	-4	72
20	90	51	-12	-25	-51	53
21	95	64	-25	-12	-12	110
22	67	47	-12	-30	-40	32
23	46	65	-15	-33	-33	30
24	28	78	-7	-9	-3	87
25	82	12	-4	-2	-2	86
26	65	36	-12	-17	-7	65
27	46	6	-16	-5	-5	26
28	95	14	-44	-21	-41	3
29	52	55	-33	-33	-14	27
30	32	85	-55	-6	-2	54

B

#						
1	15	-6	40	-5	14	58
2	22	-6	25	-12	25	54
3	60	-7	33	-32	30	84
4	26	-4	16	-8	16	46
5	15	-12	22	-4	36	57
6	44	-15	25	-12	44	86
7	56	-22	52	-40	52	98
8	63	-41	33	-25	36	66
9	74	-30	12	-9	12	59
10	22	-6	70	-54	79	111
11	14	-3	19	-11	19	38
12	35	-23	33	-20	33	58
13	15	-10	24	-20	24	33
14	26	-6	54	-16	12	70
15	88	-47	72	-70	62	105
16	55	-30	60	-35	33	83
17	99	-42	6	-8	6	61
18	75	-23	12	-8	14	70
19	85	-50	12	-3	11	55
20	65	-42	12	-2	52	85
21	32	-12	64	-60	66	90
22	13	-5	48	-14	44	86
23	85	-70	66	-30	65	116
24	91	-18	18	-4	44	131
25	20	-12	22	-2	12	40
26	26	-9	9	-10	8	24
27	36	-9	3	-5	1	26
28	14	-9	98	-25	44	122
29	18	-6	25	-14	25	48
30	10	-8	25	-6	12	33

ANSWERS – Reusable – Page 12

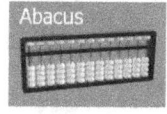

189

A

#						
1	20	20	-4	-2	20	54
2	65	22	-3	-4	22	102
3	41	33	-6	-4	32	96
4	54	16	-3	-4	16	79
5	12	22	-20	-9	22	27
6	9	44	-12	-1	41	81
7	13	52	-15	-5	52	97
8	54	26	-12	-12	36	92
9	96	12	-20	-12	12	88
10	30	78	-12	-22	75	149
11	10	82	-32	-3	82	139
12	30	33	-41	-12	14	24
13	10	42	-8	-5	42	81
14	30	33	-55	-4	32	36
15	65	45	-3	-6	20	121
16	54	66	-10	-17	65	158
17	45	22	-24	-24	6	25
18	60	12	-13	-13	10	56
19	13	11	-2	-4	11	29
20	54	51	-51	-25	51	80
21	96	64	-12	-12	64	200
22	60	47	-44	-30	45	78
23	9	65	-33	-33	65	73
24	2	78	-3	-9	18	86
25	47	12	-2	-2	12	67
26	85	36	-9	-17	3	98
27	61	6	-5	-5	1	58
28	82	14	-41	-21	98	132
29	90	55	-14	-33	47	145
30	23	85	-2	-6	76	176

B

#						
1	41	-15	40	-5	14	75
2	16	-12	25	-12	25	42
3	44	-15	33	-32	30	60
4	33	-14	16	-8	16	43
5	20	-20	22	-4	36	54
6	45	-13	25	-26	44	75
7	72	-30	52	-40	52	106
8	62	-41	33	-25	36	65
9	80	-9	12	-9	12	86
10	64	-54	70	-54	79	105
11	23	-13	19	-11	19	37
12	36	-20	33	-38	33	44
13	36	-20	22	-20	24	42
14	66	-15	54	-16	12	101
15	45	-3	72	-70	62	106
16	55	-32	60	-35	33	81
17	85	-7	6	-8	6	82
18	41	-8	12	-8	14	51
19	25	-3	12	-3	11	42
20	55	-2	12	-2	52	115
21	99	-45	64	-60	66	124
22	32	-12	48	-14	44	98
23	16	-15	66	-30	65	102
24	13	-6	18	-4	44	65
25	47	-4	22	-2	12	75
26	88	-12	9	-10	8	83
27	66	-15	3	-5	1	50
28	82	-74	98	-25	44	125
29	92	-33	25	-14	25	95
30	99	-66	25	-6	12	64

ANSWERS - Reusable - Page 13

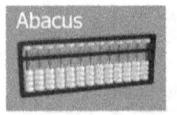

A

#						
1	102	242	-3	-200	20	161
2	22	12	-6	-4	22	46
3	123	62	-8	-4	32	205
4	18	121	-100	-4	16	51
5	22	6	-3	-9	22	38
6	441	14	-15	-210	41	271
7	225	11	-32	-5	52	251
8	550	111	-41	-221	36	435
9	12	66	-50	-12	12	28
10	321	44	-6	-22	75	412
11	82	65	-3	-3	82	223
12	18	623	-23	-12	14	620
13	42	42	-10	-22	42	94
14	251	33	-4	-4	32	308
15	20	45	-47	-6	20	32
16	65	412	-30	-17	65	495
17	333	22	-53	-120	6	188
18	412	12	-23	-13	10	398
19	11	223	-55	-4	11	186
20	550	51	-400	-25	51	227
21	213	821	-70	-300	64	728
22	45	90	-19	-60	45	101
23	166	65	-121	-33	65	142
24	18	78	-5	-9	18	100
25	362	12	-6	-2	12	378
26	875	36	-418	-17	3	479
27	365	6	-12	-5	1	355
28	999	14	-555	-21	98	535
29	400	55	-47	-33	47	422
30	76	288	-200	-6	76	234

B

#						
1	300	-15	40	-10	14	329
2	22	-12	520	-8	25	547
3	152	-140	33	-14	30	61
4	36	-14	160	-13	16	185
5	220	-20	22	-9	36	249
6	75	-13	125	-18	44	213
7	882	-255	52	-15	52	716
8	140	-41	33	-44	36	124
9	425	-250	12	-44	12	155
10	632	-155	70	-120	79	506
11	120	-13	19	-16	19	129
12	65	-20	33	-16	33	95
13	600	-200	22	-310	24	136
14	100	-15	54	-12	12	139
15	110	-35	72	-33	62	176
16	665	-32	60	-150	33	576
17	452	-200	6	-120	6	144
18	210	-8	12	-10	14	218
19	110	-3	130	-24	11	224
20	230	-25	12	-8	52	261
21	64	-45	64	-12	66	137
22	125	-12	233	-155	44	235
23	610	-250	66	-200	65	291
24	180	-80	18	-8	44	154
25	120	-4	22	-15	12	135
26	125	-25	9	-9	8	108
27	225	-106	3	-40	1	83
28	99	-25	188	-12	44	294
29	850	-450	25	-23	25	427
30	320	-120	25	-6	12	231

ANSWERS – Reusable – Page 14

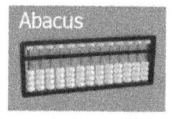
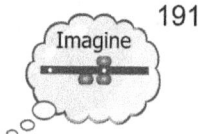

A

#						
1	120	242	-3	-12	20	367
2	222	100	-120	-4	22	220
3	133	62	-8	-25	32	194
4	16	121	-100	-4	16	49
5	250	6	-120	-9	22	149
6	44	320	-15	-120	41	270
7	520	225	-365	-5	52	427
8	26	111	-41	-12	36	120
9	120	66	-50	-120	12	28
10	780	44	-400	-22	75	477
11	82	665	-3	-3	82	823
12	330	623	-23	-12	14	932
13	42	250	-25	-5	42	304
14	124	33	-4	-24	32	161
15	450	45	-200	-6	20	309
16	66	412	-30	-17	65	496
17	222	22	-30	-24	6	196
18	12	444	-23	-44	10	399
19	110	223	-55	-4	11	285
20	51	515	-400	-25	51	192
21	132	821	-70	-520	64	427
22	165	90	-19	-30	45	251
23	65	241	-121	-14	65	236
24	136	78	-5	-9	18	218
25	12	444	-6	-2	12	460
26	950	555	-418	-600	3	490
27	963	6	-12	-540	1	418
28	652	100	-555	-21	98	274
29	55	200	-47	-33	47	222
30	425	288	-200	-6	76	583

B

#						
1	240	-6	120	-10	14	358
2	125	-6	420	-8	25	556
3	130	-7	55	-14	30	194
4	160	-4	160	-13	16	319
5	360	-12	140	-145	36	379
6	440	-15	125	-250	44	344
7	225	-200	52	-15	52	114
8	635	-410	33	-44	36	250
9	127	-30	12	-44	12	77
10	790	-650	70	-120	79	169
11	250	-54	19	-16	19	218
12	330	-23	33	-16	33	357
13	240	-110	200	-310	24	44
14	120	-60	54	-12	12	114
15	665	-470	72	-33	62	296
16	352	-300	500	-150	33	435
17	362	-320	600	-120	6	528
18	145	-23	12	-10	14	138
19	110	-50	130	-24	11	177
20	520	-420	12	-8	52	156
21	660	-500	64	-12	66	278
22	415	-350	233	-155	44	187
23	254	-145	66	-20	65	220
24	400	-200	18	-8	44	254
25	120	-25	22	-15	12	114
26	880	-741	9	-9	8	147
27	199	-99	3	-40	1	64
28	420	-145	188	-12	44	495
29	250	-125	25	-23	25	152
30	150	-50	25	-6	12	131

BLANK SHEETS FOR REUSABLE WORKBOOK PAGE ANSWERS

Write the ANSWERS for your reusable work pages

Page / Column		Page / Column		Page / Column		Page / Column		Page / Column	
1		1		1		1		1	
2		2		2		2		2	
3		3		3		3		3	
4		4		4		4		4	
5		5		5		5		5	
6		6		6		6		6	
7		7		7		7		7	
8		8		8		8		8	
9		9		9		9		9	
10		10		10		10		10	
11		11		11		11		11	
12		12		12		12		12	
13		13		13		13		13	
14		14		14		14		14	
15		15		15		15		15	
16		16		16		16		16	
17		17		17		17		17	
18		18		18		18		18	
19		19		19		19		19	
20		20		20		20		20	
21		21		21		21		21	
22		22		22		22		22	
23		23		23		23		23	
24		24		24		24		24	
25		25		25		25		25	
26		26		26		26		26	
27		27		27		27		27	
28		28		28		28		28	
29		29		29		29		29	
30		30		30		30		30	

Write the ANSWERS for your reusable work pages

Page / Column	
1	
2	
3	
4	
5	
6	
7	
8	
9	
10	
11	
12	
13	
14	
15	
16	
17	
18	
19	
20	
21	
22	
23	
24	
25	
26	
27	
28	
29	
30	

Page / Column	
1	
2	
3	
4	
5	
6	
7	
8	
9	
10	
11	
12	
13	
14	
15	
16	
17	
18	
19	
20	
21	
22	
23	
24	
25	
26	
27	
28	
29	
30	

Page / Column	
1	
2	
3	
4	
5	
6	
7	
8	
9	
10	
11	
12	
13	
14	
15	
16	
17	
18	
19	
20	
21	
22	
23	
24	
25	
26	
27	
28	
29	
30	

Page / Column	
1	
2	
3	
4	
5	
6	
7	
8	
9	
10	
11	
12	
13	
14	
15	
16	
17	
18	
19	
20	
21	
22	
23	
24	
25	
26	
27	
28	
29	
30	

Page / Column	
1	
2	
3	
4	
5	
6	
7	
8	
9	
10	
11	
12	
13	
14	
15	
16	
17	
18	
19	
20	
21	
22	
23	
24	
25	
26	
27	
28	
29	
30	

Write the ANSWERS for your reusable work pages

Page / Column		Page / Column		Page / Column		Page / Column		Page / Column	
1		1		1		1		1	
2		2		2		2		2	
3		3		3		3		3	
4		4		4		4		4	
5		5		5		5		5	
6		6		6		6		6	
7		7		7		7		7	
8		8		8		8		8	
9		9		9		9		9	
10		10		10		10		10	
11		11		11		11		11	
12		12		12		12		12	
13		13		13		13		13	
14		14		14		14		14	
15		15		15		15		15	
16		16		16		16		16	
17		17		17		17		17	
18		18		18		18		18	
19		19		19		19		19	
20		20		20		20		20	
21		21		21		21		21	
22		22		22		22		22	
23		23		23		23		23	
24		24		24		24		24	
25		25		25		25		25	
26		26		26		26		26	
27		27		27		27		27	
28		28		28		28		28	
29		29		29		29		29	
30		30		30		30		30	

Write the ANSWERS for your reusable work pages

Page / Column		Page / Column		Page / Column		Page / Column		Page / Column	
1		1		1		1		1	
2		2		2		2		2	
3		3		3		3		3	
4		4		4		4		4	
5		5		5		5		5	
6		6		6		6		6	
7		7		7		7		7	
8		8		8		8		8	
9		9		9		9		9	
10		10		10		10		10	
11		11		11		11		11	
12		12		12		12		12	
13		13		13		13		13	
14		14		14		14		14	
15		15		15		15		15	
16		16		16		16		16	
17		17		17		17		17	
18		18		18		18		18	
19		19		19		19		19	
20		20		20		20		20	
21		21		21		21		21	
22		22		22		22		22	
23		23		23		23		23	
24		24		24		24		24	
25		25		25		25		25	
26		26		26		26		26	
27		27		27		27		27	
28		28		28		28		28	
29		29		29		29		29	
30		30		30		30		30	

Write the ANSWERS for your reusable work pages

Page / Column		Page / Column		Page / Column		Page / Column		Page / Column	
1		1		1		1		1	
2		2		2		2		2	
3		3		3		3		3	
4		4		4		4		4	
5		5		5		5		5	
6		6		6		6		6	
7		7		7		7		7	
8		8		8		8		8	
9		9		9		9		9	
10		10		10		10		10	
11		11		11		11		11	
12		12		12		12		12	
13		13		13		13		13	
14		14		14		14		14	
15		15		15		15		15	
16		16		16		16		16	
17		17		17		17		17	
18		18		18		18		18	
19		19		19		19		19	
20		20		20		20		20	
21		21		21		21		21	
22		22		22		22		22	
23		23		23		23		23	
24		24		24		24		24	
25		25		25		25		25	
26		26		26		26		26	
27		27		27		27		27	
28		28		28		28		28	
29		29		29		29		29	
30		30		30		30		30	

Write the ANSWERS for your reusable work pages

Page / Column	
1	
2	
3	
4	
5	
6	
7	
8	
9	
10	
11	
12	
13	
14	
15	
16	
17	
18	
19	
20	
21	
22	
23	
24	
25	
26	
27	
28	
29	
30	

Page / Column	
1	
2	
3	
4	
5	
6	
7	
8	
9	
10	
11	
12	
13	
14	
15	
16	
17	
18	
19	
20	
21	
22	
23	
24	
25	
26	
27	
28	
29	
30	

Page / Column	
1	
2	
3	
4	
5	
6	
7	
8	
9	
10	
11	
12	
13	
14	
15	
16	
17	
18	
19	
20	
21	
22	
23	
24	
25	
26	
27	
28	
29	
30	

Page / Column	
1	
2	
3	
4	
5	
6	
7	
8	
9	
10	
11	
12	
13	
14	
15	
16	
17	
18	
19	
20	
21	
22	
23	
24	
25	
26	
27	
28	
29	
30	

Page / Column	
1	
2	
3	
4	
5	
6	
7	
8	
9	
10	
11	
12	
13	
14	
15	
16	
17	
18	
19	
20	
21	
22	
23	
24	
25	
26	
27	
28	
29	
30	

Write the ANSWERS for your reusable work pages

Page / Column		Page / Column		Page / Column		Page / Column		Page / Column	
1		1		1		1		1	
2		2		2		2		2	
3		3		3		3		3	
4		4		4		4		4	
5		5		5		5		5	
6		6		6		6		6	
7		7		7		7		7	
8		8		8		8		8	
9		9		9		9		9	
10		10		10		10		10	
11		11		11		11		11	
12		12		12		12		12	
13		13		13		13		13	
14		14		14		14		14	
15		15		15		15		15	
16		16		16		16		16	
17		17		17		17		17	
18		18		18		18		18	
19		19		19		19		19	
20		20		20		20		20	
21		21		21		21		21	
22		22		22		22		22	
23		23		23		23		23	
24		24		24		24		24	
25		25		25		25		25	
26		26		26		26		26	
27		27		27		27		27	
28		28		28		28		28	
29		29		29		29		29	
30		30		30		30		30	

Write the ANSWERS for your reusable work pages

Page / Column	
1	
2	
3	
4	
5	
6	
7	
8	
9	
10	
11	
12	
13	
14	
15	
16	
17	
18	
19	
20	
21	
22	
23	
24	
25	
26	
27	
28	
29	
30	

Page / Column	
1	
2	
3	
4	
5	
6	
7	
8	
9	
10	
11	
12	
13	
14	
15	
16	
17	
18	
19	
20	
21	
22	
23	
24	
25	
26	
27	
28	
29	
30	

Page / Column	
1	
2	
3	
4	
5	
6	
7	
8	
9	
10	
11	
12	
13	
14	
15	
16	
17	
18	
19	
20	
21	
22	
23	
24	
25	
26	
27	
28	
29	
30	

Page / Column	
1	
2	
3	
4	
5	
6	
7	
8	
9	
10	
11	
12	
13	
14	
15	
16	
17	
18	
19	
20	
21	
22	
23	
24	
25	
26	
27	
28	
29	
30	

Page / Column	
1	
2	
3	
4	
5	
6	
7	
8	
9	
10	
11	
12	
13	
14	
15	
16	
17	
18	
19	
20	
21	
22	
23	
24	
25	
26	
27	
28	
29	
30	

Write the ANSWERS for your reusable work pages

Page / Column		Page / Column		Page / Column		Page / Column		Page / Column	
1		1		1		1		1	
2		2		2		2		2	
3		3		3		3		3	
4		4		4		4		4	
5		5		5		5		5	
6		6		6		6		6	
7		7		7		7		7	
8		8		8		8		8	
9		9		9		9		9	
10		10		10		10		10	
11		11		11		11		11	
12		12		12		12		12	
13		13		13		13		13	
14		14		14		14		14	
15		15		15		15		15	
16		16		16		16		16	
17		17		17		17		17	
18		18		18		18		18	
19		19		19		19		19	
20		20		20		20		20	
21		21		21		21		21	
22		22		22		22		22	
23		23		23		23		23	
24		24		24		24		24	
25		25		25		25		25	
26		26		26		26		26	
27		27		27		27		27	
28		28		28		28		28	
29		29		29		29		29	
30		30		30		30		30	

Write the ANSWERS for your reusable work pages

Page / Column		Page / Column		Page / Column		Page / Column		Page / Column	
1		1		1		1		1	
2		2		2		2		2	
3		3		3		3		3	
4		4		4		4		4	
5		5		5		5		5	
6		6		6		6		6	
7		7		7		7		7	
8		8		8		8		8	
9		9		9		9		9	
10		10		10		10		10	
11		11		11		11		11	
12		12		12		12		12	
13		13		13		13		13	
14		14		14		14		14	
15		15		15		15		15	
16		16		16		16		16	
17		17		17		17		17	
18		18		18		18		18	
19		19		19		19		19	
20		20		20		20		20	
21		21		21		21		21	
22		22		22		22		22	
23		23		23		23		23	
24		24		24		24		24	
25		25		25		25		25	
26		26		26		26		26	
27		27		27		27		27	
28		28		28		28		28	
29		29		29		29		29	
30		30		30		30		30	

Write the ANSWERS for your reusable work pages

Page / Column		Page / Column		Page / Column		Page / Column		Page / Column	
1		1		1		1		1	
2		2		2		2		2	
3		3		3		3		3	
4		4		4		4		4	
5		5		5		5		5	
6		6		6		6		6	
7		7		7		7		7	
8		8		8		8		8	
9		9		9		9		9	
10		10		10		10		10	
11		11		11		11		11	
12		12		12		12		12	
13		13		13		13		13	
14		14		14		14		14	
15		15		15		15		15	
16		16		16		16		16	
17		17		17		17		17	
18		18		18		18		18	
19		19		19		19		19	
20		20		20		20		20	
21		21		21		21		21	
22		22		22		22		22	
23		23		23		23		23	
24		24		24		24		24	
25		25		25		25		25	
26		26		26		26		26	
27		27		27		27		27	
28		28		28		28		28	
29		29		29		29		29	
30		30		30		30		30	

Write the ANSWERS for your reusable work pages

Page / Column		Page / Column		Page / Column		Page / Column		Page / Column	
1		1		1		1		1	
2		2		2		2		2	
3		3		3		3		3	
4		4		4		4		4	
5		5		5		5		5	
6		6		6		6		6	
7		7		7		7		7	
8		8		8		8		8	
9		9		9		9		9	
10		10		10		10		10	
11		11		11		11		11	
12		12		12		12		12	
13		13		13		13		13	
14		14		14		14		14	
15		15		15		15		15	
16		16		16		16		16	
17		17		17		17		17	
18		18		18		18		18	
19		19		19		19		19	
20		20		20		20		20	
21		21		21		21		21	
22		22		22		22		22	
23		23		23		23		23	
24		24		24		24		24	
25		25		25		25		25	
26		26		26		26		26	
27		27		27		27		27	
28		28		28		28		28	
29		29		29		29		29	
30		30		30		30		30	

Write the ANSWERS for your reusable work pages

Page / Column		Page / Column		Page / Column		Page / Column		Page / Column	
1		1		1		1		1	
2		2		2		2		2	
3		3		3		3		3	
4		4		4		4		4	
5		5		5		5		5	
6		6		6		6		6	
7		7		7		7		7	
8		8		8		8		8	
9		9		9		9		9	
10		10		10		10		10	
11		11		11		11		11	
12		12		12		12		12	
13		13		13		13		13	
14		14		14		14		14	
15		15		15		15		15	
16		16		16		16		16	
17		17		17		17		17	
18		18		18		18		18	
19		19		19		19		19	
20		20		20		20		20	
21		21		21		21		21	
22		22		22		22		22	
23		23		23		23		23	
24		24		24		24		24	
25		25		25		25		25	
26		26		26		26		26	
27		27		27		27		27	
28		28		28		28		28	
29		29		29		29		29	
30		30		30		30		30	

Write the ANSWERS for your reusable work pages

Page / Column	
1	
2	
3	
4	
5	
6	
7	
8	
9	
10	
11	
12	
13	
14	
15	
16	
17	
18	
19	
20	
21	
22	
23	
24	
25	
26	
27	
28	
29	
30	

Page / Column	
1	
2	
3	
4	
5	
6	
7	
8	
9	
10	
11	
12	
13	
14	
15	
16	
17	
18	
19	
20	
21	
22	
23	
24	
25	
26	
27	
28	
29	
30	

Page / Column	
1	
2	
3	
4	
5	
6	
7	
8	
9	
10	
11	
12	
13	
14	
15	
16	
17	
18	
19	
20	
21	
22	
23	
24	
25	
26	
27	
28	
29	
30	

Page / Column	
1	
2	
3	
4	
5	
6	
7	
8	
9	
10	
11	
12	
13	
14	
15	
16	
17	
18	
19	
20	
21	
22	
23	
24	
25	
26	
27	
28	
29	
30	

Page / Column	
1	
2	
3	
4	
5	
6	
7	
8	
9	
10	
11	
12	
13	
14	
15	
16	
17	
18	
19	
20	
21	
22	
23	
24	
25	
26	
27	
28	
29	
30	

Write the ANSWERS for your reusable work pages

Page / Column	Page / Column	Page / Column	Page / Column	Page / Column
1	1	1	1	1
2	2	2	2	2
3	3	3	3	3
4	4	4	4	4
5	5	5	5	5
6	6	6	6	6
7	7	7	7	7
8	8	8	8	8
9	9	9	9	9
10	10	10	10	10
11	11	11	11	11
12	12	12	12	12
13	13	13	13	13
14	14	14	14	14
15	15	15	15	15
16	16	16	16	16
17	17	17	17	17
18	18	18	18	18
19	19	19	19	19
20	20	20	20	20
21	21	21	21	21
22	22	22	22	22
23	23	23	23	23
24	24	24	24	24
25	25	25	25	25
26	26	26	26	26
27	27	27	27	27
28	28	28	28	28
29	29	29	29	29
30	30	30	30	30

Write the ANSWERS for your reusable work pages

Page / Column	
1	
2	
3	
4	
5	
6	
7	
8	
9	
10	
11	
12	
13	
14	
15	
16	
17	
18	
19	
20	
21	
22	
23	
24	
25	
26	
27	
28	
29	
30	

Page / Column	
1	
2	
3	
4	
5	
6	
7	
8	
9	
10	
11	
12	
13	
14	
15	
16	
17	
18	
19	
20	
21	
22	
23	
24	
25	
26	
27	
28	
29	
30	

Page / Column	
1	
2	
3	
4	
5	
6	
7	
8	
9	
10	
11	
12	
13	
14	
15	
16	
17	
18	
19	
20	
21	
22	
23	
24	
25	
26	
27	
28	
29	
30	

Page / Column	
1	
2	
3	
4	
5	
6	
7	
8	
9	
10	
11	
12	
13	
14	
15	
16	
17	
18	
19	
20	
21	
22	
23	
24	
25	
26	
27	
28	
29	
30	

Page / Column	
1	
2	
3	
4	
5	
6	
7	
8	
9	
10	
11	
12	
13	
14	
15	
16	
17	
18	
19	
20	
21	
22	
23	
24	
25	
26	
27	
28	
29	
30	

Write the ANSWERS for your reusable work pages

Page / Column		Page / Column		Page / Column		Page / Column		Page / Column	
1		1		1		1		1	
2		2		2		2		2	
3		3		3		3		3	
4		4		4		4		4	
5		5		5		5		5	
6		6		6		6		6	
7		7		7		7		7	
8		8		8		8		8	
9		9		9		9		9	
10		10		10		10		10	
11		11		11		11		11	
12		12		12		12		12	
13		13		13		13		13	
14		14		14		14		14	
15		15		15		15		15	
16		16		16		16		16	
17		17		17		17		17	
18		18		18		18		18	
19		19		19		19		19	
20		20		20		20		20	
21		21		21		21		21	
22		22		22		22		22	
23		23		23		23		23	
24		24		24		24		24	
25		25		25		25		25	
26		26		26		26		26	
27		27		27		27		27	
28		28		28		28		28	
29		29		29		29		29	
30		30		30		30		30	

Write the ANSWERS for your reusable work pages

Page / Column		Page / Column		Page / Column		Page / Column		Page / Column	
1		1		1		1		1	
2		2		2		2		2	
3		3		3		3		3	
4		4		4		4		4	
5		5		5		5		5	
6		6		6		6		6	
7		7		7		7		7	
8		8		8		8		8	
9		9		9		9		9	
10		10		10		10		10	
11		11		11		11		11	
12		12		12		12		12	
13		13		13		13		13	
14		14		14		14		14	
15		15		15		15		15	
16		16		16		16		16	
17		17		17		17		17	
18		18		18		18		18	
19		19		19		19		19	
20		20		20		20		20	
21		21		21		21		21	
22		22		22		22		22	
23		23		23		23		23	
24		24		24		24		24	
25		25		25		25		25	
26		26		26		26		26	
27		27		27		27		27	
28		28		28		28		28	
29		29		29		29		29	
30		30		30		30		30	

Write the ANSWERS for your reusable work pages

Page / Column		Page / Column		Page / Column		Page / Column		Page / Column	
1		1		1		1		1	
2		2		2		2		2	
3		3		3		3		3	
4		4		4		4		4	
5		5		5		5		5	
6		6		6		6		6	
7		7		7		7		7	
8		8		8		8		8	
9		9		9		9		9	
10		10		10		10		10	
11		11		11		11		11	
12		12		12		12		12	
13		13		13		13		13	
14		14		14		14		14	
15		15		15		15		15	
16		16		16		16		16	
17		17		17		17		17	
18		18		18		18		18	
19		19		19		19		19	
20		20		20		20		20	
21		21		21		21		21	
22		22		22		22		22	
23		23		23		23		23	
24		24		24		24		24	
25		25		25		25		25	
26		26		26		26		26	
27		27		27		27		27	
28		28		28		28		28	
29		29		29		29		29	
30		30		30		30		30	

Write the ANSWERS for your reusable work pages

Page / Column	
1	
2	
3	
4	
5	
6	
7	
8	
9	
10	
11	
12	
13	
14	
15	
16	
17	
18	
19	
20	
21	
22	
23	
24	
25	
26	
27	
28	
29	
30	

Page / Column	
1	
2	
3	
4	
5	
6	
7	
8	
9	
10	
11	
12	
13	
14	
15	
16	
17	
18	
19	
20	
21	
22	
23	
24	
25	
26	
27	
28	
29	
30	

Page / Column	
1	
2	
3	
4	
5	
6	
7	
8	
9	
10	
11	
12	
13	
14	
15	
16	
17	
18	
19	
20	
21	
22	
23	
24	
25	
26	
27	
28	
29	
30	

Page / Column	
1	
2	
3	
4	
5	
6	
7	
8	
9	
10	
11	
12	
13	
14	
15	
16	
17	
18	
19	
20	
21	
22	
23	
24	
25	
26	
27	
28	
29	
30	

Page / Column	
1	
2	
3	
4	
5	
6	
7	
8	
9	
10	
11	
12	
13	
14	
15	
16	
17	
18	
19	
20	
21	
22	
23	
24	
25	
26	
27	
28	
29	
30	

Write the ANSWERS for your reusable work pages

Page / Column		Page / Column		Page / Column		Page / Column		Page / Column	
1		1		1		1		1	
2		2		2		2		2	
3		3		3		3		3	
4		4		4		4		4	
5		5		5		5		5	
6		6		6		6		6	
7		7		7		7		7	
8		8		8		8		8	
9		9		9		9		9	
10		10		10		10		10	
11		11		11		11		11	
12		12		12		12		12	
13		13		13		13		13	
14		14		14		14		14	
15		15		15		15		15	
16		16		16		16		16	
17		17		17		17		17	
18		18		18		18		18	
19		19		19		19		19	
20		20		20		20		20	
21		21		21		21		21	
22		22		22		22		22	
23		23		23		23		23	
24		24		24		24		24	
25		25		25		25		25	
26		26		26		26		26	
27		27		27		27		27	
28		28		28		28		28	
29		29		29		29		29	
30		30		30		30		30	

www.ingramcontent.com/pod-product-compliance
Lightning Source LLC
Chambersburg PA
CBHW082326220526
45470CB00008B/2411